口蝦蛄生物學

BIOLOGY OF MANTIS SHRIMP

映，秦玉雪 主編

目錄

第一章　口蝦蛄的形態結構 …… 1

第一節　口蝦蛄的外部形態 …… 1

一、觸角的基本結構 …… 2

二、複眼的基本結構 …… 3

三、口器的基本結構 …… 3

四、顎足的基本結構 …… 3

五、步足的基本結構 …… 4

六、腹肢的基本結構 …… 4

七、鰓的基本結構 …… 6

八、肛門的基本結構 …… 6

第二節　口蝦蛄的內部形態 …… 6

一、循環系統 …… 6

二、生殖系統 …… 7

三、消化系統 …… 8

四、神經系統 …… 10

第三節　口蝦蛄的生物學特徵 …… 12

一、口蝦蛄生物學測定 …… 12

二、口蝦蛄的群體組成 …… 12

三、各部位相關性 …… 14

四、口蝦蛄的生長特性 …… 20

參考文獻 …… 24

第二章　口蝦蛄食性 …… 27

第一節　口蝦蛄的食性分析 …… 27

一、黃海北部口蝦蛄食性分析 …… 27

二、口蝦蛄體長、體重與穩定同位素的關係 …… 28

三、口蝦蛄及其他海洋生物的碳、氮穩定同位素關係 …… 29

四、黃海北部口蝦蛄的營養級 …… 30
五、中國各海域口蝦蛄食性分析 …… 31
六、口蝦蛄資源養護 …… 32
第二節　餌料生物對口蝦蛄碳、氮穩定同位素比值的影響 …… 32
一、餌料生物穩定同位素比值 …… 32
二、口蝦蛄穩定同位素比值與餌料生物的關係 …… 33
三、口蝦蛄穩定同位素比值與飼養時間的關係 …… 34
四、人工養殖口蝦蛄體重與穩定同位素的關係 …… 34
參考文獻 …… 35

第三章　口蝦蛄繁殖生物學研究 …… 37

第一節　口蝦蛄的繁殖 …… 37
一、口蝦蛄繁殖規律 …… 37
二、口蝦蛄群體的性別比例 …… 39
三、口蝦蛄生殖腺的發育規律 …… 40
四、口蝦蛄繁殖 …… 44
五、口蝦蛄胚胎發育 …… 45
六、口蝦蛄幼體出膜 …… 46
七、口蝦蛄幼體的發育 …… 47
第二節　口蝦蛄繁殖相關基因——卵黃蛋白原的複製與表達 …… 52
一、口蝦蛄 *Vg* 基因的結構特徵 …… 53
二、口蝦蛄 *Vg* 基因多重序列比對及系統演化樹構建 …… 58
三、口蝦蛄 *Vg* 基因表達分析 …… 59
第三節　口蝦蛄染色體核型與 DNA 含量 …… 60
一、染色體數目 …… 60
二、染色體核型 …… 61
三、口蝦蛄 DNA 含量 …… 63
參考文獻 …… 66

第四章　口蝦蛄生態學特徵 …… 69

第一節　溫度對口蝦蛄的影響 …… 69
一、溫度對口蝦蛄Ⅺ期假溞狀幼體的影響 …… 70
二、溫度對口蝦蛄Ⅰ期仔蝦蛄分布的影響 …… 74
三、溫度對口蝦蛄成蝦的影響 …… 74
第二節　鹽度對口蝦蛄的影響 …… 78

一、鹽度對口蝦蛄後期假溞狀幼體存活和攝食的影響 …………………… 80
二、鹽度對口蝦蛄仔蝦生長和存活的影響 …………………………………… 84
三、鹽度對口蝦蛄成蝦存活和生長的影響 …………………………………… 88
四、結語 ……………………………………………………………………………… 90
參考文獻 ……………………………………………………………………………… 92

第五章　口蝦蛄生理學研究 ……………………………………………………… 95

第一節　口蝦蛄血淋巴細胞形態分析 …………………………………………… 95
第二節　口蝦蛄的超氧化物歧化酶活力與表達 ………………………………… 96
一、溫度對口蝦蛄血淋巴細胞超氧化物歧化酶活性的影響 …………………… 96
二、螢光標記對口蝦蛄血淋巴細胞超氧化物歧化酶活性的影響 ……… 98
三、口蝦蛄 *Mn-SOD* 基因全長 cDNA 的複製與序列分析 ………………… 98
四、口蝦蛄 *Mn-SOD* 基因在不同組織的表達 ……………………………… 101
第三節　口蝦蛄酚氧化酶原基因的複製與表達分析…………………………… 101
一、口蝦蛄酚氧化酶原基因複製…………………………………………………… 102
二、口蝦蛄酚氧化酶原基因序列分析……………………………………………… 102
三、ProPO 系統發生分析 ………………………………………………………… 106
四、酚氧化酶基因在不同組織中的表達分析……………………………………… 106
第四節　溫度、鹽度、脅迫對口蝦蛄消化酶的影響……………………………… 107
一、鹽度對口蝦蛄消化酶活力的影響……………………………………………… 107
二、溫度對口蝦蛄消化酶活力的影響……………………………………………… 109
三、鹽度、溫度對口蝦蛄消化酶活力的影響……………………………………… 110
四、饑餓脅迫對口蝦蛄消化酶活力的影響 …………………………………… 1112
五、餌料對口蝦蛄消化酶活力的影響……………………………………………… 114
六、溫度脅迫對口蝦蛄免疫的影響………………………………………………… 118
七、鹽度脅迫對口蝦蛄免疫的影響………………………………………………… 122
八、饑餓脅迫對口蝦蛄免疫的影響………………………………………………… 125
九、結語………………………………………………………………………………… 129
參考文獻………………………………………………………………………………… 131

第六章　口蝦蛄行為學特徵………………………………………………………… 137

第一節　口蝦蛄的光反應行為……………………………………………………… 137
一、口蝦蛄的趨光性………………………………………………………………… 137
二、口蝦蛄光反應的節律性………………………………………………………… 138
三、口蝦蛄光反應的誘集行為……………………………………………………… 138

四、光照週期對口蝦蛄攝食行為的影響…………………………… 138
五、光照強度對口蝦蛄攝食行為的影響…………………………… 140
六、口蝦蛄對不同光色的響應行為………………………………… 141
第二節　口蝦蛄的穴居行為…………………………………………… 144
一、口蝦蛄穴居行為………………………………………………… 144
二、人工洞穴選擇性………………………………………………… 145
三、口蝦蛄洞穴形態參數…………………………………………… 145
第三節　口蝦蛄游泳行為研究………………………………………… 145
第四節　口蝦蛄打鬥捕食行為………………………………………… 146
一、打鬥捕食行為特徵……………………………………………… 146
二、同類間的打鬥…………………………………………………… 147
第五節　口蝦蛄清潔行為……………………………………………… 147
一、清潔行為特徵…………………………………………………… 148
二、口蝦蛄清潔附肢剛毛形態……………………………………… 149
第六節　口蝦蛄繁殖行為……………………………………………… 155
一、口蝦蛄的交配…………………………………………………… 155
二、口蝦蛄產卵及抱卵行為………………………………………… 156
三、口蝦蛄孵化行為………………………………………………… 156
參考文獻……………………………………………………………… 157

第七章　口蝦蛄資源分布特徵………………………………………… 161

第一節　口蝦蛄資源分布……………………………………………… 161
一、渤海海域口蝦蛄資源狀況……………………………………… 161
二、渤海海域口蝦蛄生物學特徵…………………………………… 165
三、口蝦蛄假溞狀幼體的資源分布………………………………… 166
四、口蝦蛄資源的生態優勢度……………………………………… 167
第二節　環境因子對口蝦蛄資源分布的影響………………………… 172
一、水溫……………………………………………………………… 172
二、鹽度……………………………………………………………… 173
三、溶解氧…………………………………………………………… 173
四、水深……………………………………………………………… 173
五、底質……………………………………………………………… 174
六、浮游生物………………………………………………………… 174
第三節　口蝦蛄種群遺傳多樣性……………………………………… 176
一、大連海域口蝦蛄群體遺傳多樣性……………………………… 176

二、黃渤海口蝦蛄群體遺傳多樣性……………………………… 179
參考文獻……………………………………………………………… 181

第八章　口蝦蛄的人工繁育與養殖……………………………… 183

第一節　人工繁育……………………………………………………… 183
一、場址選擇與設施……………………………………………… 183
二、親體培育………………………………………………………… 184
三、幼體培育………………………………………………………… 185
第二節　養成技術……………………………………………………… 187
一、池塘設施及準備……………………………………………… 187
二、苗種放養與投餵……………………………………………… 188
三、水質調控………………………………………………………… 189
四、生長、病害防治與收穫……………………………………… 190
參考文獻……………………………………………………………… 190

第一章

口蝦蛄的形態結構

第一節　口蝦蛄的外部形態

口蝦蛄體外生有硬殼，體色碧綠且有光澤，外殼呈節狀。身體共有 20 節，頭部 5 節、胸部 8 節、腹部 7 節，頭部與胸部前 4 節癒合形成頭胸部，頭胸甲覆蓋其上，背面頭胸甲與頭節明顯，胸部後 4 節露出頭胸甲之後，能自由曲折。腹部發達略扁，分甲亦明顯，腹部前 5 節的附肢具鰓，第 6 對附肢發達，與尾節組成尾扇，具防禦、平衡作用。除尾節外，每一體節均生有 1 對附肢，形態各異，共 19 對。口蝦蛄雌雄異體，雌雄個體在形態上略有差異，雄性個體略大，胸部末節有交接器，且其第 2 顎足粗壯（圖 1－1）。

頭胸甲前緣中央有 1 片能活動的梯形額角板，其前方有能活動的眼節和觸角節。腹部寬大，尾節寬而短，其背面有中央脊，後緣具強棘。第 1 觸角柄部細長，分 3 節，末端具 3 條觸鞭，司觸覺。第 2 觸角柄部 2 節，上生有 1 條觸鞭和 1 個長圓形鱗片。口器、大顎十分堅硬，分為臼齒部和切齒部，都有齒狀突起，能切斷和磨碎食物；大顎觸鬚 3 節，不顯著，有感覺作用。第 1 小顎小，原肢 2 節，其內緣具刺毛。第 2 小顎呈薄片狀，由 4 節構成，內緣具密毛。這 2 對小顎能輔助大顎撕碎食物。胸部具 8 對附肢，前 5 對是顎足，後 3 對是步足（與十足目 3 對顎足、5 對步足正好相反）。第 1 對顎足細長，末節末端平截並具刷狀毛；第 2 顎足特別強大，末節（指節）側扁，有 6 個尖齒，可與掌節的邊緣凹槽部分吻合，為捕食和禦敵利器，稱為掠肢；第 3～5 對顎足比第 1 對短，末端為小螯。這些附肢能將捕捉到的食物送入口中。5 對顎足皆無外肢，但基部具圓片狀的上肢。步足細弱無螯，原肢 3 節，下接內外肢，不適於爬行。雄性第 3 步足基部內側有 1 對細長的交接棒。腹部前 5 腹節各有 1 對腹肢，由柄節和扁葉狀的內外肢構成，有游泳和呼吸的功能。鰓生在外肢的基部，有許多分支的鰓絲。每一腹肢的內肢內側有 1 個小內附肢，與相應另一側的小內附肢相互連接，使 1 對腹肢聯成整體，便於游泳。雄性第 1 對腹肢的內肢變形，成為執握器，交配時用以握住雌體。腹部最後 1 對附肢為發達的尾肢，原肢 1 節，外肢 2 節，內肢 1 節，片狀。原肢內側有一強大的叉狀刺突，稱基突或雙刺突，伸於內外肢之間。尾肢與尾節構成尾扇，除具有游泳功能外，並可用以掘穴和禦敵。蝦蛄類的口位於腹面 2 個大顎之間，口經食道通入胃，後接腸道，縱穿腹部，向後通至肛門。肛門開口於尾節腹面。心臟呈長管狀，從頭胸部背面的後部直伸到第 5 腹節，心臟向兩側和前後伸出動脈血管，通往各部器官組織。雌性生殖孔成對，多在第 6 胸節的腹面開口，卵巢位於身體背部心臟的下方，懷卵時從頭胸部向後伸展，經腹部直至尾節。雄性的 1 對生殖孔在胸部末節的腹面。頭部第 2 觸角基部的小顎腺為排泄器官。

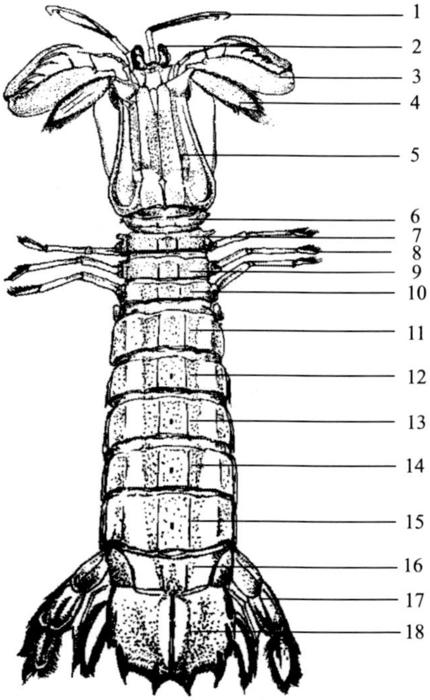

圖 1－1　口蝦蛄外部形態

1. 第 1 觸角　2. 複眼　3. 第 2 顎足　4. 第 2 觸角　5. 頭胸甲　6. 第 5 胸節　7. 第 6 胸節　8. 步足　9. 第 7 胸節　10. 第 8 胸節　11. 第 1 腹節　12. 第 2 腹節　13. 第 3 腹節　14. 第 4 腹節　15. 第 5 腹節　16. 第 6 腹節　17. 尾扇　18. 尾節

一、觸角的基本結構

觸角由第 1 觸角和第 2 觸角兩部分組成。

（1）第 1 觸角　位於額角前端兩側面，基肢分 3 節，共有 3 條節鞭分別是外鞭、中鞭和內鞭。其中，以內鞭最長，中鞭次之，外鞭最短。內鞭基部又分生出 1 條副鞭。在第 1 柄節的背面基端著生呈突起狀的半圓形聽器，有感受水壓變化的作用。

（2）第 2 觸角　位於頭胸甲前端顎角的內側，呈雙肢型。柄部分 2 節，即基節和底節。底節寬大，其前方著生內外兩肢。內肢具有 3 節基部，前接短小而多節的鞭狀部；外肢第 1 節呈三角形，第 2 節呈葉片狀，側方伸出，形成長葉形鱗片狀，邊緣密生羽狀剛毛。

二、複眼的基本結構

1 對，位於頭胸前部的前端背側，斜生於可動的眼柄上，呈斜 T 形，側面觀略呈三角形，有眼柄，能活動。眼近似長橢圓形，中央有一橫縊，複眼表面有許多呈正六邊形的小網格，每一個網格為一個小眼，這些小眼組成了複眼的折光系統、感光系統和反光系統三部分。

三、口器的基本結構

由 1 對大顎和 2 對小顎組成，是口蝦蛄的取食器官，具咀嚼、濾食的功能。

（1）大顎　基肢形成強有力的大顎，其質地堅硬，形態近似扁三角形。其先端分為內外兩枝，分別稱為門齒突和臼齒突。切齒在口器外緣，臼齒 2 列垂直於切齒嵌入口中。臼齒突中間具一溝，溝兩側各列生數齒；門齒突較粗大，沿口緣亦具 1 列堅齒。內肢形成很小的大顎鬚，分 3 節（王春林等，1996）。

（2）小顎　第 1 小顎，基肢分 2 節。第 1 節先端稍寬，與第 2 節並列著生一內肢，第 2 節發達，外肢頂部有一銳齒，內側有 1 列剛毛，內肢柔軟不發達，用於抱持食物。

第 2 小顎，由分節不完全的 5 節構成，邊緣多細毛，單肢型，呈扁平葉狀。有 3 片內葉，小顎鬚 2 片。周緣密生剛毛成羽狀，中央具一薄而透明的縱帶，也起抱持食物作用。口器由大顎、第 1 小顎、第 2 小顎及上下唇各一片組成，是攝食的主要器官（王春林等，1996）。

四、顎足的基本結構

自第 2 小顎後方依次排列，共 5 對，為捕食器官。顎足分 6 節，自基部向先端依次為底節、座節、長節、腕節、掌節和指節，末端 2 節形成假鉗狀。顎足的主要作用是抱握、遞送食物，雌性個體的顎足更有抱卵作用。

（1）第 1 顎足　具輔助挖掘和清刷身體的功能。共分為 5 節，底節基部有很大的透明耳狀薄片，耳狀薄片的最外面是角質層，向內是上皮組織層，上皮組織向內突起形成中央腔體。第 1 顎足的外肢退化，內肢細而長，密生結構特殊的剛毛，稱為梳飾足。

（2）第 2 顎足　分 5 節。底節基部有透明圓形耳狀薄片。腕節背緣有 3～5 個瘤突，掌節基部有 3 枚活動長刺，內側有 1 列梳狀小細齒。指節回折，呈螳螂爪狀，具 6 個尖刺，非常鋒利。具有捕食、攻擊、防禦及掘穴功能（王春林等，1996）。

（3）第 3 至第 5 顎足　分 7 節。其 3 對附肢基本相似，單肢棒狀。座節外側著生 1 列剛毛和 1 列絨毛。腕節小，三角形。掌節葉形，內側著生 1 列柵狀齒，指節爪狀回折。具掘穴、捕食、清理身體的功能。雌性個體還兼有抱卵的作用。這 3 對顎足區別在於第 3 顎足基節基部有圓形小片，第 4 顎足在底節基部有此小片，第 5 顎足無此小片（王春林等，1996）。

五、步足的基本結構

步足共 3 對，著生於頭胸部的第 6、第 7 和第 8 胸節的側下方，具步行功能。各對步足形狀相似，第 1 至第 3 步足都為桿狀單枝型，共為 7 節，較細弱。腕節很小，分 2 肢，內分肢內肢基部一節較長，末節短而扁，在掌節末端有 1 束剛毛。外分肢較內分肢稍短細，呈細棒狀，頂端有 1 束剛毛，內側有小齒約 20 枚。指節上著生 2 列剛毛。第 3 步足雌雄異形，雄性個體在基節內側特化出 1 對長鞭狀交接器，具交配功能（王春林等，1996）。

六、腹肢的基本結構

腹肢又稱游泳肢，共 6 對，橫向著生在第 1 至第 5 腹節的腹甲兩側。

（1）第 1 至第 5 腹肢，基肢 2 節。外肢分 3 節，末節三角形，半透明，邊緣生羽狀剛毛。第 1 節內側有分支的管鰓，第 2 節內側有一小突起。內肢 3 節，在第 3 節基部與第 2 節連接處內側有 1 內附肢，內附肢頂端呈吸盤狀，起左右肢相互連結作用，腹肢能同步運動，附肢的功能是呼吸和游泳（王春林等，1996）。

（2）第 6 腹肢，又稱尾肢，雙肢型。基節突起部在內側緣前部著生短小齒，在外緣具 1 齒。外肢第 1 節比第 2 節略短，外緣有活動刺 7～9 個。內肢狹長，邊緣生剛毛。尾肢寬大，與尾節合稱尾扇。主要功能為防禦、平衡（王春林等，1996）。

雌性各腹肢形狀相同，但雄性第 1 腹肢的內肢特化成一執握器。各附肢的功能作用依賴於互相協調、配合。許多活動需要各種附肢共同參與才能完成（圖 1－2）。如掘穴打洞是靠第 1、第 3、第 4、第 5 對顎足崛起泥塊，由第 2 顎足舉起推出洞外，洞內的泥漿由游泳足的快速搧動排出洞外。攝食過程是靠第 2 顎足擷取食物，由第 3、第 4 顎足傳到第 5 顎足，並把食物拖進洞內，再利用大顎、第 1、第 2 小顎組成的口器把食物切碎吃掉（王春林等，1996）。

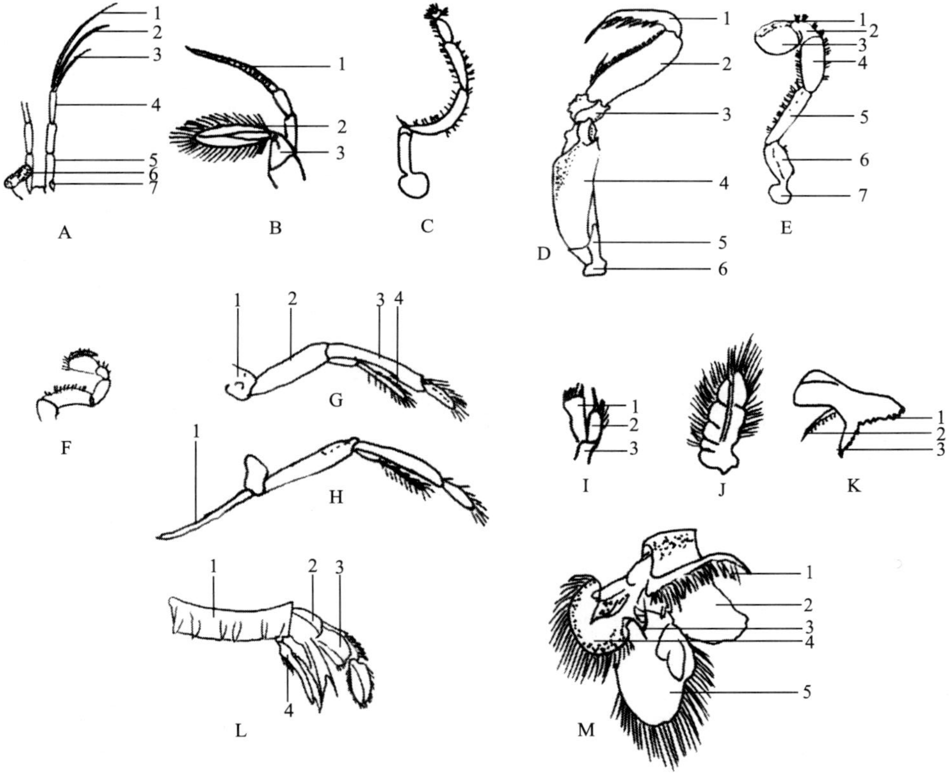

A.第1觸角：1.內鞭；2.中鞭；3.外鞭
4.第3底節；5.亞基節；6.複眼；7.聽器

B.第2觸角：1.內肢；2.外肢；3.底節

C.第1顎足

D.第2顎足：1.指節；2.掌節；3.腕節
4.長節；5.座節；6.底節

E.第3顎足：1.指節；2.腕節；3.掌節；
4.長節；5.座節；6.底節；7.副節

F.第4顎足

G.第3步足(雌)：1.基節；2.底節；
3.內肢；4.外肢

H.第3步足（雄）：1.交接器

I.第1小顎：1.底節；2.內肢；3.基節

J.第2小顎

K大顎：1.門齒突；2.觸鬚；3.臼齒突

L尾肢：1.第6腹節；2.原肢；3.外肢
4.內肢

M.游泳肢：1.鰓；2.原肢；3.軟肢；
4.外肢；5.內肢

圖 1-2　口蝦蛄附肢解剖(引自陳永壽,1985)

七、鰓的基本結構

口蝦蛄的絲狀鰓共 5 對，半透明狀，著生於游泳肢的外肢基部，為呼吸器官。其鰓的長軸上側生有許多彎曲的小枝，小枝上布滿絲狀細毛，稱其為絲鰓。第 1 小鰓，分 2 葉，周圍著生剛毛。第 2 小鰓，基肢分 2 節，每節有 3 片內葉。

八、肛門的基本結構

口蝦蛄的肛門位於尾節腹面正中的中央脊前緣，為圓形小孔，小孔內側組織中有 2 個不等大鈣化組織。

第二節　口蝦蛄的內部形態

除去口蝦蛄的背甲，從背面向腹面解剖，依次可觀察到循環系統、生殖系統、消化系統、神經系統等主要的內部器官系統。

一、循環系統

口蝦蛄的血漿中有血清素，血液淡而無色，遇氧氣後變為淡藍色。口蝦蛄的血細胞可分為無顆粒細胞、小顆粒細胞和顆粒細胞 3 種。口蝦蛄的循環系統和一般的甲殼動物一樣，是一種「開管式」循環體系，即血液由心臟經血管輸出至分布於全身各器官的血腔，然後再經心臟的心孔流回心臟，以完成體內營養物質、排泄廢物、氧氣及二氧化碳的輸送。

切開口蝦蛄的背部，除去背甲，剝離肌肉後，在背面正中可見一條縱行的長管狀心臟。心臟從頭部頸溝處延伸至第 5 腹節的末端。它的背面有 12 對形如裂隙的心孔（胸部 5 對，腹部 7 對），其位置大體在各體節的近前端，第 5 腹節末端處具有 3 個心孔。自心臟的前端向前方伸出一支頭大動脈，位於頭胸甲中央脊的下方、胃部上方。在胃前端部向體左右各發出 1 分支，每支再分出前後 2 小支，依次為第 1 觸角動脈、第 2 觸角動脈，分別通向第 1、第 2 觸角。其中，第 2 觸角動脈另有分支到頭胸甲，稱為頭胸甲動脈。頭大動脈前方抵達至複眼間，分出 2 支眼動脈到複眼。在頭大動脈基部近心臟處有 2 支頭側動脈向頭胸甲側部、口器延伸。在每對心孔附近，心臟左右按節各分出 1 對側動脈，胸部有 8 對，腹部有 7 對。胸部的側動脈前 3 對分布至各顎足，後 3 對分布到步足及前一節的肌肉內。腹部第 1 對側動脈分布到第 8 胸節及第 1 腹節的肌肉內。第 2 到第 6 對分布於第 1 至第 5 腹節的游泳肢和它們各節的肌肉中。第 6 和第 7 對共同分布至第 6 腹節的游泳肢。心臟末端中央向後發出尾動脈伸入尾節。

二、生殖系統

性腺不僅是主要的繁殖器官，而且是性細胞發育的重要基礎（Brown et al.，2009）。甲殼動物生殖細胞發生是個體發育的重要環節，研究經濟甲殼動物生殖細胞發育規律可為進行人工增養殖研究奠定理論基礎。

1. 雄性生殖系統

口蝦蛄雌雄異體，生殖器官大部分位於腹部內，在心臟的腹面與消化管的背面之間。雄性生殖系統包括精巢、輸精管、交接肢以及胸腺。精巢為 1 對細而彎曲的長管，左右對稱，盤曲於圍心竇和消化道之間。自第 8 胸節開始延伸達尾節，在尾節內左右癒合成一條細管，在第 6 腹節內左右精巢各彎曲向前成輸精管，開口於第 8 胸節的第 3 步足基部內側，突出成交接器，左右交接肢長度不等，左側略長於右側（Fairs et al.，1989）。成熟的精子在光鏡下呈圓球形，無鞭毛（徐善良等，1996）。在胸部圍心竇下方有 1 對呈細絲狀曲折的附屬腺，為促雄腺（Androgenic Gland），其末端與左右交接肢相連，是甲殼動物軟甲亞綱生物所特有的雄性內分泌腺體，對於精巢的發育和性別分化起決定作用。

2. 雌性生殖系統

雌性生殖器有卵巢、輸卵管和納精囊等構成，從胃部延伸至尾部。卵巢與精巢基本相似，在尾節內左右卵巢相互癒合，然後分叉。進入繁殖期的口蝦蛄，從雌性個體背部即可看到發育成黃色、膨大狀的生殖腺，背部中間從頭胸甲末端到尾節呈明顯暗色。成熟的卵巢為橙黃色，充滿整個背部，前端始於胃後，向後延伸至尾節內。卵巢外裹有薄膜，從外表看為單一卵巢，但從組織切片看為左右對稱兩葉，其左右兩葉卵巢之間有一條細的縫隙，向前延伸到胃，各節處有側突。卵巢位於消化道之上，圍心竇之下，在每一體節交接處卵巢兩側各有一凹縊，呈波浪狀。在第 6 胸節內有 1 對細的輸卵管，與位於中央線附近的納精囊匯合，開口於第 6 胸節腹甲中央，形成 1 對雌性生殖孔。

繁殖期時腹面第 6 至第 8 胸節有「王」字形結構出現，其顏色隨卵巢不斷成熟而日趨乳白色。外被結締組織包裹，腺體內部還有神經、血管等組織，由漿液性腺細胞組織，在 HE 染色組織切片中，胞質染色較深。Hamano T 和 Matsuura S（1984）認為「王」字形結構發育可分為了 3 個時期：未發育期、發育期、成熟期。

3. 雄性促雄腺結構

雄性口蝦蛄有 1 對促雄腺結構，位於第 3 步足的交接肢基部內側，包埋於肌肉、肝胰腺之間，透過組織膜附著在輸精管（圖 1－3）。肉眼觀察發現，口蝦蛄的促雄腺呈乳白色，橢圓形，大小為 5～10mm（Hamano，1990）。肉眼不易於觀察，且解剖時腺體組織易脫落。

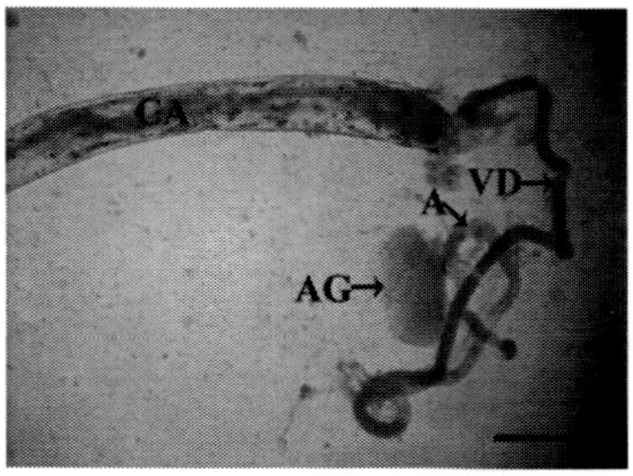

圖 1－3　雄性口蝦蛄促雄腺

CA. 交接肢　AG. 促雄腺　VD. 輸精管　A. 附屬腺

口蝦蛄在全年均可發現促雄腺腺體，個體差異不明顯。腺體發育的時間段與個體大小的相關性不顯著，而與週年溫度有關（紹東梅，2016）。組織學切片觀察發現，雄性口蝦蛄促雄腺的發育可分為 3 期：

（1）增殖期　腺體體積相對較小，各空心腺泡間界線明顯，腺泡內的腺細胞數量相對較少，排列多不規則，腺細胞呈橢圓形；細胞核體積約占整個細胞的 50%，細胞核染色深，嗜鹼性強；核仁 1 個，不易分辨，核染色質含量少。

（2）合成期　腺泡間界線清晰，腺泡內腺細胞數量明顯增多，且規則排列在腺泡膜內側，腺細胞多呈長條形，少數為橢圓形；細胞核規則排列在細胞的外側，細胞核染色較淺，嗜鹼性減弱；核仁 1～3 個，清晰可見，核染色質含量增多。

（3）分泌期　分泌期腺細胞出現 2 種類型：Ⅰ類細胞染色深，嗜鹼性強；Ⅱ類細胞染色淺，嗜鹼性較Ⅰ類型弱；隨著分泌活動的進行，Ⅰ類細胞的數量逐漸比Ⅱ類細胞多。腺體體積小，腺泡間界線模糊，血竇明顯。腺泡內腺細胞數量減少，腺泡內出現空隙；腺細胞多數為圓形，不規則的在腺泡內部，呈游離狀態；細胞質含量少，腺細胞細胞核固縮，位於腺細胞中央，染色深，嗜鹼性強；核仁消失，核染色質含量甚少。

口蝦蛄促雄腺分泌方式與中國明對蝦（葉海輝等，2001）、三疣梭子蟹（蘇青等，2010）等多數十足類甲殼動物相似。Khalaila（2002）研究發現眼柄的處理對促雄腺的發育有一定的影響。可見，促雄腺發育不僅受外界環境因素的影響，同時也受到口蝦蛄自身激素調節的影響。

三、消化系統

口蝦蛄的消化系統由消化道和中腸腺組成。消化道包括有口、食道、胃、中腸、後腸和肛門。口位於頭胸部腹面，口上有 1 對大顎、2 對小顎；緊接口後的細小短管為食道，食道連接口與賁門胃。沿胃溝切開頭胸甲，在頸溝以上部位有呈囊狀的紫褐色胃，它由賁門胃和幽門胃兩部分組成。

（1）賁門胃　呈囊狀，位於頭胸甲中央，胃溝區的下方，形狀如同三角錐狀體，向腹面突出。賁門部後壁有 3 對小骨片，稱賁門骨突。前 1 對有數個齒狀突起，稱軛賁門骨；後 2 對平行相依而成半環狀彎曲的為側上賁門骨和側下賁門骨。在後 2 對之間，向胃的內腔列生許多毛。側上賁門骨的後端左右在胃中央線相互合攏，形成賁門部與幽門部之間的幾個瓣。

（2）幽門胃　較窄小，體積很小，位於胃的後部，幽門胃腔分為背室和腹室。背室與中腸相接，背室側黏膜上皮細胞呈高柱狀，表面覆蓋薄的幾丁質層；腹側上皮細胞呈低柱狀，與黏膜下層向胃腔突起形成皺襞，腹側表面的幾丁質層特化為間壺腹嵴；腹室背側上皮細胞呈高柱狀，表面的幾丁質層較背室背側黏膜上皮略厚，並向胃腔內形成平行排列的剛毛，與間壺腹脊相對，稱為壺腹上脊。幽門胃的肌肉較少，主要為環肌（安繼宗等，2018）。

（3）腸　口蝦蛄的腸分為中腸和後腸兩部分。中腸，呈長管狀，起始於胃的幽門部，後部至第 5 腹節，為細小直管，其內腔較狹窄，外側由肝胰腺包裹。中腸壁自內向外分別為上皮組織、結締組織和肌肉組織三部分。中腸無幾丁質層，腸壁內側向腸腔突出，形成數條明顯的縱褶，上皮細胞呈柱狀緊密排列，透過一層薄的結締組織與中腸腺相連。幽門胃與中腸相連接處的背側突出形成 1 對中腸盲囊（安繼宗等，2018）。

後腸，從第 6 腹節開始，腸道逐漸變大為後腸，後腸較短而膨大，開口於尾扇部分腹面的肛門。後腸壁結構與中腸類似，僅後腸腔大於中腸腔，後腸上皮細胞同樣呈柱狀，後腸壁突出進入腔內，形成多個縱向脊。從結構組成看口蝦蛄的消化系統與許多十足目動物的基本一致，但口蝦蛄的胃內沒有胃磨結構，而是位於胃前端的賁門胃有增厚的角質板，其兩側有剛毛排列和角質的齒狀結構，因此口蝦蛄對食物的機械研磨可能是依靠角質板與剛毛相互配合完成。

肝胰腺又稱中腸腺，較為發達，位於頭胸甲中後區，止於尾扇末端，將幽門胃、中腸和後腸包裹其中，且在體節相連的地方，向左右延伸至體側緣。肝胰腺由眾多分支的小管組成，各小管之間透過結締組織依附。肝胰腺上皮細胞由儲存細胞、分泌細胞、吸收細胞和胚胎細胞組成。分泌細胞頂部有一個大的囊泡，囊泡中有少量的顆粒物質，可以看到細胞頂部破裂或崩解；儲存細胞的細胞中有若干小泡；吸收細胞呈柱狀，細胞核大而圓，核仁明顯；胚細胞的細胞核與吸收細胞的類似，大而圓，但胚細胞較小，細胞頂部達不到管腔。中腸腺內較多的腺管最終組合成腺腔，平行於中腸和背腸的兩側，腺管上皮細胞主要由分泌細胞和儲存細胞組成（安繼宗等，2018）。

（4）Y器官　又稱Y腺（Y-gland），位於頭胸甲後緣側下方，第1顎足基部前方，左右兩側各1個，呈卵圓形，淡黃色。是由一種腺細胞組成的腺體組織，外圍有結締組織組成的基膜包裹，細胞形態及細胞器的大小在不同時期有所不同，細胞核明顯。常見異染色質包圍著一個或多個核仁，並在近核膜處大量密集（張曉輝，2000）。Y器官主要合成和分泌的蛻皮甾類物質，有蛻皮激素（E）、25-脫氧蛻皮激素（25dE）和3-脫氫蛻皮激素（3DE）等（Lachaise F Le，1993）。其中，3DE可在表皮組織、器官等細胞內轉換成E、20-羟脫皮酮（20HE）和3α羟基立體異構體及極性複合物（Ikeda Y M，1993）。蛻皮甾類對生長過程中的口蝦蛄蛻皮和卵巢發育等起到重要的調控作用。

四、神經系統

（1）縱神經幹　切開口蝦蛄的背部，除去肌肉、心臟、生殖器、消化道即可見到腹面有一條白色縱神經幹緊貼於體壁，從頭前部向後到達尾節。

（2）腦（圖1-4）　是位於頭部的膨大的神經節，又稱食道上神經節，位於第1觸角的背面皮膚下方，形狀近似六角形，不明顯的分為前、中、後三部分，分別稱為視葉、第1觸角神經節、第2觸角神經節，它們分出的神經通到眼、觸角等感覺器官，並且從腦分出數對細小的神經（Kodama et al.，2005）。

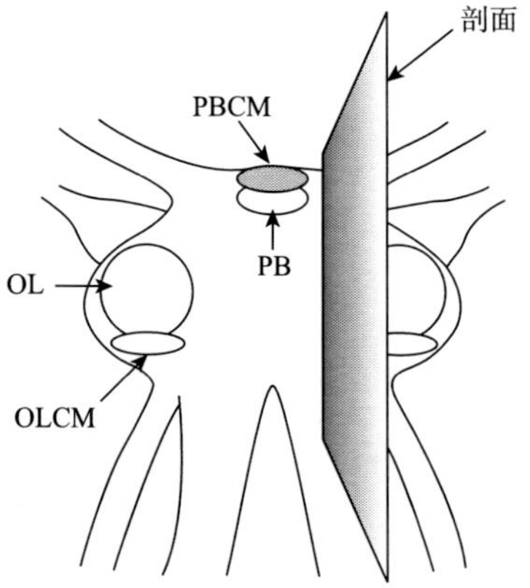

圖1-4　口蝦蛄腦部理論形式結構（引自Kodama，2005）

OL. 嗅葉　OLCM. 嗅葉細胞團　PB. 前橋　PBCM. 前橋細胞團

利用活體解剖、組織切片和透射電鏡技術研究口蝦蛄腦中褐脂質的形態、分布和超微結構特徵。結果表明，活體解剖時可見腦位於眼節後端之頭腦甲最前緣，呈橢圓形，長徑短徑。

口蝦蛄腦位於眼節後端之頭腦甲最前緣，呈橢圓形，有肉眼可見的褐脂質色素累積，顏色與周圍的甲殼、肌肉組織有明顯差別，容易區分。

組織切片下，腦部神經細胞核顆粒為深色顆粒，呈圓形，直徑 10～30μm，褐脂質顆粒不明顯；腦組織周圍有大量結締組織和肌肉組織（M）分布，可能起著支撐和保護腦細胞的作用；口蝦蛄腦前橋細胞團（PBCM）是神經細胞密集分布區域。螢光顯微鏡下，明顯可見黃色的褐脂質顆粒廣泛分布於在口蝦蛄腦中，周圍結締組織和肌內組織中未觀察到褐脂質顆粒。螢光顯微鏡下，褐脂質顆粒分散分布於腦部，並在 PBCM 區域分布較多；褐脂質與溶酶體類似，外被單層細胞器膜，染色密度較其他區域高，邊緣密度較中間區域染色較深。

從圖 1－5 可見，在透射電鏡下，可見橢圓形褐脂質顆粒，多聚集分布於近細胞核區域，與溶酶體類似，外被單層細胞器膜，染色密度較其他區域高且均勻；不同代謝累積階段褐脂質顆粒的染色程度不同，衰老細胞中褐脂質顆粒較深。此外，細胞核周圍常見分布著初級溶酶體（PL）、次級溶酶體（LY）、囊泡（V）、粒線體（M）、褐脂質顆粒（L）等。粒線體細胞被雙層膜包圍，內部染色程度不同，存在著較老的細胞易變性，自由基較多；初級溶酶體結構呈囊泡狀，直徑 0.2～0.5μm（圖 1－5c），是一種剛剛分泌的含有溶酶體酶的分泌小泡，此時酶處於一種非活性狀態，染色較淺，電鏡下多不明顯；次級溶酶體和褐脂質相似，包被單層膜（圖 1－5d），但是體積比褐脂質顆粒稍小。由於溶酶體吞噬作用導致其內部很多物質會發生降解，其中很可能包括褐脂質。

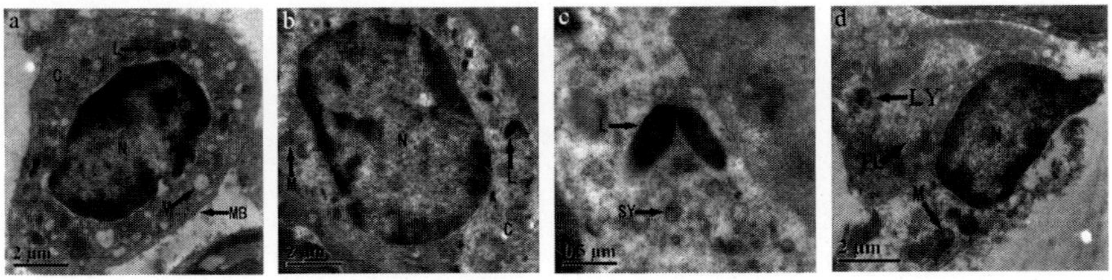

圖 1－5　透射電鏡下口蝦蛄腦部形態特徵

a. 口蝦蛄腦細胞　b. 腦細胞核周圍形態　c. 初級溶酶體　d. 次級溶酶體

L. 褐脂質顆粒　N. 細胞核　M. 粒線體　LY. 次級溶酶體　V. 囊泡　C. 細胞質

MB. 細胞膜　PL. 初級溶酶體

（3）食道神經　有 1 對食道神經連索，由腦的後端中央附近發生，向食道下方延伸與食道下神經節相接。食道下神經節又與腹神經索相連，腹神經索位於消化道腹面，共有 9 對神經節（胸部 3 對和腹部 6 對），各對神經節的大小相似，唯有第 6 腹節的神經節稍大（圖 1－6）。各對神經節均發出神經，伸入附肢與肌肉內（齊偉等，2008）。

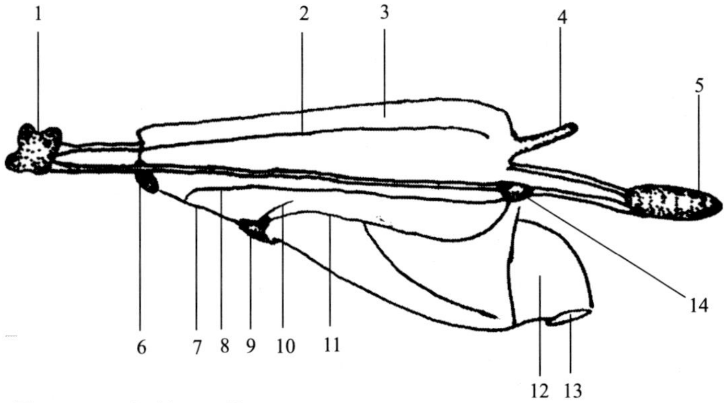

圖 1－6　口蝦蛄口胃神經系統與胃的相對位置關係（引自齊偉，2008）
1. 大腦　2. 賁門側神經　3. 胃　4. 腸　5. 食道下神經節　6. 口胃神經節
7. 口胃神經　8. 食道上神經　9. 食道神經節　10. 賁門下神經
11. 食道下神經　12. 食道　13. 口　14. 圍食道神經節

第三節　口蝦蛄的生物學特徵

一、口蝦蛄生物學測定

頭胸甲長（Carapace Length）：頭胸甲前端至頭胸甲末端的長度（圖 1－7）。

體長（Body Length）：眼柄基部至尾節背部棘刺尖端的長度。

全長（Total Length）：眼柄基部至身體最末端的長度。

體重（Total Weight）：個體的總重量。

二、口蝦蛄的群體組成

口蝦蛄是一種多年生的甲殼類動物，生長比較緩慢，在其生長的過程中，雌雄間的生長變化是有差異的。雌性平均體重的最大值出現在 2 月，雄性平均體重最大值出現在 12 月，這說明前一年進入恢復期以後，攝食強度變大，索餌育肥，雌雄口蝦蛄的體重均處於增長期，由於來年 2 月時，雌性個體因卵黃營養物質積累到最大值，即將進入產卵季節，導致平均體重大於同期的雄性。如圖 1－8 中 3—9 月雌雄口蝦蛄的平均體重均有下降趨勢，特別是 4—6 月，可能這個時期內雌性口蝦蛄處於產卵繁殖盛期，體力消耗過大，導致體重的大幅度下降。雌性平均體重的最小值出現在 8 月，雄性出現在 9 月，7—8 月為

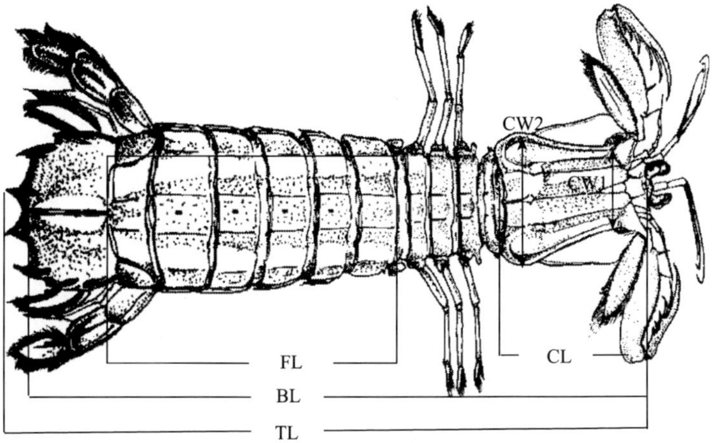

圖 1－7　口蝦蛄的形態測量示意

BL. 體長　FL. 腹節長　TL. 全長　CL. 頭胸甲長　CW1. 頭胸甲上部寬　CW2. 頭胸甲下部寬

一年中體重最低時期，雌性的平均體重都低於雄性，這與 6 月雌性口蝦蛄剛結束產卵，體內積累的卵黃營養物質大量排出有關；到 8 月末、9 月初基本完成產卵過程，雌性口蝦蛄要承擔繁重的抱卵、孵化工作，平均體重降到最小值。9 月以後進入恢復期，口蝦蛄索餌育肥，體重又逐漸增大，雌雄口蝦蛄的體重均處於穩定增長的狀況。同一批次的樣品間大小差異較大，特別是在繁殖期間，雌性的體重明顯大於雄性。

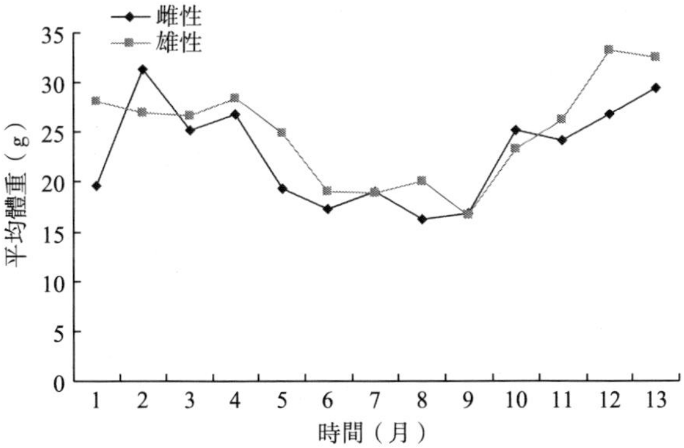

圖 1－8　雌雄口蝦蛄各月分的平均體重

如圖 1－9，從雌雄口蝦蛄一年內各月的出現頻率可以看出，6、7 月雌雄的出現機率差異較大，雌性出現的機率遠遠小於雄性，且 7 月雌性口蝦蛄的出現機率達到最小值，分析可能是進入產卵期，雌性口蝦蛄特有的產卵習性所致。雌性口蝦蛄進洞產卵、孵卵，大大減少了洞外活動，相對而言雄性出現的機率就大了很多。9 月以後，雌性口蝦蛄處在繁殖末期，並將進入恢復期，雌性口蝦蛄出洞索餌覓食，恢復洞外活動，雌雄的出現機率差異就比較小。

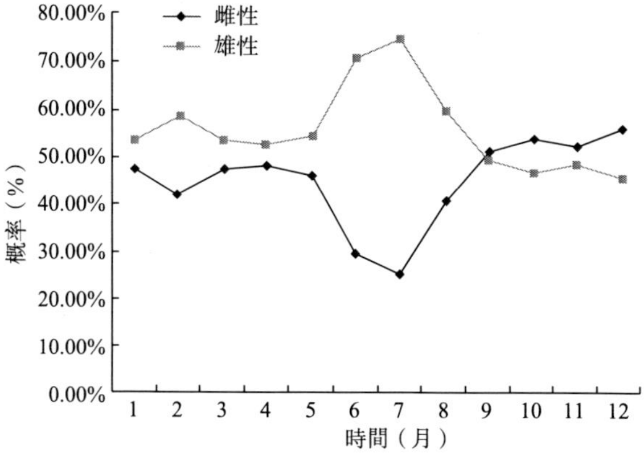

圖 1－9　雌雄口蝦蛄在各月分的出現機率

三、各部位相關性

（1）體重與頭胸甲長的關係　根據 2004 年 1 月至 2005 年 1 月樣品的數據，對口蝦蛄雌雄樣品間的體重與頭胸甲長的關係進行迴歸分析，二者間無明顯的差異。迴歸分析結果表示，口蝦蛄的體重與頭胸甲長呈冪指數關係。體重（TW，g）與頭胸甲長（CL，cm）關係如圖 1－10 所示。

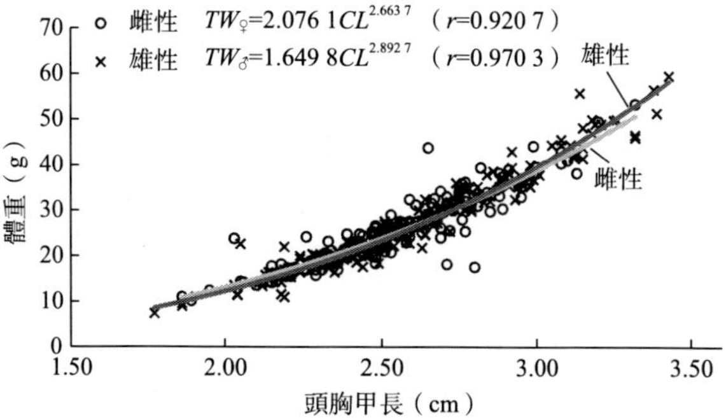

圖 1－10　口蝦蛄體重與頭胸甲長的關係

為驗證推導方程的有效性，採用 r 檢驗法對方程進行顯著性檢驗。共分析樣本 361 尾，其中雌性 170 尾，雄性 191 尾。根據計算，對 $\alpha=0.01$，查相關係數臨界值表可得 r_{α}（150）$=0.208$，而雌雄口蝦蛄 $r_{♀}=0.9207$，$r_{♂}=0.9703$，其 $|r|$ 均大於 r_{α}（150），表明迴歸關係顯著，說明配合的冪函數曲線方程是適合的。

雌雄口蝦蛄體重與頭胸甲長關係分別為：$TW_{♀}=2.0761CL^{2.6637}$，$TW_{♂}=1.6498CL^{2.8927}$，均呈冪指數關係，且相關性非常好。從關係圖中可以看出雌雄兩條曲線較接近，相差不大。體重均隨頭胸甲的增加而增加，用 $W_{=}W_{♂}$ 求解方程，得頭胸甲長 $CL=2.7$cm，表明這兩條曲線相交於這一點。2.7cm 以前無論雌雄體重增加均較為緩慢；2.7cm 以後，曲線變陡，體重增加較快。雄性在 2.7cm 前體重增長比雌性慢，以後雄性增長超過雌性。

（2）體重與體長的關係　口蝦蛄的體重與體長是兩個非常重要的指標，對所取樣品的數據進行迴歸分析發現，口蝦蛄的體重與體長的關係在雌雄間無顯著的差異，體重隨體長的增加而增加，體重（TW，g）與體長（BL，cm）呈冪指數關係，如圖 1－11 所示。

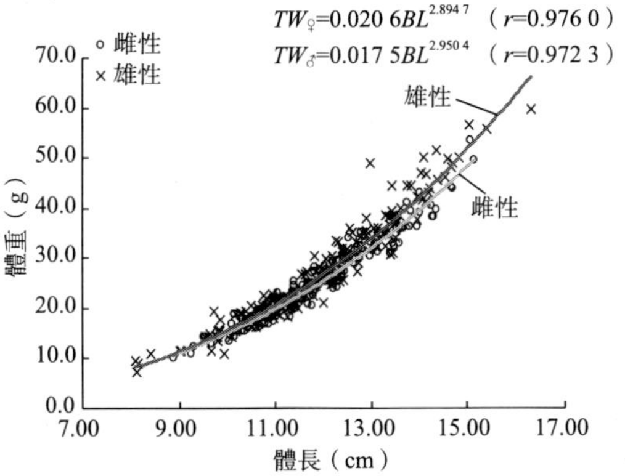

圖 1－11　口蝦蛄體重與體長關係

同樣採用 r 檢驗法對方程進行顯著性檢驗，分析所用樣本 361 尾，其中雌性 170 尾，雄性 191 尾。根據計算，對 $\alpha=0.01$，查相關係數臨界值表可得 r_{α}（150）$=0.208$，而雌雄口蝦蛄 $r_{♀}=0.9760$、$r_{♂}=0.9723$，其 $|r|$ 均大於 $r_{\alpha}=0.208$，表明迴歸關係顯著，說明配合的冪函數曲線方程是適合的。

徐善良等（1996）研究認為，浙江沿海口蝦蛄的體重與體長關係式為：$TW=0.01558BL^{2.91}$。林月嬌等（2008）研究表明，大連近海口蝦蛄雌雄的體重與體長關係式為：$TW_{♀}=0.0206BL^{2.8647}$，$TW_{♂}=0.0175BL^{2.9504}$；兩種樣品間關係式中指數 b 略有差異，可能是與性別是否分開討論有關。在不考慮雌雄間差異的前提下，對總體樣品進行迴歸，得到口蝦蛄體重與體長的關係為：$TW=0.018\,9BL^{2.909\,9}$，指數 b 與前人的研究結果也少有差別，可能是由於不同地方群體間或世代間的差異所產生的。其他蝦蛄屬的種類也有類似的報導，如蔣霞敏等（2000）研究認為，浙江沿海的黑斑口蝦蛄的體重與體長的關係為：$M_{♀}=0.060\,7BL^{2.420\,4}$，$M_{♂}=0.041\,8BL^{2.598\,0}$，得到的也是冪函數方程，其指數 b 小於本試驗口蝦蛄。

從口蝦蛄體重與體長關係的曲線圖看出，二者的關係在雌雄間無明顯的差異。體重均隨體長的增加而增加，雌雄兩條曲線在體長 10.00cm 前十分接近，體重增長均較為緩慢；在體長 10.00cm 以後差異漸漸變得顯著，體重均增加較快，而且隨著體長的變大，曲線上點的離散性越來越大。有此結果的原因可能是進入成熟期後，口蝦蛄的體重變化趨勢受到了生殖行為的影響，雌性個體由於卵巢的生長發育，體內大量積累卵黃營養物質，導致體重的增加受到影響。

（3）體重與全長的關係　對雌雄口蝦蛄分別作了體重與全長的數據迴歸分析，發現二者間差異較小，體重（TW，g）與全長（TL，cm）的關係呈冪指數關係，如圖 1－12 所示。

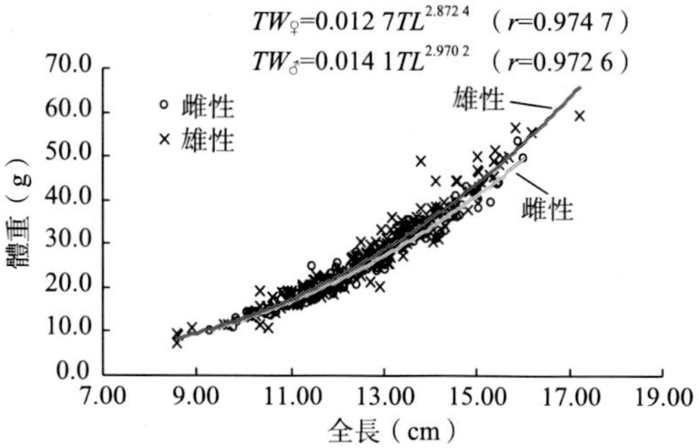

圖 1－12　口蝦蛄雌雄個體體重與全長的迴歸關係

對 170 尾雌性個體和 191 尾雄性個體進行數據分析，用 r 檢驗法對方程進行顯著性檢驗，根據計算，對 $\alpha=0.01$，查相關係數臨界值表可得 $r_{\alpha}=0.208$，而雌雄口蝦蛄 $r_{♀}=0.974\,7$、$r_{♂}=0.972\,6$，其 $|r|$ 均大於 r_{α}（150），迴歸關係顯著，說明配合的冪函數曲線方程是適合的。

口蝦蛄體重與全長關係的曲線圖和體重與體長的關係曲線圖相似，體重均隨全長的增長而增加。雌、雄個體的迴歸關係曲線在全長小於 11.00cm 時幾乎相同；在全長大於 11.00cm 時差異漸漸變大，而且隨著全長的變大，曲線上點的離散性越來越大，其原因也是因為生殖行為對體重有影響。

(4) 頭胸甲長與體長的關係　分別對口蝦蛄雌雄個體的頭胸甲長（CL，cm）與體長（BL，cm）作迴歸分析，分析發現，無論雌雄，口蝦蛄的頭胸甲長均隨體長的增長而勻速增長，並且雌雄間的差異不是很大，大於 10.0cm 的同體長組雄性頭胸甲長略大於雌性，如圖 1－13 所示。

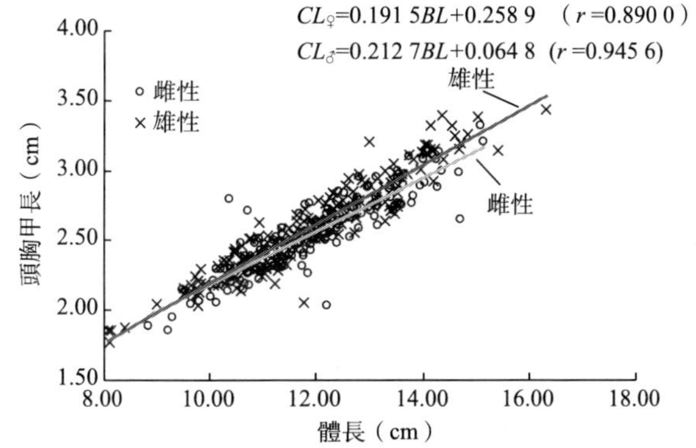

圖 1－13　口蝦蛄雌雄個體頭胸甲長與體長的迴歸關係

用 r 檢驗法對方程進行顯著性檢驗，同樣對 170 尾雌性和 191 尾雄性進行數據分析，對 $\alpha=0.01$，查相關係數臨界值表可得 r_{α} (150) $=0.208$，而雌雄口蝦蛄 $r_{♀}=0.890\ 0$、$r_{♂}=0.945\ 6$，其 $|r|$ 均大於 r_{α} (150)，線性迴歸關係顯著，說明配合的迴歸方程是適合的。

(5) 頭胸甲長與全長的關係　對口蝦蛄的頭胸甲長（CL，cm）與全長（TL，cm）進行統計分析，結果表明二者之間線性關係很好，雌雄口蝦蛄間沒有顯著差異，大於 11.0cm 的同全長組的雄性頭胸甲略長於雌性，如圖 1－14 所示。

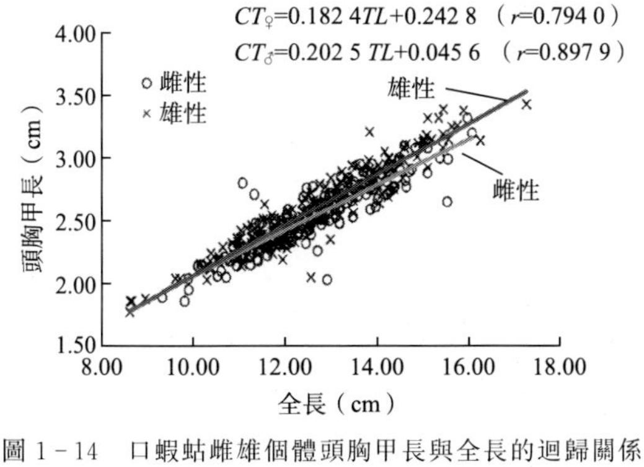

圖 1－14　口蝦蛄雌雄個體頭胸甲長與全長的迴歸關係

用 r 檢驗法對方程進行顯著性檢驗，對 $\alpha=0.01$，查相關係數臨界值表可得 r_α（150）$=0.208$，而雌雄口蝦蛄 $r_♀=0.7940$、$r_♂=0.8979$，其 $|r|$ 均大於 r_α（150），說明線性迴歸顯著，配合的迴歸方程是適合的。

（6）體長與全長的關係　對口蝦蛄的體長（BL，cm）與全長（TL，cm）進行統計分析，迴歸結果表明二者間同樣呈現良好的線性關係，雌雄間幾乎沒有差異，如圖 1－15 所示。

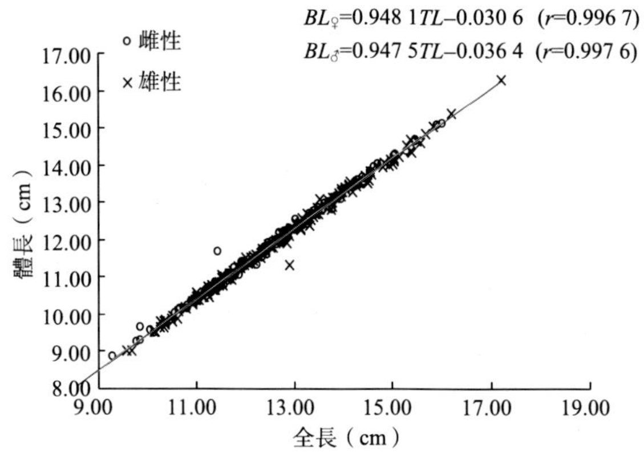

圖 1－15　口蝦蛄雌雄個體體長與全長的迴歸關係

用 r 檢驗法對方程進行顯著性檢驗，對 $\alpha=0.01$，查相關係數臨界值表可得 r_α（150）$=0.208$，而雌雄口蝦蛄 $r_♀=0.9967$、$r_♂=0.9976$，其 $|r|$ 均大於 r_α（150），表明線性迴歸關係顯著，因此配合的迴歸方程是適合的。

（7）體重與性腺重的關係　對口蝦蛄的體重與性腺重進行統計分析，結果表明二者之間相關性很差。但總體看，在性腺發育期間，還是存在著體重大的個體比體重小的個體性腺偏重的現象。二者關係如圖 1－16 所示。

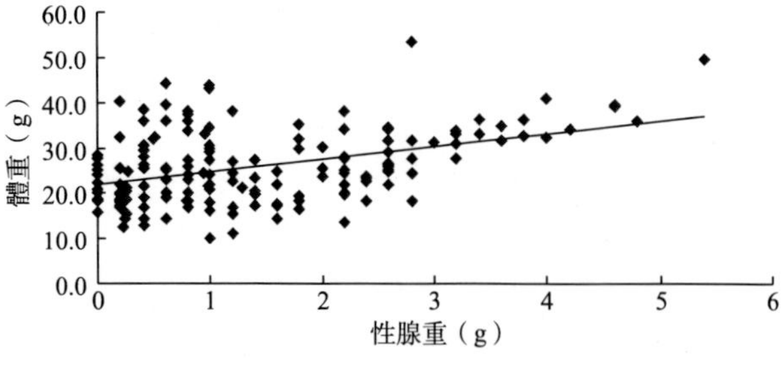

圖 1－16　口蝦蛄體重與性腺重的關係

（8）體長與性腺重的關係　對口蝦蛄的體長與性腺重進行統計分析，結果表明二者之間相關性很差。總體看，在性腺發育期間，還是存在著體長大的個體比體長小的個體性腺偏重的現象。二者關係如圖 1－17 所示。

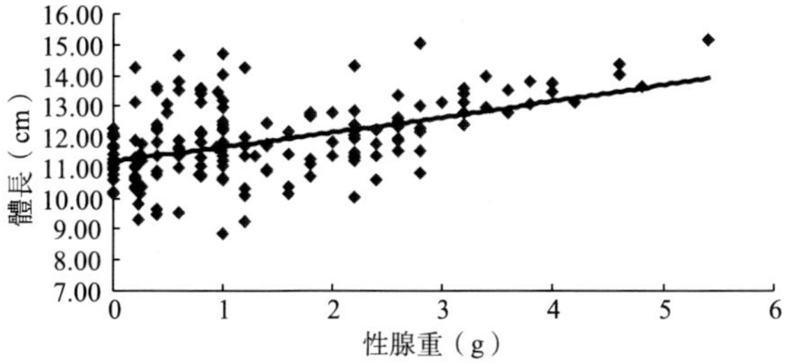

圖 1－17　口蝦蛄體長與性腺重關係

日本山崎誠（1998）研究發現，口蝦蛄的卵巢質量與體重存在線性關係。蔣霞敏等（2000）對浙江沿海黑斑口蝦蛄的性腺質量與體重關係研究發現，黑斑口蝦蛄性腺質量（mg，g）與體重（m，g）也呈線性相關，其關係為：$mg_{♀}=-0.4126+0.0582m$（$r=0.8094$）、$mg_{♂}=-1.7417+0.1716m$（$r=0.8577$），表明性腺隨體重增加而勻速增加，但雌雄差異較大，迴歸直線的斜率雄性遠遠大於雌性。此外，根據觀察，雄性性腺達最大質量時，對應的體重最大，肥滿度也最大。本試驗在整個測量過程中，只對雌性口蝦蛄性腺組織進行了秤量。在對一年內的雌性口蝦蛄的秤量結果進行數據分析後，發現體重、體長與性腺重之間沒有明顯的線性相關性。做出線性趨勢線，相關性比較差，這點不同於其他試驗結果，可能是在解剖過程中，雌性口蝦蛄的性腺摘取不完全，從而造成的誤差，以及試驗樣品的地域性差異所致。但是，在性腺發育期間，還是存在著體重和體長大的個體比體重和體長小的個體性腺偏重的現象。

口蝦蛄頭胸甲長與體長的關係呈良好的線性關係。林月嬌等（2008）得出的大連近海口蝦蛄的這 2 個參數間的關係同樣符合這種線性方程。蔣敏霞等（2000）對浙江沿海的黑斑口蝦蛄的形態參數的研究中，得出黑斑口蝦蛄的頭胸甲長與體長的關係式為：$CL_{♀}=0.2208+0.2202BL$（$r=0.8521$）、$CL_{♂}=0.3462+0.2159BL$（$r=0.9088$），與大連近海口蝦蛄有差異，可能是由試驗樣品的品種不同和地區性差異所造成的。雌雄間 2 個參數關係存在很小的差異，在體長小於 10.00cm 時，雌雄間頭胸甲長的增加幾乎沒有差異；在體長大於 10.00cm 時，雄性圖線略高於雌性，這說明雄性頭胸甲長的增加速度在體長 10.00cm 後慢慢大於雌性。

口蝦蛄頭胸甲長與全長的關係也呈很好的線性關係。在全長小於 11.00cm

時，雌雄間頭胸甲長的增長幾乎沒有差異；在全長大於 11.00cm 時，雄性圖線略高於雌性，表明雄性頭胸甲長的增加速度在全長 11.00cm 後慢慢大於雌性。

在口蝦蛄體長與全長的關係圖中，可以看到基本重合的 2 條直線。這說明雌雄口蝦蛄間的體長與全長的關係基本無差異，在口蝦蛄的生長過程中，雌雄體長隨全長的增長而增長的比例基本是一樣的。

四、口蝦蛄的生長特性

口蝦蛄生長較為緩慢，從表 1－1 可以看出，口蝦蛄週年中的最大平均體重值和平均體長值均出現在 3 月，從 10 月以後，口蝦蛄幼體孵化進入生長階段。4—6 月口蝦蛄體重範圍跨度較大，出現最小值 7.0g；體長的跨度範圍也較大，出現最小值 5.15cm。

產卵繁殖盛期，6 月口蝦蛄剛結束產卵，並要承擔繁重的抱卵、孵化活動，導致體重有明顯減少的現象，加之由於現有條件的限制，所採集到的樣本都是成體，只是偶爾出現當年生小個體口蝦蛄。9 月以後，從口蝦蛄的平均體重和平均體長均能看出，二者處於穩定的增長狀態，分析是口蝦蛄的繁殖期結束進入恢復階段，隨著攝食強度的增強，身體也恢復肥滿。

表 1－1　黃海北部口蝦蛄體長、體重的月際數據資訊

時間		體重（g）		體長（mm）	
年	月	範圍	平均值	範圍	平均值
2004	1	11.4～56.8	27.51	8.40～15.37	12.14
	2	18.2～46.0	28.75	10.38～14.70	12.33
	3	13.0～67.2	31.75	9.08～15.43	12.64
	4	9.6～65.2	31.21	5.15～16.91	12.28
	5	7.6～57.0	22.73	5.87～14.8	11.21
	6	7.0～45.8	18.52	8.03～14.46	10.58
	7	9.4～49.8	18.80	8.10～14.03	10.75
	8	10.2～42.8	18.47	8.46～14.17	10.58
	9	9.0～37.6	16.15	6.64～13.17	9.79
	10	8.0～50.0	24.24	7.94～14.50	11.27
	11	9.8～59.2	25.11	8.92～15.46	11.81
	12	12.4～56.0	29.85	8.98～15.86	12.40
2005	1	14.4～56.6	28.99	9.53～15.14	12.47

本試驗共採集口蝦蛄樣品 1764 尾，體長為 6.64～15.86cm，根據體長分布情況，雌雄各按十個體長組進行分析比較，第一至第十體長組分別為：6.5～7.5cm、7.5～8.5cm、8.5～9.5cm、9.5～10.5cm、10.5～11.5cm、11.5～12.5cm、12.5～13.5cm、13.5～14.5cm、14.5～15.5cm 和大於 15.5cm（體長小數點後第二位四捨五入）。如圖 1-18，6.5～7.5cm、10.5～11.5cm、11.5～12.5cm 三個體長組中雌性出現尾數略大於雄性，其他各體長組雌性出現尾數均小於雄性，且雌性無大於 15.5cm 體長組，說明採集回來的樣品中雄性的體長大的尾數多，普遍大於雌性。

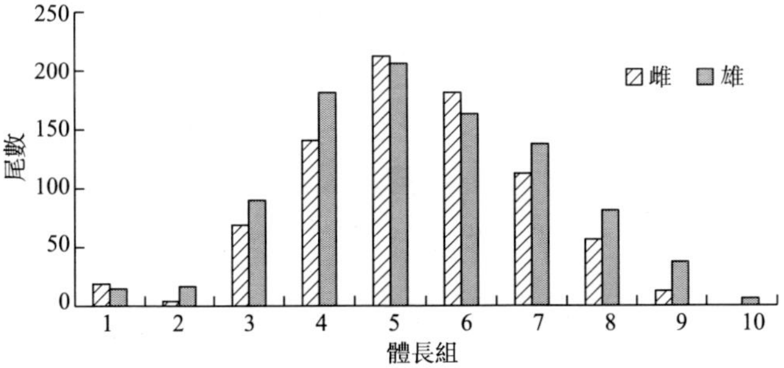

圖 1-18　口蝦蛄各體長組的尾數分布

按不同體長組分別進行個體出現率、平均增重率等的分析（體長小數點後第二位四捨五入），結果見表 1-2。從個體出現率和平均體重來看，同一體長組的口蝦蛄樣品，雄性的平均體重都要大於雌性，雄性體長大於 15.5cm 的個體出現率為 1.05，而雌性出現率為 0。整體說來，隨著體長的增加，雌雄口蝦蛄的相對增重率的總趨勢均是逐漸變小的，即口蝦蛄在小個體時的相對增重率大於大個體時的相對增重率，且相同體長組雄性口蝦蛄的相對增重率基本上大於雌性。

表 1-2　口蝦蛄不同體長組相對增重率及 W/L 值

體長組（cm）	雌性				雄性			
	個體出現率（%）	平均體重（g）	相對增重率（%）	W/L	個體出現率（%）	平均體重（g）	相對增重率（%）	W/L
6.5～7.5	2.46	4.5	—	0.65	1.89	4.5	—	0.65
7.5～8.5	0.37	6.9	53.67	0.88	2.00	8.5	89.76	1.04
8.5～9.5	8.12	11.5	66.67	1.27	9.57	11.9	39.67	1.30
9.5～10.5	17.47	15.1	31.30	1.51	19.03	15.5	30.25	1.55
10.5～11.5	26.57	19.7	30.46	1.79	22.19	20.2	30.32	1.84

（續）

體長組（cm）	雌性				雄性			
	個體出現率（%）	平均體重（g）	相對增重率（%）	W/L	個體出現率（%）	平均體重（g）	相對增重率（%）	W/L
11.5～12.5	22.26	25.6	29.95	2.13	17.46	26.6	31.68	2.22
12.5～13.5	14.02	32.2	25.78	2.48	14.62	34.0	27.82	2.62
13.5～14.5	6.77	37.8	17.39	2.71	8.31	42.9	26.18	3.06
14.5～15.5	1.97	46.7	23.54	3.13	3.89	51.8	20.75	3.48
＞15.5	0	—	—	—	1.05	59.9	15.68	3.72

由表 1－2 可見，雌雄口蝦蛄體重與體長之比值（W/L）均隨體長的增長逐漸增大，基本上均呈直線上升的趨勢，同體長組雌性的體重與體長之比均小於雄性的。這與體重與體長的關係曲線反映的事實基本是一致的。但是據報導，徐善良（1996）對浙江沿海口蝦蛄的研究結果——W/L 值是隨體長的增長逐漸增大，雌雄間差異表現為小於 9.0cm 時，雌性比值大於雄性，此後雄性比值超過雌性；這與本試驗有些差異，可能是樣品存在地方性差異所造成的。

表 1－3 是對所有口蝦蛄樣品分雌雄進行全長與體長之比的統計結果。結果顯示，頭胸甲長是隨體長的增大而逐漸增大的，這與頭胸甲長與體長關係曲線反映的事實也基本一致。從表 1－3 中全長/體長的比值和圖 1－19 可得知，口蝦蛄的生長速度與性別和個體大小有關，在整個生長過程中，體長小於 9.0cm 時，雌雄的全長/體長值穩定增大，隨體長的增大而增大，說明體長在 9.0cm 以前的口蝦蛄的生長速度很快，且雌性生長快於雄性；體長大於 9.0cm 時，雌雄的全長/體長值隨體長的增大變化不大，比較穩定，略有下降趨勢，說明體長在 9.0cm 以後，口蝦蛄無論雌雄，生長速度都比較緩慢，比較穩定，沒有明顯變化，雌雄間無太大差別。

表 1－3　口蝦蛄不同體長組頭胸甲長及全長/體長值

體長組（cm）	雌性			雄性		
	平均體長（cm）	平均頭胸甲長（cm）	全長/體長	平均體長（cm）	平均頭胸甲長（cm）	全長/體長
6.5～7.5	6.86	1.52	1.032	6.88	1.51	1.033
7.5～8.5	7.84	1.67	1.038	8.23	1.81	1.056
8.5～9.5	9.08	1.94	1.058	9.12	1.99	1.058
9.5～10.5	9.99	2.12	1.058	10.01	2.18	1.062

（續）

體長組（cm）	雌性			雄性		
	平均體長（cm）	平均頭胸甲長（cm）	全長/體長	平均體長（cm）	平均頭胸甲長（cm）	全長/體長
10.5～11.5	11.00	2.36	1.057	10.98	2.37	1.057
11.5～12.5	12.00	2.54	1.056	11.99	2.57	1.058
12.5～13.5	13.00	2.75	1.060	12.97	2.82	1.058
13.5～14.5	13.93	2.90	1.056	14.00	3.05	1.056
14.5～15.5	14.92	3.08	1.052	14.89	3.27	1.058
＞15.5	—	—	—	16.09	3.33	1.052

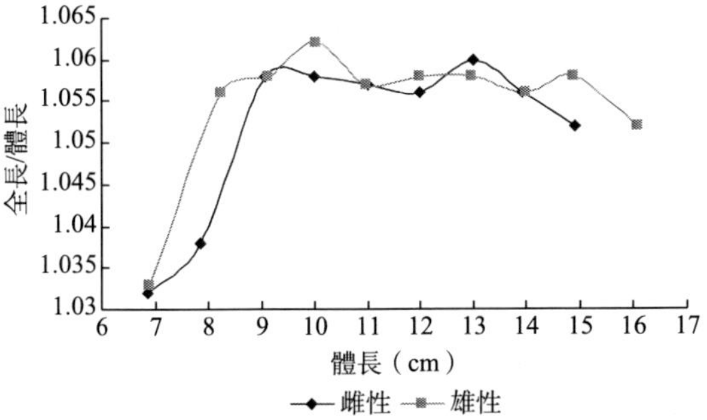

圖 1－19　口蝦蛄全長/體長與體長的關係

林月嬌等（2008）採用常規生物學測定方法，對大連近海雌雄口蝦蛄個體的頭胸甲長、體長、全長、體重進行了測定，並分析口蝦蛄長度和體重以及各長度之間的生長關係。結果表明，雌雄性口蝦蛄個體之間存在的差異較小，而且體重與頭胸甲長、體重與體長、體重與全長均呈冪函數關係，頭胸甲長與體長、頭胸甲長與全長均呈線性關係。徐海龍等（2010）對大連近海漁獲的口蝦蛄頭胸甲長、體長、體重及關係進行了研究，得到口蝦蛄肥滿度最小值出現在7月，雌性為1.38，雄性為1.40，肥滿度性別差異顯著。蔣霞敏等（2000）對黑斑口蝦蛄（*Oratosquilla kempi*）的體長、頭胸甲長、尾扇長、體重、肉殼重、性腺重等進行了測定分析，結果表明黑斑口蝦蛄的體長與體重呈冪函數關係；體長與頭胸甲長、尾扇長，體重與肉重、殼重和性腺重呈線性相關係。盛福利（2009）對青島近海口蝦蛄漁業生物學進行初步研究，結果表明體重與體長、全長、頭胸甲長、腹寬、尾扇長分別呈冪函數關係；雌雄口蝦蛄的肥滿度變化有所差異，雄性口蝦蛄肥滿度普遍高於雌性。

參考文獻

安繼宗，徐海龍，王彥懷，2018. 口蝦蛄幽門胃、中腸、後腸及中腸腺形態組織學觀察\ [J\ ]. 河北漁業，8：14-16.

馮玉愛，張珍蘭，1995. 廣東湛江沿海口足類的初步報告\ [J\ ]. 湛江水產學院學報，15（1）：21-32.

蔣霞敏，趙青松，王春琳，2002. 黑斑口蝦蛄的形態參數關係的分析\ [J\ ]. 中山大學學報（自然科學版）增刊，3（39）：268-270.

李富花，相建海，1996. 中國對蝦促雄腺形態結構和功能的初步研究\ [J\ ]. 科學通報，41（15）：1418-1422.

林月嬌，劉海映，徐海龍，等，2008. 大連近海口蝦蛄形態參數關係的研究\ [J\ ]. 大連水產學院學報，3：215-217.

劉瑞玉，王永良，1998. 南海蝦蛄科及猛蝦蛄科（甲殼動物口足目）二新種\ [J\ ]. 海洋與湖沼，29（6）：588-596.

梅文驤，王春琳，張義浩，1996. 浙江沿海蝦蛄生物學及其開發利用研究專輯\ [J\ ]. 浙江水產學院學報，15（1）：1-8.

齊偉，王曉安，任維，等，2008. HRP 追蹤技術對口蝦蛄口胃神經系統的研究\ [J\ ]. 神經解剖學雜誌，24（4）：5.

山崎誠，1998. 口蝦蛄的生態學研究\ [J\ ]. 西海區水產研究報告，3（66）：69-100.

邵東梅，邢坤，陳雷，2016. 口蝦蛄促雄腺的形態結構研究\ [J\ ]. 安徽農業科學，44（19）：6-7.

蘇青，朱冬發，楊濟芬，等，2010. 三疣梭子蟹促雄腺顯微和亞顯微結構的研究\ [J\ ]. 水產科學，29（4）：193-197.

王春林，徐善良，梅文驤，1996. 口蝦蛄的附肢形態及生活習性的初步觀察\ [J\ ]. 浙江水產學院學報，15（1）：9-14.

王蕾，邱盛堯，劉淑德，等，2020. 黃渤海 3 個口蝦蛄群體的形態差異分析\ [J\ ]. 海洋漁業，42（6）：672-686.

徐海龍，張桂芬，喬秀亭，等，2010. 黃海北部口蝦蛄體長及體質量關係研究\ [J\ ]. 水產科學，29（8）：451-454.

徐善良，王春琳，梅文驤，1996a. 口蝦蛄形態參數關係的研究\ [J\ ]. 浙江水產學院學報，15（1）：15-20.

徐善良，王春琳，梅文驤，1996b. 口蝦蛄性腺特徵及卵巢組織學觀察\ [J\ ]. 浙江水產學院學報，15（1）：9-14.

Brown M，Sieglaff D，Rees H，2009. Gonadal ecdysteroidogenesis in Arthropoda：occurrence and regulation \ [J\ ]. Annual Review of Entomology，54：105-25.

Fairs N J，Evershed P T，Quinlan P T，et al.，1989. Detection of unconjugated and conjuated steroids in the ovary，eggs and haemolymph of the decapod crustacean *Nephrops norvegicus* \ [J\ ]. General Comparative Endocrinology，74：199-208.

Hamano T, Matsuura S, 1984. Egg laying and egg mass nursing behavior in the Japanese mantis shrimp \ [J \ ]. Nippon Suisan Gakkaishi, 50 (12): 1969-1973.

Hamano T, 1990. Growth of the stomatopod crustacean *Oratosquilla oratoria* in Hakate Bay \ [J \ ]. Nippon Suisan Gakkaishi, 56: 1529.

Ikeda M, Naya Y, 1993. The biotransformation of tritiated 3-dehydroecdysone by crayfish, *Procambarus clarkii* \ [J \ ]. Experientia, 49 (12): 1101-1105.

Khalaila I, Manor R, Weil S, et al., 2002. The eyestalk-androgenic gland-testis endocrine axis in the crayfish *Cherax quadricarinatus* \ [J \ ]. Gen Comp Endocrinol, 127 (2): 147-156.

Keita K, Takashi Y, Takamichi S, et al., 2005. Age estimation of the wild population of Japanese mantis shrimp *Oratosquilla oratoria* (Crustacea: Stomatopoda) in Tokyo Bay, Japan, using lipofuscin as an age marker \ [J \ ]. Fisheries Science, 71 (1): 141-150.

Lachaise F, Le R A, Hubert M, et al., 1993. The molting gland of crustaceans: localization, activity, and endocrine control (A review) \ [J \ ]. Journal of Crustacean Biology, 2: 198-234.

Lui K K Y, Ng J S S, Leung K M Y, 2007. Spatio-temporal variations in the diversity and abundance of commercially important decapoda and stomatopoda in subtropical Hong Kong waters \ [J \ ]. Estuarine, Coastal and Shelf Science, 72 (4): 635-647.

第二章

口蝦蛄食性

第一節　口蝦蛄的食性分析

一、黃海北部口蝦蛄食性分析

樣本來源於2018年黃海北部（122°14′－122°15′E，39°17′－39°18′N）定點張網採集的口蝦蛄、魚類、貝類、甲殼類、頭足類、多毛類、藻類等。口蝦蛄主要為1齡口蝦蛄［體長（8.37±0.59）cm，體重（8.77±1.75）g］和3齡口蝦蛄［體長（14.28±0.55）cm，體重（48.08±2.84）g］。樣本採集後冷藏運輸到實驗室，進行分類鑑定和生物學測定。口蝦蛄、蝦蟹類去除甲殼取肌肉組織，魚類取其背部肌肉組織，貝類取閉殼肌，頭足類取肌肉組織，尖海龍、藻類取整體作為分析樣品，並置於60℃下、恆溫烘乾48h，至樣本恆重後用研缽研磨成粉末，放入乾燥器中保存，待進行穩定同位素測定。

如表2-1所示，把擷取的口蝦蛄及其他海洋生物種類（共29種），分為蝦蛄類、魚類、蟹類、蝦類、貝類、頭足類、藻類、多毛類等，分別進行了碳、氮穩定同位素檢測。

表2-1　口蝦蛄及餌料生物種類的長度和體質量測定

物種	樣本數	全長範圍（cm）	平均全長（cm）	體重範圍（g）	平均體重（g）
蝦蛄類					
口蝦蛄 *Oratosquilla oratoria*	7	7.90～14.80	11.74	7.13～51.12	31.23
魚類					
焦氏舌鰨 *Cynoglossus joyneri*	3	5.90～9.60	7.67	0.90～3.92	2.14
日本鯷 *Engraulis japonicus*	2	9.90～10.40	10.15	10.14～9.38	9.76
絨杜父魚 *Hemitripterus villosus*	2	4.00～4.40	4.20	1.88～2.12	2.00
鯒魚 *Platycephalus indicus*	2	7.30～8.50	7.90	3.52～5.02	4.27
高眼鰈 *Cleisthenes herzensteini*	1	11.60	11.60	28.60	28.60
銀鯧 *Pampus argenteus*	1	10.20	10.20	30.77	30.77
紅狼牙鰕虎魚 *Odontamblyopus rubicundus*	1	7.10	7.10	9.43	9.43
雙帶縞鰕虎魚 *Tridentiger bifasciatus*	1	9.10	9.10	3.76	3.76

（續）

物種	樣本數	全長範圍（cm）	平均全長（cm）	體重範圍（g）	平均體重（g）
長絲鰕虎魚 *Cryptocentrus filifer*	1	11.70	11.70	8.39	8.39
玉筋魚 *Ammodytes personatus*	6	9.60～12.70	10.87	1.94～6.45	7.78
方氏雲鳚 *Enedrias fangi*	4	10.70～13.80	11.75	2.94～7.78	4.36
白姑魚 *Pennahia argentata*	2	7.50～8.40	7.95	6.14～9.78	7.96
細紋獅子魚 *Liparis tanakae*	3	3.20～6.60	4.97	0.54～5.65	2.86
尖海龍 *Syngnathus acus*	2	17.70～18.70	18.20	1.38～1.91	1.65
蟹類					
日本蟳 *Charybdis japonica*	3	1.80～2.00	1.90	4.64～4.82	4.71
三疣梭子蟹 *Portunus trituberculatus*	3	2.50～3.40	2.91	7.14～16.94	11.95
蝦類					
日本鼓蝦 *Alpheus japonicus*	10	4.90～5.30	5.10	2.91～3.35	3.32
鮮明鼓蝦 *Alpheus distinguendus*	10	5.90～6.60	6.40	4.21～4.53	4.36
葛氏長臂蝦 *Palaemon gravieri*	10	5.80～6.20	6.01	2.73～2.91	2.84
中國毛蝦 *Acetes chinensis*	10	2.90～3.40	3.21	0.19～0.26	0.22
貝類					
扁玉螺 *Glossaulax didyma*	3	2.16～3.21	2.70	10.08～15.23	12.03
中國蛤蜊 *Mactra chinensis*	3	2.29～3.85	2.99	2.28～18.86	8.86
頭足類					
短蛸 *Octopus ocellatus*	2	1.00～1.90	1.45	0.57～1.58	1.08
雙喙耳烏賊 *Sepiola birostrata*	1	3.50	3.50	—	—
藻類					
甘紫菜 *Porphyra tenera*	5	—	—	—	—
孔石蓴 *Ulva pertusa*	6	—	—	—	—
多毛類					
雙齒圍沙蠶 *Perinereis aibuhitensis*	3	12.10～15.30	13.60	—	—
其他甲殼類					
日本浪漂水虱 *Cirolana japonensis*	3	1.80～2.10	1.93	—	—

二、口蝦蛄體長、體重與穩定同位素的關係

如圖 2－1、圖 2－2 所示，黃海北部海域口蝦蛄的 δ^{13}C 值變化於－1.727%～－1.622%，平均值為（－1.657±0.037）%；δ^{15}N 值變化於 1.395%～

1.534%，平均值為（1.468±0.039）%。其 $\delta^{13}C$ 和 $\delta^{15}N$ 值的變化範圍較小。黃海北部採集的野生口蝦蛄的碳、氮穩定同位素比值與體長無顯著相關性，這與寧加佳等（2016）報導的汕尾紅海灣海域口蝦蛄一致；但口蝦蛄的碳、氮穩定同位素比值與體重無顯著相關性，這與汕尾紅海灣海域口蝦蛄檢測結果有所不同。

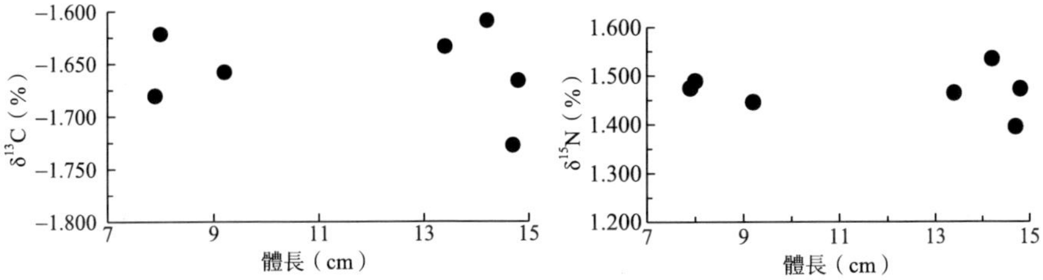

圖 2－1　口蝦蛄體長與 $\delta^{13}C$ 和 $\delta^{15}N$ 值的關係

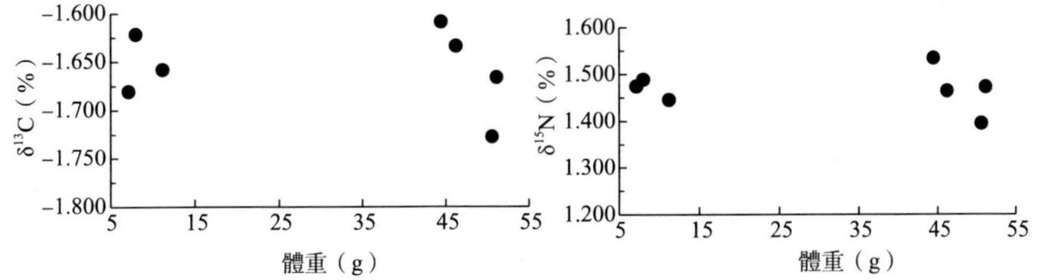

圖 2－2　口蝦蛄體重與 $\delta^{13}C$ 和 $\delta^{15}N$ 值的關係

三、口蝦蛄及其他海洋生物的碳、氮穩定同位素關係

如圖 2－3 所示，黃海北部海域口蝦蛄的 $\delta^{15}N$ 值高於本次採集的其他生物樣本，口蝦蛄的 $\delta^{13}C$ 值低於蟹類但高於其他生物樣本。

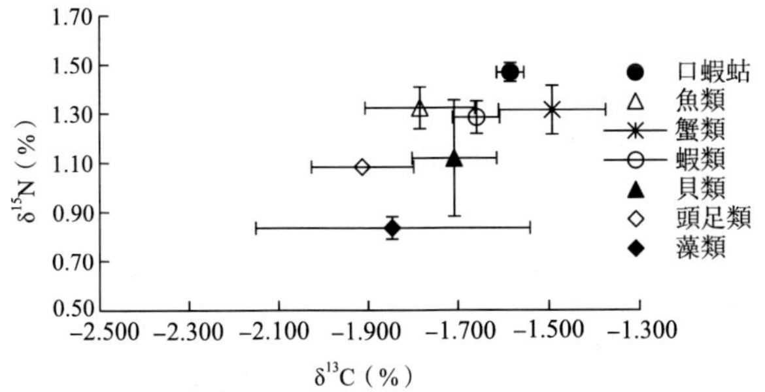

圖 2－3　口蝦蛄及其他海洋生物的碳、氮穩定同位素關係

黃海北部不同生物的 $\delta^{13}C$、$\delta^{15}N$ 值如圖 2－4 所示。已測定的 29 種生物中口蝦蛄 $\delta^{15}N$ 值最高，其次是雙齒圍沙蠶及日本浪漂水虱，魚類資源中鯒、紅狼牙鰕虎魚、長絲鰕虎魚、白姑魚、細紋獅子魚較高，雙帶縞鰕虎魚 $\delta^{15}N$ 值最低。

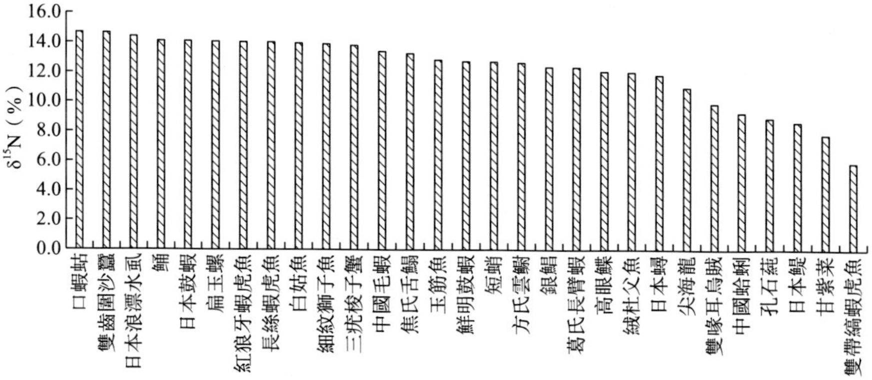

圖 2－4　黃海北部海域部分生物種類的 $\delta^{15}N$ 值比較

四、黃海北部口蝦蛄的營養級

根據 Isosource 軟體計算結果表明，1 齡口蝦蛄的主要食物為蟹類、蝦類，平均貢獻率分別為 52％和 48％；3 齡口蝦蛄的主要食物與 1 齡相同，其蟹類和蝦類的平均貢獻率分別為 54％和 46％。本次採集的魚類、貝類、頭足類等生物未在食物貢獻率上有所體現。

根據 $\delta^{15}N$ 值計算得出，黃海北部海域口蝦蛄的營養級為 3.58±0.12。口蝦蛄的主要餌料生物中，蟹類和蝦類營養級為 3.02±0.3 和 3.13±0.19。其他生物的營養級分別為：魚類 3.02±0.49，頭足類 2.58±0.42，貝類 2.46±0.35（圖 2－5）。該結果與寧加佳等（2016）對汕尾紅海灣海域的口蝦蛄及餌

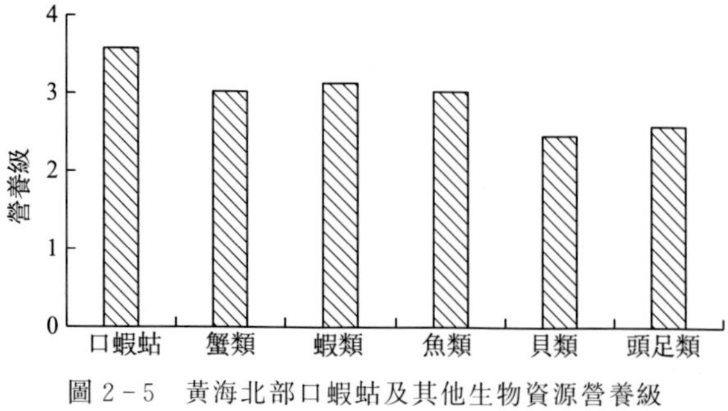

圖 2－5　黃海北部口蝦蛄及其他生物資源營養級

料生物的營養級計算結果（口蝦蛄的營養級為 3.01±0.22，蟹類為 2.78±0.21，蝦類為 2.89±0.16，魚類為 2.98±0.15）基本一致。黃海北部口蝦蛄食性研究中共採集口蝦蛄生活水域的海洋生物 29 種，以體長較小的幼體為主，其營養級均低於口蝦蛄。

五、中國各海域口蝦蛄食性分析

依據穩定同位素比值計算的相對貢獻率來看，黃海北部海域對口蝦蛄貢獻率最高的是蝦蟹類，這與汕尾紅海灣海域體長 1.5～15.6cm 的口蝦蛄的食物來源略有不同，汕尾海域口蝦蛄的主要食物來源為貝類（38.6%）、蟹類（22.9%）、橈足類（16.0%）、蝦類（13.6%）及魚類（8.9%）（寧加佳等，2016）。由於黃海北部海域樣本中貝類物種較為單一，未能在食物貢獻率中得以體現。從歷年來對黃海北部漁業資源調查結果顯示，該海域除口蝦蛄外，2017 年主要優勢種類為：日本蟳、斑尾復鰕虎魚、火槍烏賊、斑鰶、三疣梭子蟹、中國明對蝦、日本對蝦、藍點馬鮫、鮐、日本鼓蝦等；2016 年主要優勢種為：日本蟳、日本槍烏賊、斑尾復鰕虎魚、白姑魚、脈紅螺、斑鰶、半滑舌鰨、三疣梭子蟹、藍點馬鮫等（秦玉雪，2020）。食物貢獻率主要與捕食者生活水域中食物組成及捕食的難易程度有關，推斷口蝦蛄更容易擷取到同樣處於底棲生活的日本蟳及日本鼓蝦作為餌料生物。寧加佳等（2015）關於六指馬鮁的食性研究結果也表明，資源密度比例與食物平均貢獻率較為相符，不同的研究地點由於食物資源量的不同而影響六指馬鮁的食物貢獻比率。盛福利等（2009）對青島海域口蝦蛄胃含物分析結果顯示，口蝦蛄攝食的餌料生物有 30 餘種，其中甲殼類 15 種、魚類 8 種、多毛類 2 種、頭足類 2 種、卵 1 種、藻 1 種、螺 1 種，研究認為口蝦蛄的攝食強度存在明顯的季節變化，全年攝食種類中以蝦類為主，其次為魚類，其他各類群在全年的食物種類中所占的比重不大。徐善良等（1996）研究得出，浙江近海的口蝦蛄主要攝食蝦類（對蝦科、管鞭蝦科、長臂蝦科），其次是魚類（銀魚科、鰕虎魚科、帶魚科）、頭足類和貝類。鄧景耀等（1997）對渤海主要生物種間關係及食物網的研究結果顯示，口蝦蛄食性廣，主要以浮游、底棲及游泳動物為食；楊紀明等（2001）對渤海口蝦蛄食性和營養級的研究結果顯示，口蝦蛄營養級為 3.7，營底棲生物食性，主要攝食雙殼類、甲殼類和一定量的魚類、頭足類，少量多毛類、腹足類和水螅類。黃美珍（2005）關於臺灣海峽及鄰近海域主要無脊椎動物食物特徵及其食物關係的研究結果表明，甲殼類在口蝦蛄胃含物中出現的頻率最高，幼稚魚所占的質量分數最高。可見，不同海域口蝦蛄的主要食物來源略有不同，其對餌料生物的選擇性與生態系統中的群落結構有密切關係。

六、口蝦蛄資源養護

口蝦蛄是遼寧沿海主要漁獲物之一。但從資源量來看口蝦蛄資源狀況呈現不斷衰退局面（谷德賢，2011）。近年來，口蝦蛄資源的修復與保護得到較高的關注。由於口蝦蛄屬小型凶猛性捕食動物，其對蝦、蟹資源攝食量較高，大量增殖放流會對其他漁業資源有一定的威脅。可在了解口蝦蛄食性特點的基礎上，透過本底調查評估，適當小範圍、區域性增殖，不建議透過大量增殖放流方式恢復口蝦蛄資源量；其次，應對口蝦蛄產卵場加以保護，減少捕撈作業對海底地貌及底質的破壞，注重棲息海域的管理，為口蝦蛄資源的修復提供自然的庇護所；同時，加強兼捕漁業資源幼體比例的管理，從而減少口蝦蛄幼體誤捕量。

第二節　餌料生物對口蝦蛄碳、氮穩定同位素比值的影響

口蝦蛄樣本來源於 2018 年 4 月在黃海北部（122°14′－122°15′E，39°17′－39°18′N）進行定點底拖網採集的健康成體，體長（13.85±0.9）cm，體重（43.74±3）g。使用保溫箱低溫運輸到實驗室，放入恆溫循環水槽中暫養後，選取體長相近、無外傷、活力強的健康口蝦蛄 81 尾分 3 組，每組 3 個平行，飼養於恆溫循環水槽中（容積為 135L，pH 為 7.85，鹽度為 33.5，水溫為 16℃），每個水槽中 9 尾口蝦蛄。分組投餵的 3 種生物餌料（雙齒圍沙蠶、菲律賓蛤仔、泥鰍）購買於黑石礁市場：雙齒圍沙蠶活力強，放於冷藏中飢餓處理 3d 後投餵，另 2 種餌料購買後於冰箱冷凍保存備用，實驗週期為 150d。在飼養 30d、70d、150d 時採集口蝦蛄樣本進行生物學測量。穩定同位素檢測實驗採用口蝦蛄、菲律賓蛤仔和泥鰍的肌肉組織，雙齒圍沙蠶取整體組織，於 60℃下烘 48h 至恆重，用研缽研磨成粉末，放入乾燥器中保存後，進行穩定同位素測定。

一、餌料生物穩定同位素比值

投餵的餌料生物的穩定同位素比值分別為：雙齒圍沙蠶的 $\delta^{13}C$ 均值為（－2.336±0.015）%；菲律賓蛤仔的 $\delta^{13}C$ 均值為（－1.813±0.020）%；泥鰍的 $\delta^{13}C$ 均值為（－2.789±0.023）%。雙齒圍沙蠶的 $\delta^{15}N$ 均值為（0.817±0.009）%；菲律賓蛤仔的 $\delta^{15}N$ 均值為（1.052±0.015）%；泥鰍的 $\delta^{15}N$ 均值為（0.649±0.011）%。其中，菲律賓蛤仔 $\delta^{13}C$ 和 $\delta^{15}N$ 的值最高，雙齒圍沙蠶次之，泥鰍的碳、氮穩定同位素值最低。

二、口蝦蛄穩定同位素比值與餌料生物的關係

如圖 2－6 所示，野生口蝦蛄及人工投餵不同餌料生物的口蝦蛄 150d 的 $\delta^{13}C$ 均值分別為：野生口蝦蛄的 $\delta^{13}C$ 較高為（－1.681±0.038）%；投餵不同餌料生物（雙齒圍沙蠶、菲律賓蛤仔、泥鰍）的口蝦蛄的 $\delta^{13}C$ 均值分別為（－1.760±0.008）%、（－1.769±0.034）%、（－1.840±0.022）%。野生口蝦蛄與單一餌料生物餵養的口蝦蛄的 $\delta^{13}C$ 值差異顯著，僅攝食一種餌料生物的口蝦蛄的 $\delta^{13}C$ 均低於野生口蝦蛄。攝食沙蠶的口蝦蛄與攝食菲律賓蛤仔的口蝦蛄差異不顯著，攝食泥鰍的口蝦蛄與攝食其他餌料的口蝦蛄的 $\delta^{13}C$ 值差異顯著。另外，口蝦蛄的 $\delta^{13}C$ 值因餌料生物的 $\delta^{13}C$ 值低而有所下降。

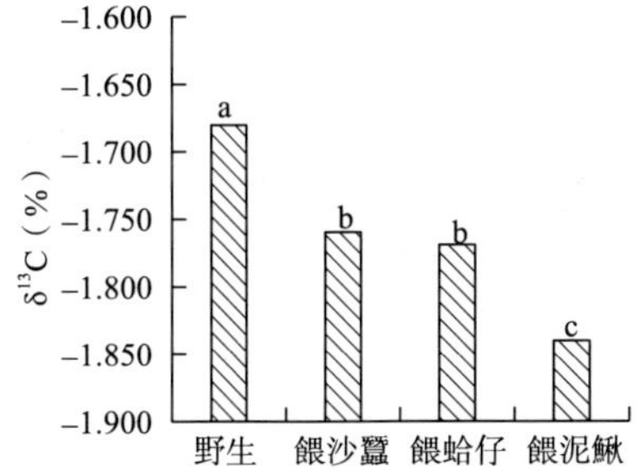

圖 2－6　投餵 150d 不同餌料生物的口蝦蛄 $\delta^{13}C$ 值

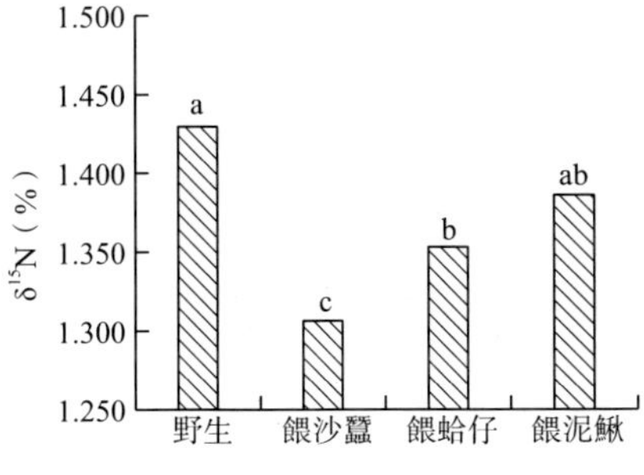

圖 2－7　投餵 150d 不同餌料生物的口蝦蛄 $\delta^{15}N$ 值

如圖 2－7 所示，野生口蝦蛄及人工投餵不同餌料生物 150d 的口蝦蛄的 $\delta^{15}N$ 均值：野生口蝦蛄為（1.430±0.028）%；投餵不同餌料生物（雙齒圍沙蠶、菲律賓蛤仔、泥鰍）的口蝦蛄的 $\delta^{15}N$ 均值分別為（1.306±0.028）%、

(1.353±0.001)%、(1.386±0.001)%。人工投餵 3 種餌料生物的口蝦蛄的 $\delta^{15}N$ 值均低於野生口蝦蛄的 $\delta^{15}N$ 值，且野生口蝦蛄與人工飼養口蝦蛄的 $\delta^{15}N$ 值差異顯著，但攝食不同餌料的口蝦蛄間的 $\delta^{15}N$ 值差異不顯著。其中，攝食泥鰍的口蝦蛄 $\delta^{15}N$ 值較高，攝食菲律賓蛤仔次之，攝食雙齒圍沙蠶的口蝦蛄 $\delta^{15}N$ 值顯著低於其他口蝦蛄。

三、口蝦蛄穩定同位素比值與飼養時間的關係

$\delta^{13}C$ 值與飼養時間的關係如圖 2－8 所示，飼養 150d 的口蝦蛄 $\delta^{13}C$ 值顯著降低。$\delta^{15}N$ 與飼養時間的關係如圖 2－9 所示，野生口蝦蛄 $\delta^{15}N$ 值與人工飼養口蝦蛄差異顯著，飼養 30d 時 $\delta^{15}N$ 最高，70d 後 $\delta^{15}N$ 值顯著降低，飼養 70d 與 150d 的 $\delta^{15}N$ 值差異不顯著。人工飼養口蝦蛄的 $\delta^{15}N$ 值隨餌料生物有所變化，但保持在一定範圍並趨於穩定。投餵固定餌料飼養的口蝦蛄 70d 後 $\delta^{15}N$ 值趨於穩定，不因餌料的 $\delta^{15}N$ 值低而持續降低。經過長時間的人工養殖，口蝦蛄的碳、氮穩定同位素比值依然保持在自身所處的穩定範圍內。

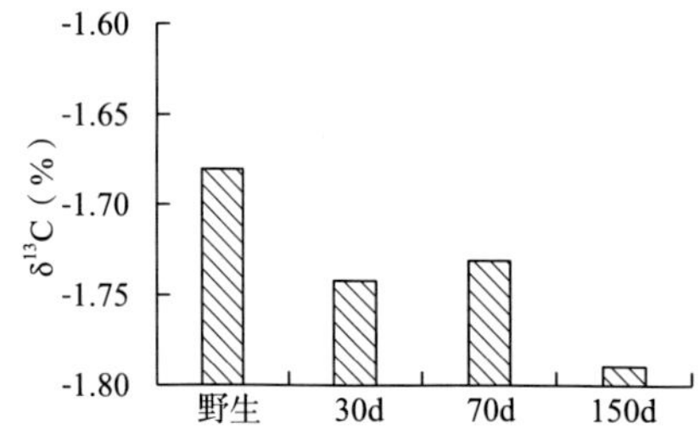

圖 2－8　口蝦蛄 $\delta^{13}C$ 與飼養時間的關係

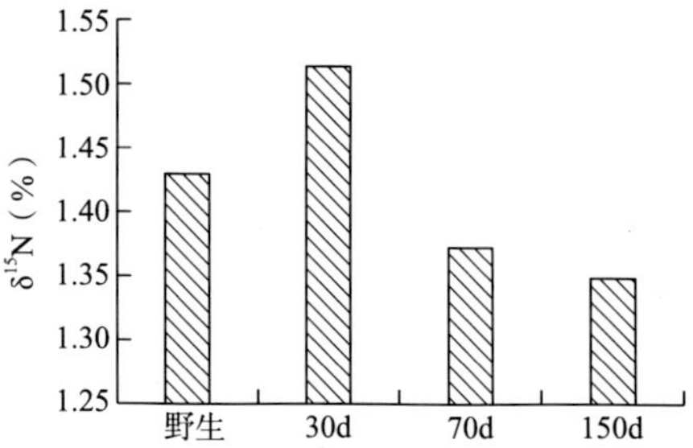

圖 2－9　口蝦蛄 $\delta^{15}N$ 與飼養時間的關係

四、人工養殖口蝦蛄體重與穩定同位素的關係

如圖 2－10 所示，人工飼養口蝦蛄的體重與 $\delta^{15}N$ 值無相關性。人工飼養口蝦蛄的體重與 $\delta^{13}C$ 值具有顯著相關性（$P<0.01$），這與寧加佳等（2016）對紅海灣海域野生口蝦蛄的研究結果一致。另外，口蝦蛄肌肉組織中的碳穩定同位素比值隨著體重的增加而增加。研究結果顯示，野生口蝦蛄與人工養殖口蝦蛄碳、氮穩定同位素比值差異顯著，表明 $\delta^{15}N$、$\delta^{13}C$ 值與餌料具有相關性，但長期飼養結果顯示碳、氮穩定同位素比值不隨餌料生物持續降低，而是維持在一定的數值範圍內。可見，生物體內同位素組成既受牠們所食用的餌料生物同位素組成的影響，也受到自身代謝過程中同位素分餾的影響。

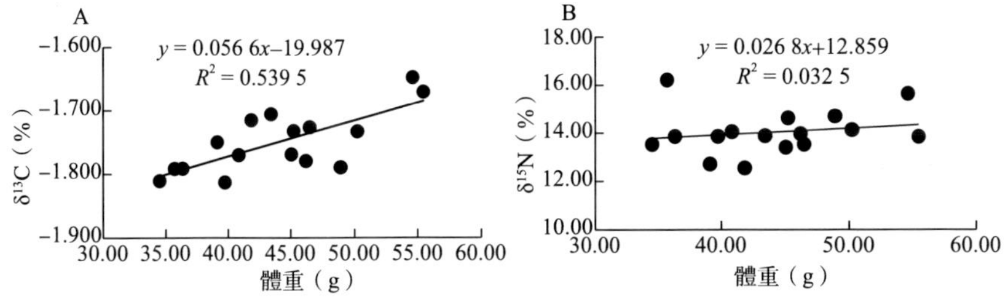

圖 2－10　口蝦蛄體重與 $\delta^{13}C$ 和 $\delta^{15}N$ 值的關係

A. $\delta^{13}C$　B. $\delta^{15}N$

參考文獻

鄧景耀，姜衛民，楊紀明，等，1997. 渤海主要生物種間關係及食物網的研究\ [J\]. 水產科學，4 (4)：1-7.

谷德賢，劉茂利，2011. 天津海域口蝦蛄群體結構及資源量分析\ [J\]. 河北漁業，8：24-26.

黃美珍，2005. 臺灣海峽及鄰近海域主要無脊椎動物食物特徵及其食物關係研究\ [J\]. 海洋科學，29 (1)：73-80.

寧加佳，杜飛雁，王雪輝，等，2015. 基於穩定同位素的六指馬鮁（*Polynemus sextarius*）食性特徵\ [J\]. 海洋與湖沼，46 (4)：759-763.

寧加佳，杜飛雁，王雪輝，等，2016. 基於穩定同位素的口蝦蛄食性分析\ [J\]. 水產學報，40 (6)：903-910.

秦玉雪，王珊，郭良勇，等，2020. 黃海北部中國明對蝦增殖放流效果評估與效益分析\ [J\]. 大連海洋大學學報，35 (6)：908-913.

盛福利，2009. 青島近海口蝦蛄漁業生物學的初步研究\ [D\]. 青島：中國海洋大學.

徐善良，王春琳，梅文驥，等，1996. 浙江北部海區口蝦蛄繁殖和攝食習性的初步研究\ [J\]. 浙江水產學院學報，15 (1)：30-35.

楊紀明，2001. 渤海無脊椎動物的食性和營養級研究\ [J\]. 現代漁業資訊，16 (9)：8-16.

第三章

口蝦蛄繁殖生物學研究

口蝦蛄肉嫩味美、營養豐富，是一種重要的海產經濟動物，近年來由於過度捕撈及環境惡化等影響，口蝦蛄資源嚴重衰退，但需求量和市場價格不斷攀升。為了保護現有資源並滿足日益增長的市場需要，口蝦蛄苗種繁育、養殖、增殖勢在必行。規模化繁育人工苗種，是進行增殖放流和人工養殖的關鍵過程，而充分了解口蝦蛄繁殖生理學是推動這一過程的首要前提（朱冬發，王桂忠，李少菁，2006）。筆者整理了所在實驗室以及各國口蝦蛄繁殖生物學研究成果，旨在為揭示和掌握口蝦蛄繁殖生物學特性奠定理論基礎。

第一節　口蝦蛄的繁殖

一、口蝦蛄繁殖規律

口蝦蛄當年即可達性成熟，生物學最小型為 8.0cm（Hamano T，Matsuura S，1984）。口蝦蛄平均產卵量為 3 萬～5 萬粒，大者可接近 20 萬粒，與其他對蝦科種類動輒上百萬粒的產卵量相比，口蝦蛄的繁殖力並不強，且在自然條件下，口蝦蛄種群每年在繁殖季節集中產卵，每年產卵一次。在中國沿海海域口蝦蛄常年均有分布（谷德賢，洪星，劉海映，2008），但生長具有明顯的季節特徵，夏季和秋季生長最為快速。遼寧沿海冬季口蝦蛄資源量非常少，這可能由於在低溫期，口蝦蛄從近岸遷移到深水區，營越冬穴居生活有關（吳耀泉，張寶琳，1990）。

口蝦蛄產卵量 E（萬粒）與頭胸甲長 CL（mm）的關係為：

$$E=0.045\,48CL^{4.234}\quad (R^2=0.786)$$

Ohtomi 等（1988）對日本分布的口蝦蛄研究發現，口蝦蛄的繁殖季節在 4—8 月，性成熟高峰期有 2 個，分別為 4—5 月和 7—8 月。第一個高峰由體長超過 10cm 大於 2 齡的成熟雌體形成；第二個高峰則由體長超過 8cm 的 1 齡成熟雌體形成。中國學者發現，分布於中國浙江北部海區的口蝦蛄天然群體每年只有一個繁殖季節，即每年 7—8 月抱卵一次。3—6 月主要為幼體出現期，一般個體重量 2～5g；9 月至翌年 1 月為成體出現期，個體重量多在 10g 以上。

對分布於遼寧省皮口海域口蝦蛄進行為期一年的野外調查（圖 3-1），基於檢測性腺成熟度和性腺指數等表觀方法發現，皮口海域雌性口蝦蛄性成熟高峰期也有 2 個，分別在 5 月和 11 月。推測產卵時間可能也存在 2 個，分別在 5—9 月和 11—12 月。但考慮到實際水溫狀況及口蝦蛄人工育苗研究情況（圖 3-2）（劉海映，姜玉聲，邢坤，等，2010），皮口海域雌性口蝦蛄繁殖盛期出現在 5—9 月是合理的。皮口海域 11 月所採集的口蝦蛄樣本中也存在性腺成熟（成熟期）及排完卵（恢復期）的個體，然而皮口海域冬季水溫低，且從當年 11 月至翌年 3 月的週期採樣中，並未採集到變態後仔蝦個體，故尚無法確定遼寧皮口海域口蝦蛄在冬季是否可以形成具有實際意義的繁殖種群。很可能 1 齡以上口蝦蛄在當年 5—9 月近海海域開展繁殖，未滿 1 齡口蝦蛄在冬季 11—12 月近岸育肥，性腺發育後，翌年 5—9 月才進入集中產卵期。類似的，克氏原螯蝦（*Procambarus clarkii*）的繁殖期也僅有 1 個（8—9 月），10 月底後抱卵的雌蝦由於水溫降低，一直抱卵直至翌年春季才開始孵化（龔世園，呂建林，孫瑞杰等，2008）。Ohtomi 等（1988）對東京灣口蝦蛄的研究也顯示，當地口蝦蛄繁殖時期僅有 1 個，為 4—8 月，而性成熟高峰期卻為 2 個（薛梅，2016）。徐善良等（1996）對浙江北部口蝦蛄的研究發現，口蝦蛄每年也僅有 1 個繁殖期，性成熟高峰期分布在 7—8 月。

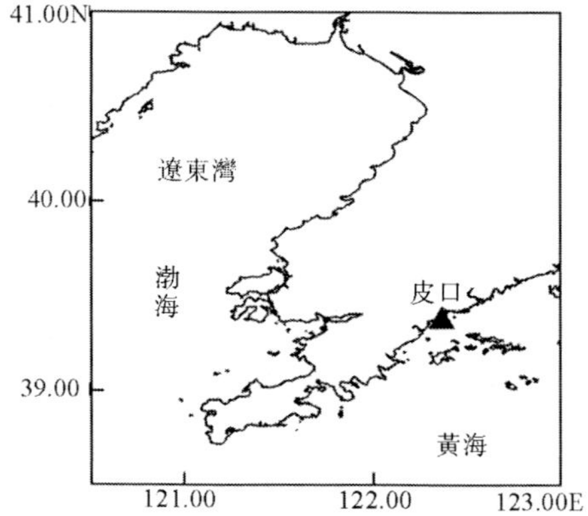

圖 3-1　口蝦蛄野外調查採樣地點

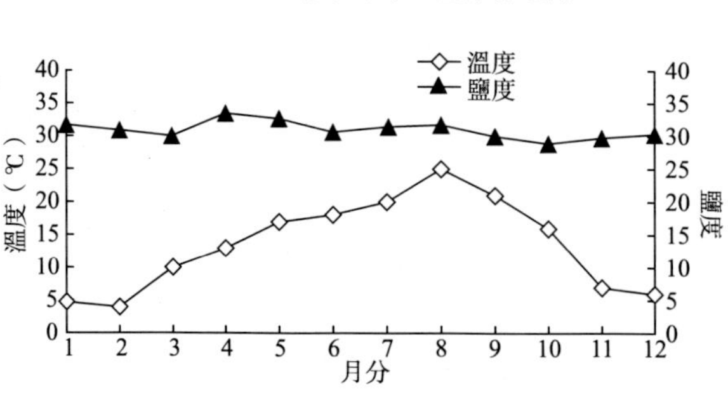

圖 3-2　大連皮口海域採樣地點水溫和鹽度的週年變化

同樣基於檢測性腺成熟度和性腺指數等表觀方法發現，皮口海域雄性口蝦蛄的性成熟高峰期全年出現 2 次，分别發生在 4 月和 11 月（圖 3－3）。性腺指數分析發現：雄性口蝦蛄當年即可達性成熟，自 2 月開始，性腺指數上升；5 月達全年最高值，為 9.61%，此時性腺發育成熟，肉眼可見黄色性腺占據整個背部區域，尾節處融合，末端呈黄色三角形；隨後，性腺指數降低，至 9 月性腺指數僅為 0.85%，性腺成熟度達全年最低，此時性腺退化成黑線狀；之後，性腺指數再次升高，至 11 月性腺指數為 4.28%（圖 3－4）。

王波等（1998）研究表明，口蝦蛄為廣溫廣鹽性種類，可以適應 6～31℃ 的溫度和 12～35 的鹽度變化。棲息地水溫及生態條件極大地影響天然分布口蝦蛄群體繁殖發育週期。

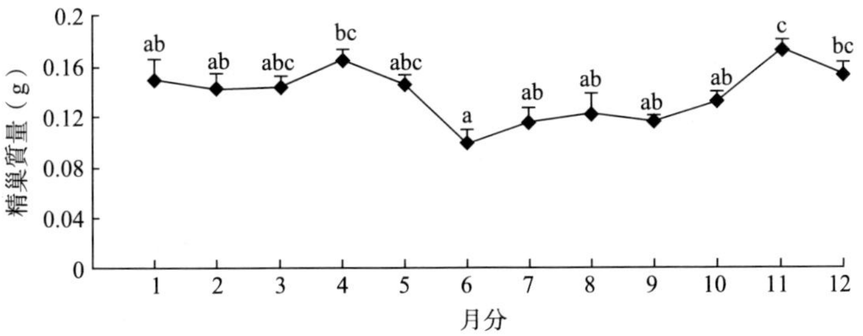

圖 3－3　大連皮口海域雄性口蝦蛄精巢質量的週年變化

注：標有不同小寫字母者表示組間有顯著性差異（$P<0.05$），標有相同小寫字母表示組間無顯著性差異（$P>0.05$），圖 3－4 同。

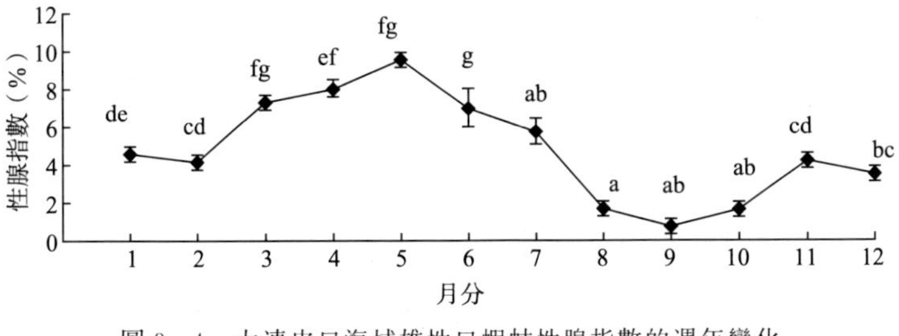

圖 3－4　大連皮口海域雄性口蝦蛄性腺指數的週年變化

二、口蝦蛄群體的性别比例

性比是決定種群繁殖力的重要因素之一，雌雄口蝦蛄週年平均性比為 1.04±0.05。性比全年存在一定的波動變化，除 7 月外，雌雄比例無顯著差異（$P>0.05$），雌雄比例接近 1∶1。7 月雌蝦數量明顯多於雄蝦，性比達全年最高值（1.38），可能與雄蝦大量交尾死亡有關（表 3－1）（鄧景耀，韓光祖，葉昌臣，1982）。類似的，Ohtomi 和 Hamano（1989）的研究同樣也發現口蝦蛄性比存在週年波動，且在繁殖期前後有明顯變化。因此，這種性比的波動性可能是種群對環境適應性的反映。

表 3－1　大連皮口海域口蝦蛄數量、體長、體重及性比的週年變化

月份	數量		體長（cm）		體重（g）		性比	P
	雌	雄	雌	雄	雌	雄		
1	97	123	12.56±1.69	13.45±1.77	25.00±7.46	31.78±11.15	0.79	0.250
2	124	96	12.45±0.82	12.99±0.92	23.20±4.72	33.69±5.92	1.29	0.304
3	154	146	13.87±1.10	13.83±1.64	33.34±6.73	37.10±11.21	1.05	0.746
4	152	148	13.44±1.64	14.42±1.12	30.76±8.19	37.99±8.93	1.03	0.889
5	145	155	13.87±1.08	13.21±1.29	25.44±8.07	31.25±8.05	0.94	0.712
6	148	152	13.01±1.09	13.31±0.75	28.40±7.09	30.49±4.63	0.97	0.342
7	172	128	12.35±0.98	12.84±1.17	23.13±5.51	26.98±6.87	1.34	0.034*
8	156	144	11.88±0.76	12.37±1.09	20.42±4.09	24.34±7.22	1.08	0.803
9	163	139	12.10±0.89	12.83±1.07	21.62±5.02	26.40±6.65	1.17	0.497
10	149	155	12.80±1.02	13.79±1.43	23.95±6.27	33.44±10.76	0.96	0.924
11	148	152	13.07±1.13	14.38±1.26	29.02±6.88	39.17±10.25	0.97	0.891
12	138	162	12.55±2.40	13.45±1.86	23.54±9.22	34.26±12.22	0.85	0.553
平均	146	142	12.83±0.64	13.41±0.62	25.65±3.90	32.24±4.68	1.04	—

注：表中各個數值均為平均值±標準誤；*P* 代表顯著性；* 表示存在顯著差異（$P<0.05$）。

三、口蝦蛄生殖腺的發育規律

（一）卵子發生和卵巢發育分期

口蝦蛄卵巢濾泡細胞始終伴隨著卵細胞存在，在初級卵母細胞發育開始，有部分濾泡細胞伸入卵巢內部逐漸把卵母細胞包圍起來。卵母細胞與濾泡細胞不是同源的，卵細胞由生殖上皮細胞分生發育而來，濾泡細胞是由卵巢內部的結締組織分化而來。濾泡細胞的形態發育過程與卵細胞發育過程是同步進行的。圍遶在卵細胞周圍的濾泡細胞主要是為了保護卵細胞發育，並為卵細胞發育提供營養物質。根據卵細胞的形態、卵黃積累和濾泡細胞的形狀，卵子的發生過程分為 7 種配子體。

（1）卵原細胞　細胞很小，大小僅有（2.0±1.4）μm，來自卵巢邊緣的生殖上皮細胞，細胞核位於中央。卵原細胞外圍結締組織中出現濾泡細胞。

（2）初級卵母細胞　細胞增大，呈橢圓形，卵徑為（8.5±2.0）μm，細胞核橢圓形，(1.8±3.8) μm，細胞膜、核膜不明顯，無核仁，細胞質少。

(3) 次級卵母細胞　細胞明顯增大，直徑為 (50±18.5) μm，細胞核至 (28±5.8) μm，核仁清晰，核膜明顯，核中絲狀的染色體出現。卵細胞周圍有單層濾泡細胞圍遶，其主要作用是保護卵細胞發育，並為卵細胞發育提供營養物質，此時的濾泡細胞呈卵圓形。

(4) 卵黃形成前期細胞　細胞繼續增大，直徑為 (100±56.9) μm，細胞核明顯為 (54±10.5) μm，能看到核中有絲狀的染色體分布，核仁清晰，細胞內出現「網狀結構」，濾泡細胞變得扁長，圍遶在卵細胞周圍。

(5) 卵黃形成期細胞　細胞大小 (370±70.9) μm，核大小 (55±14.2) μm，此期核內絲狀染色質消失，核仁明顯，濾泡細胞變成長條形。

(6) 早期成熟期卵細胞　細胞呈不規則多邊形，直徑為 (400±82.6) μm，核為 (30±14.2) μm，核膜消失，細胞核向細胞邊緣移動，細胞質中網狀結構消失，濾泡細胞拉伸。

(7) 成熟期卵細胞　細胞體積達到最大，邊緣呈多角結構，為 (500±137.6) μm，核逐漸解體、消失，卵細胞內充滿卵黃，並形成較大的卵黃顆粒。組織學和超微觀察均顯示，此階段的細胞還具有大小不一的油滴，濾泡細胞呈細條狀，細胞核也呈類似結構。

根據口蝦蛄卵巢外形、顏色變化及卵細胞形態特徵，將卵巢發育全過程劃分為 8 期：

(1) 未發育時期　卵巢呈細小線狀；左右卵巢內有大量的卵原細胞，同時存在少量的初級卵母細胞，此時的卵巢內含有營養細胞。

(2) 初級卵母細胞期　卵巢擴大呈帶狀，存在大量初級卵母細胞及少量卵原細胞。

(3) 生長前期　卵巢進一步發育，向兩側擴張，出現少許卵黃，此時卵巢呈淺黃色；卵巢中含有卵原細胞、初級卵母細胞、次級卵母細胞、濾泡細胞，且細胞排列鬆散。

(4) 生長中期　卵巢體積明顯增大，邊緣凹陷明顯；卵細胞排列緊密，卵細胞被單層濾泡細胞分隔包圍，卵巢中含有大量的次級卵母細胞。

(5) 生長後期　卵巢迅速生長，兩側凹凸呈波浪狀，卵黃不斷累積，卵巢呈黃色；此期卵巢中全是卵黃形成前期細胞，S 形增殖區開始出現。

(6) 成熟前期　卵巢飽滿，卵黃迅速積累，在尾節融合，尾節中間出現黃色長條；卵巢壁變薄，細胞排列緊密，早期成熟卵細胞占據整個卵巢組織；卵巢中 S 形區域仍然存在，其內細胞為初級卵母細胞。

(7) 成熟期　卵巢極度膨大，尾節中間出現黃色三角形；此期細胞為成熟期細胞，排列緊密，用肉眼可以看見卵細胞顆粒。

（8）恢復期　此期為排完卵後，整個卵巢開始萎縮，卵細胞分布稀疏，細胞質鬆散，細胞核模糊；存在許多卵巢小管，部分卵巢小管包圍多個萎縮的卵細胞，細胞與細胞之間出現明顯間隙。

（二）精子發生和精巢發育分期

口蝦蛄僅有1對精巢，左右對稱，僅由一層膜相隔，相互連接，但不癒合。精巢由精巢管壁和精巢腔組成，未發現其他蝦蟹類所具有的生精腺囊或生精細管（王藝磊，張子平，李少菁，1998）等結構（圖3－5）。整個管狀精巢內均可進行精子的發生，成年口蝦蛄精巢展開長度50～60mm，成熟精巢重量只有成熟卵巢的5%～7%。精巢外部由一層薄薄的黑色結締組織包裹，結締組織排列緊密，細胞大小4～8μm，細胞膜很厚為0.2～0.5μm，可對精細胞起到保護和緩衝作用。口蝦蛄精巢與卵巢發育方式不同，從外到內發育，且精子極小，僅有卵子的1/100。在精子發生方面，精原細胞為卵圓形，由生殖上皮細胞迅速生長、增殖形成。精原細胞在發育過程中，細胞體積明顯增大，細胞核逐漸呈卵圓形。這些特徵與其他甲殼動物精原細胞發生類似（趙雲龍，堵南山，賴偉，1997；黃海霞，談奇坤，郭延平，2001）。口蝦蛄精母細胞小於精原細胞，同日本沼蝦（*Macrobrachium nipponense*）、三疣梭子蟹（*Portuns trituberculatus*）的精母細胞形態類似，與脊尾白蝦（*Exopalaemon carini-*

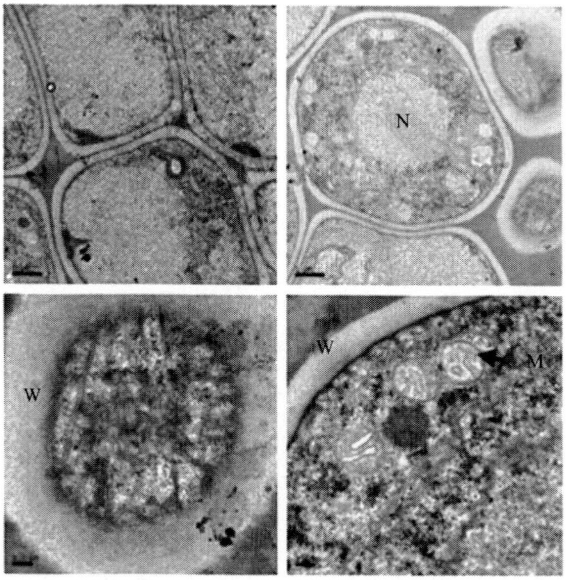

圖3－5　雄性精巢中的結締組織細胞

W. 細胞膜　M. 粒線體　N. 細胞核

cauda）相反。而在成熟精子方面，甲殼動物明顯表現出種的特異性。例如，口蝦蛄成熟精子呈無鞭毛的圓球形或水滴形，而日本沼蝦成熟精子呈圖釘形；中國龍蝦（*Panulirus stimpsoni*）為泡囊形；克氏原螯蝦為輻射形。口蝦蛄精子發生過程中，細胞器的形態結構發生了很大變化。如從精原細胞期到精子成熟，粒線體數量由少到多，體積從小到大。這種現象可能因口蝦蛄交配及受精時間不一致，為保證精子存活，需要大量粒線體儲存能量有關；同時，口蝦蛄精子並無鞭毛結構（堵南山，1993），需依靠大量粒線體提供受精能量也是可能的。

透過觀察生殖細胞形態、細胞內部超微結構，將口蝦蛄精子發生分為 3 種配子體（圖 3－6）。

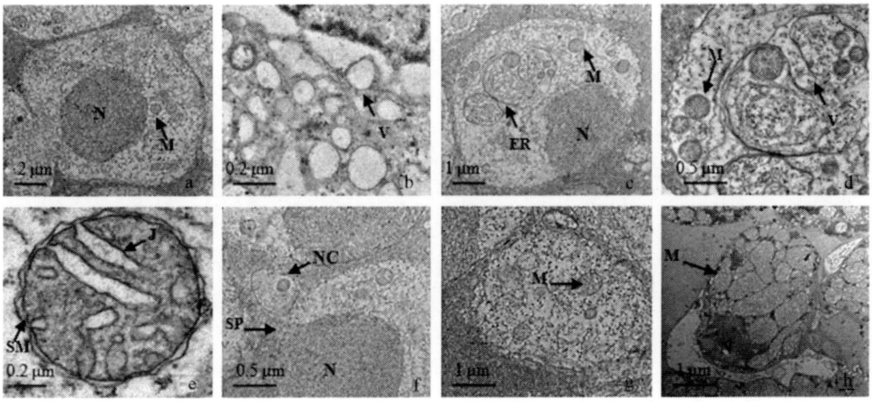

圖 3－6　口蝦蛄精子發生的超微結構觀察

a. 精原細胞　b. 精原細胞核周圍的內質網　c. 精母細胞　d. 精母細胞質的一部分
e. 精母細胞質中的粒線體　f. 營養細胞和精母細胞　g. 營養細胞　h. 精子
M. 粒線體　N. 細胞核　ER. 內質網　V. 內質網泡　SM. 粒線體雙層膜
J. 嵴　NC. 營養細胞　SP. 精母細胞

（1）精原細胞　細胞呈不規則卵圓形，大小為（10±5.9）μm，核近圓形，大小為（5±3.2）μm，位於細胞中央。細胞核周圍有許多內質網泡，胞質內有少量粒線體。

（2）精母細胞　細胞呈橢圓形，細胞小於精原細胞，大小為（7±2.2）μm，細胞核為（3±2.8）μm，核為圓形，位於細胞一端，呈極性分布。粒線體大小不一，具雙層膜，嵴少，集中分布於細胞的另一端，並有雙層膜結構包裹形成「粒線體區」。精母細胞旁有營養細胞存在，營養細胞呈多邊形，較小，大小僅 4 μm 左右，胞質內有少量內質網、粒線體存在。

（3）精子　精子排列緊密，無鞭毛，呈圓球形或水滴形，細胞膜厚，細胞大小至（4±1.3）μm；細胞核濃縮不規則，染色質緻密，位於細胞一端；細胞器逐漸模糊、融合或解離；胞質中只有粒線體存在，粒線體體積由小變大、數量由少變多，嵴較多，並遷移至細胞核的末端。

基於生殖細胞的類型及數目，將口蝦蛄精巢發育可以分為以下 4 期。

（1）精原細胞期　精巢未發育，只包含精原細胞。

（2）精母細胞期　此期包含精原細胞、精母細胞，精原細胞區包裹著精母細胞區。

（3）早期精子期　此期包含精原細胞、精母細胞、精子，精巢從裡到外依次是精子、精母細胞、精原細胞，此期精子比較少。

（4）精子期　精巢內大量精子存在，也有少量精母細胞存在。

四、口蝦蛄繁殖

對口蝦蛄交尾研究發現，每次交尾均在雌蝦未蛻皮之前進行，但口蝦蛄的交尾時間學者意見不一。研究發現遼寧皮口海域雄性口蝦蛄存在 2 個非常明顯的性成熟高峰，基於精巢質量的變化規律推斷，雌雄口蝦蛄交尾時間很可能集中在 4－6 月和 11－12 月。皮口海域雌性口蝦蛄的性成熟高峰期與交尾時間部分重合，口蝦蛄可能存在延後受精和同時受精兩種不同的交配模式。然而雄性口蝦蛄群體精巢發育具有明顯不同步性，造成無法透過組織切片來推測準確交尾時間，未來尚需透過室內人工繁育試驗進一步驗證。目前，各國學者（劉海映，秦玉雪，姜玉聲，2011；Ohtomi J，Shimizu M，1988；Jennifer L，Wortham-Neal，2002）所推測的口蝦蛄交尾時間主要依賴評估性腺質量的變化，且群體間的交尾時間尚無統一定論。梅文驤等（1996）認為，浙江沿海口蝦蛄在產卵前不久進行交尾；鄧景耀等（1992）認為，渤海海區口蝦蛄在 9－11 月交尾；Hamano 研究發現，日本九州口蝦蛄在產卵前幾個月已經完成交尾（Hamano T，Matsuura S，1987；Hamano T，1988；Hamano T，1990）；

在繁殖季節，人工飼育條件下，交尾後體長 13～16cm 的雌蝦，水溫在 9.5～18℃範圍，平均水溫為 14℃時，培育 23d 左右便可產卵，但產卵時間不定，從清晨到夜間均可發現產卵個體。

口蝦蛄根據環境條件常見俯臥產卵，也有仰臥產卵的情況。俯臥產卵時，親蝦蛄以 3 對步足支撐洞壁，有時也用第 2 顎足和尾扇支撐，顎足輔助收攏卵團。剛產出的卵不黏連，隨後卵粒間被附屬腺分泌物連接。每個卵周圍有多個卵柄，卵間形成立體的空間，而整個卵團也逐漸被一膜狀物包裹。每尾口蝦蛄的抱卵量為 3 萬～5 萬粒。卵團由第 1、3、4、5 顎足抱於頭胸部腹面，第 2 顎足用於防敵和輔助翻動、折疊卵團。取卵操作時，親蝦蛄受到刺激後，會緊抱卵團迅速返回洞穴深處躲避，有時甚至棄卵逃離，少數棄卵親蝦蛄待穩定後能主動抱回卵團。人工送還卵團能協助親蝦蛄重新抱卵，但對同一親蝦蛄連續多次取卵會導致卵停止發育，最終死亡。

雌口蝦蛄孵卵期間很少攝食或出洞，只有在被其他口蝦蛄搶占洞穴時抱著卵團出洞，再尋找其他合適的地方。

Hamano T（1987）曾報導卵的孵化持續天數 D 與培育水溫 T 有關，$D=58.39-1.85T$（$r=-0.98$）。在平均水溫為 21.35℃的情況下，經過 15d 左右，積溫達 91.35℃（以 15.26℃為胚胎發育的生物學零度），便孵化出口蝦蛄幼體。剛產的卵直徑為 0.634 7mm×0.671mm，隨著胚胎發育，色素區越來越明顯，並逐漸看到紅色的複眼，各器官輪廓也逐漸清晰可見，待到快孵化出來時，大小達到 0.677 5mm×0.689 5mm。

五、口蝦蛄胚胎發育

口蝦蛄受精卵行不完全表面卵裂，胚胎發育經過受精卵、卵裂期、囊胚期、原腸胚期、膜內無節幼體期、膜內溞狀幼體期等典型時期。在水溫為(21±1)℃時，受精卵經過 18d 孵化為Ⅰ期假溞狀幼體。

（一）受精卵

剛產出的受精卵為不甚規則的球形，之後逐漸變圓，卵徑為 410～450μm。卵黃量較多，分布於卵子中央，原生質分布於卵球表面，屬中黃卵，卵為淺黃色。卵粒間由附屬腺分泌的「卵柄」相連。

（二）卵裂期

產卵後 1h，卵裂開始。此時卵質與卵黃分開，之間出現一明顯裂溝，胚胎與卵膜出現明顯分離。口蝦蛄受精卵為表面卵裂。經過 10h 左右，受精卵不斷分裂，依次進入 4 細胞期、8 細胞期、16 細胞期至 32 細胞期，此時可以見到分裂球大小不一，排列不整齊。

（三）囊胚期

產卵後 25h，細胞進一步分裂，數量不斷增多，單個細胞體積不斷變小，且無規則形狀，沿著卵黃外緣下包，形成表面囊胚。此時，囊胚呈球形，四週一層細胞包圍著中央的卵黃，受精卵進入囊胚期。

（四）原腸胚期

產卵後 4d，胚胎的一端出現透明區域，象徵著進入原腸胚期。胚胎近前端不斷分裂的細胞形成胚區，隨後其邊緣形成一半圓形溝，此處細胞逐漸內陷，以此方式形成原腸。陷入處即為原口或胚孔，是原腸腔與外界相通的開口，而整個區域稱為內胚層盤。陷入的內胚層細胞吸收卵黃，逐漸由內向外擴展，較大的細胞在原口邊緣呈圓錐柱狀，其胞核與胞質靠外端，而內端充滿卵黃。同時，囊胚腔逐漸縮小，由新生的原腸腔取代。原口形成後，胚區前端兩側的細胞迅速增殖，形成圓盤狀的細胞群，左右對稱排列，此為視葉原基，隨後將發育為視葉，最終成為一對複眼。原腸胚後期，原口兩側形成兩個密集的細胞群，為腹板的原基。隨著細胞的增殖，原基不斷增大，並向原口處合併成為胸腹突。原口則被不斷增大的胸腹突所封閉，最終消失。

（五）膜內無節幼體期

產卵後 7d，同側視葉原基與胸腹突之間的細胞密度較其他部位增加，形成左右對稱的兩個細胞團，並逐漸增大且向外側突出，發育成為大顎原基。在大顎原基與視葉原基之間，靠近大顎原基，出現一對細胞群突起，此為第二觸角原基。隨後，在第二觸角原基與視葉原基之間又出現一對細胞群突起，為第一觸角原基。大顎原基、第一觸角原基與第二觸角原基的出現是甲殼動物膜內無節幼體期的象徵。胸腹突不斷增長、增厚，其末端凹陷，胚胎前端兩側的視葉原基細胞不斷增殖，形成視葉。此時，卵由黃色變為黃褐色。口蝦蛄與其他甲殼動物一樣都以末端芽殖的方式產生新的體節與附肢。無節幼體 3 對附肢所對應的 3 個體節已完全癒合，之後在大顎節與尾節之間透過出芽形成新的體節及相應的附肢，自第一小顎開始，逐節發生。口蝦蛄無節幼體期後期，頭胸部形成兩對小顎原基、兩對顎足原基。胸腹突增長，出現體節。在胸腹突的背側出現皺褶，為頭胸甲原基。

（六）膜內溞狀幼體期

產卵後 11d，隨著胚胎透明部分所占比例的明顯增加，卵黃的比例相應減少。複眼原基部位出現色素顆粒，象徵著胚胎發育至溞狀幼體期。無節幼體期形成的 3 對附肢進一步增長、分節，呈肢芽狀，末端出現剛毛。隨著胸腹突細胞的不斷增殖，在胸腹突基部相繼形成 3 對步足原基。可觀察到胸腹突末端背側的心臟出現緩慢不規則地跳動。後期，頭胸甲形成，胚胎分節明顯，解剖能夠較容易地區分頭胸部、胸部和腹部。臨近破膜時，心跳連續，頻率加快，胚胎有收縮動作，並越加劇烈。

基於大量實際調查，我們將口蝦蛄胚胎發育過程分為受精卵、卵裂期、囊胚期、原腸期、膜內無節幼體期、膜內溞狀幼體期 6 個主要時期。其中，膜內無節幼體期與膜內溞狀幼體期的分期分別以大顎、第一觸角與第二觸角 3 對附肢原基的出現，以及視葉色素的出現為劃分依據。口足類動物個體發育過程更接近於蟹類與螯蝦類，但與無節幼體時期就破膜孵化的對蝦類差異明顯。

六、口蝦蛄幼體出膜

口蝦蛄抱卵後期把卵團散開成粒狀，平鋪於洞穴底部時，親蝦在洞內來迴游動，同時低下頭用第 3、4、5 顎足攪動堆在一起的卵粒使其散開，並透過腹足的擺動產生水流使卵粒漂浮起來避免缺氧。需 1～2d，幼體便突破卵膜。

出膜前，頭部和尾部團在一起，幼體在膜內有轉動現象，心跳逐漸加快，當達到 106 次/min 即將出膜。從卵膜出現破口到口蝦蛄幼體完全脫離卵膜，需要 1～2h。剛開始時，用尾部和頭部的尖銳部分，形成一小的開口，逐漸伸出尾部和頭部，達到一定程度後，不斷快速的擺動尾部和頭部，用全身的力量撐大開口，最後是胸部的第 5、6、7、8 胸節擺脫卵膜，成為口蝦蛄幼體。

七、口蝦蛄幼體的發育

（一）胚胎發育過程

經飼養 7d 後，親體產卵。剛產的卵為乳黃色黏性卵，粒大小為 0.63mm×0.67mm，各卵粒之間相互黏連，親蝦用顎足不停翻動、折疊卵團，抱於胸前並俯臥於洞穴中孵化。隨著胚胎發育，色素區越來越明顯，並逐漸看到紅色的複眼，各器官輪廓也逐漸清晰可見，出膜前，幼體在膜內轉動，心跳逐漸加快到 106 次/分鐘。此時，卵徑達到 0.68mm×0.69mm。平均水溫為 21.35℃的情況下，經過 15d 左右孵化出幼體。從卵膜出現破口到口蝦蛄幼體完全脫離卵膜，需要 1～2h。

透過觀察將口蝦蛄的早期幼體發育分為 11 期，各期假溞狀幼體可以透過觸角、附肢的節數、剛毛數和齒數以及尾節的花紋明顯的區別出來。

剛突破卵膜的幼體為第Ⅰ期假溞狀幼體。第Ⅰ期假溞狀幼體表皮較軟，體透明，頭胸甲前部存在大量卵黃，不能攝食。牠們聚集在洞穴中，沒有游泳能力，透過親蝦攪動漂浮在洞內。

進入第Ⅱ期假溞狀幼體，卵黃明顯減少，用腹足間歇性游動，大部分時間仍在池底。

出膜後 3～4d，幼體從洞穴中游出，進入第Ⅲ期假溞狀幼體。身體透明度減小，此時卵黃消失，消化道打通，幼體開始捕食鹵蟲無節幼體，並且有很強的趨光性。

從第Ⅲ期開始，幼體游動和捕食能力不斷增強，並出現互相捕食現象。幼體進入第Ⅹ期，出現趨向池底的傾向，當池底有沙時躲藏於沙粒中間。

幼體最早在 33d 後，開始發育成仔蝦。此期身體色素增多，外殼堅硬，體不透明，體長縮短，額角消失，前側角圓形，前後寬度相似，眼柄變短，頭胸甲在體長中的比例明顯變小，個體形態變得與成體口蝦蛄基本相同。習性變為底棲性，不再有趨光性。各期的發育時間和體長、全長及頭胸甲長見表 3－2。

表 3－2　口蝦蛄各期幼體頭胸甲長、體長和全長

幼體時期	歷時/d	頭胸甲長 CL（mm）		體長 BL（mm）		全長 TL（mm）	
		平均	範圍	平均	範圍	平均	範圍
Z_1	1	0.77	0.70～0.85	1.78	1.70～1.85	1.86	1.80～1.90
Z_2	1～2	0.87	0.80～0.93	2.17	2.00～2.30	2.45	2.30～2.60
Z_3	3～4	1.27	1.18～1.35	2.90	2.60～3.20	3.48	3.05～3.70
Z_4	5～10	1.44	1.25～1.75	3.27	2.88～3.50	3.77	3.5～4.23
Z_5	6～12	1.95	1.80～2.20	4.45	4.30～5.00	5.12	4.93～5.70
Z_6	11～17	2.69	2.10～3.40	6.05	4.90～6.70	6.92	5.50～7.60
Z_7	16～20	3.68	3.10～4.00	8.46	6.10～10.00	9.37	6.90～10.50
Z_8	19～26	4.4	4.00～5.00	10.80	9.31～12.30	12.00	10.40～13.40
Z_9	22～28	5.78	5.00～6.40	14.00	12.60～14.70	15.47	14.10～16.30
Z_{10}	24～30	6.43	5.90～7.30	15.89	15.00～16.50	17.43	16.30～18.10
Z_{11}	27～	8.09	7.00～10.00	20.17	17.00～23.00	22.15	18.80～25.90
仔蝦蛄	33～	4.4	3.00～5.40	16.40	14.70～17.50		

（二）幼體形態特徵

1. 第Ⅰ期假溞狀幼體

第 1 觸角內鞭 2 節，有 4～5 根剛毛；外鞭有 2 簇剛毛，一簇 2 根，一簇 3 根，記做 2/（2-3），下同。第 2 觸角基節 2 節，外肢鱗片邊緣有 7/（7-8）根羽狀剛毛。

第 1 胸肢是光滑的。第 2 胸肢分為座節、長節、腕節、掌節和指節，但軟弱無力，掌節光滑；第 3 到第 8 胸肢沒出現。

只有第 1、2、3、4 腹肢，第 5 腹肢未出現，沒有尾肢。

尾節的側小齒（單側，下同）、中間小齒（單側，下同）、亞中間小齒（兩側，下同）為 0＋4（3-4）＋14（13-15）；中齒、側齒與側小齒大小相同，尾節內部花紋不很明顯。

2. 第Ⅱ期假溞狀幼體

第 1 觸角內鞭 2 節，外鞭剛毛為 3/（1-3）。第 2 觸角外肢鱗片邊緣有 8/（7-8）根羽狀剛毛。

第 1 胸肢分節，掌節頂端微凹，掌節剛毛 3 簇，每簇 1～3 根，記做 3/（1-3）（下同）。第 2 胸肢的掌節有 2 個大的近基齒，沒有完全齒，未成熟齒為 9～10 個。

第 3 到第 8 胸肢還沒出現。

第 5 腹肢和尾肢未出現。

尾節的側小齒、中間小齒、亞中間小齒為 0＋4（3-4）＋14（13-15）。尾節內有 2 條對稱的線狀花紋。

3. 第Ⅲ期假溞狀幼體

CL：1.27（1.18～1.35）mm；BL：2.90（2.60～3.20）mm；TL：3.48（3.05～3.70）mm。

第 1 觸角內鞭 2 節，剛毛增多，外鞭剛毛為 3/（2-3）。第 2 觸角外肢鱗片邊緣有 9/（9-10）根羽狀剛毛。

第 1 胸肢掌節剛毛為 3/（2-3）。第 2 胸肢掌節有 2 個大的近基齒和 8（7-11）個完全齒，完全齒和未成熟齒總共為 15（14-16）個，記作 8（7-11）/15（14-16）（下同）。

其他胸肢未出現。

第 5 腹肢出現，細小原點狀。尾肢未出現。

尾節的側小齒、中間小齒、亞中間小齒為 0＋4（3-4）＋14（13-14）。尾節中央從腹部延伸出一對半錐體狀花紋到達尾節的後 1/3 處，並且花紋外側有小的突出。

4. 第Ⅳ期假溞狀幼體

CL：1.44（1.25～1.75）mm；BL：3.27（2.88～3.50）mm；TL：3.77（3.5～4.23）mm。

第 1 觸角同第Ⅲ期幼體。第 2 觸角外肢鱗片邊緣有 10/（10-11）根羽狀剛毛。

第 1 胸肢掌節有 3/（2-3）剛毛，腕節出現 1～2 根剛毛。第 2 胸肢掌節有 3 個大的近基齒，其他齒為 8（7-10）/15（14-17）。

其他胸肢未出現。

第 5 腹肢單肢芽狀。尾肢未出現。

尾節的側小齒、中間小齒、亞中間小齒為 0＋4（3-4）＋14（13-14）。尾節花紋伸長，兩側個形成 4～5 個半圓狀突起，相互對稱，並順著向尾部的方向變小。

5. 第Ⅴ期假溞狀幼體

CL：1.95（1.80～2.20）mm；BL：4.45（4.30～5.00）mm；TL：5.12（4.93～5.70）mm。

第 1 觸角內鞭 2 節，外鞭剛毛為 3-4/2-3。第 2 觸角外肢鱗片邊緣有 11 根羽狀剛毛。

第 1 胸肢掌節剛毛為 4/（2-3），腕節剛毛 2 根。第 2 胸肢有 3 個近基齒，其他齒數為 10（9-12）/17（16-18）。

其他胸肢未出現。

第 5 腹肢雙肢芽狀。尾肢未出現。

尾節側小齒、中間小齒、亞中間小齒為 0＋5（5-6）＋14（13-14）。尾節內對稱突出的花紋增多增大，突出物之間有一段距離。

6. 第Ⅵ期假溞狀幼體

CL：2.69（2.1～3.4）mm；BL：6.05（4.9～6.7）mm；TL：6.92（5.5～7.6）mm。

第 1 觸角內鞭加長，外鞭 4-5/2-3，中鞭出現。第 2 觸角芽狀鞭毛出現，外肢鱗片邊緣有 14/（12-15）根羽狀剛毛。

第 1 胸肢掌節剛毛 5/（2-3）。第 2 胸肢 3 個近基齒，其他齒數為 12（11-13）/22（21-25）。

第 3、4 胸肢細小芽狀，第 5 胸肢小芽或無。

第 5 腹肢內肢 3～4 根羽狀剛毛，外肢 5/（4～6）根羽狀剛毛。尾肢細小芽狀。

尾節側小齒、中間小齒、亞中間小齒為 1＋6（4-8）＋14（13-16），側齒、中齒與中小齒有明顯區別。尾節上、下部的花紋變複雜，第 1 對花紋內出現新的對稱花邊。花紋增多，充滿整個尾部，間隙變小。

7. 第Ⅶ期假溞狀幼體

CL：3.68（3.1～4.0）mm；BL：8.46（6.1～10）mm；TL：9.37（6.9～10.5）mm。

第 1 觸角內鞭分為 3 節，外鞭剛毛為 4（4-5）/1-3，中鞭分 2 節。第 2 觸角鞭毛伸長，外肢鱗片邊緣有 22/（20-24）根羽狀剛毛。

第 1 胸肢掌節剛毛為 6～7 根，腕節剛毛增多為 4 根。第 2 胸肢齒數為 17（15-23）/34（31-38）。

第 3、4 胸肢拉長且彎曲分節，第 5 胸肢芽狀變大，第 6、7、8 胸肢出現，細小芽狀。

第 5 腹肢內肢羽狀剛毛為 9/（8-10），外肢羽狀剛毛 12/（11-15）。尾肢變成雙芽狀。第 6 腹節背面出現 2 個突起。

尾節側小齒、中間小齒、亞中間小齒為 1＋8（7-9）＋20（17-24）。尾節內 8 對花紋充滿整個尾節，對稱花紋的第 2 對內又出現新花紋。

8. 第Ⅷ期假溞狀幼體

CL：4.4（4.00～5.00）mm；BL：10.8（9.31～12.32）mm；TL：12.00（10.40～13.42）mm。

第 1 觸角內鞭分為 4～5 節，外鞭剛毛為 5-6/2-3，中鞭分 2～3 節。第 2

觸角鞭毛伸長分 2 節，外肢鱗片邊緣有 31/（29-34）羽狀剛毛。

第 1 胸肢掌節剛毛為 8/（2-4），腕節剛毛增多為 4 簇。第 2 胸肢齒數為 23（21-26）/38（36-40）。

第 3、4、5 胸肢拉長，並向內彎曲，頂端出現指節。第 6、7、8 胸肢雙肢芽狀。

所有腹肢未完全發育的鰓出現。尾肢長雙肢芽狀，尾肢叉狀突起出現。

尾節側小齒、中間小齒、亞中間小齒為 1＋8（7-9）＋23（20-26）。尾節花紋更加清晰並增多。

9. 第Ⅸ期假溞狀幼體

CL：5.78（5～6.4）mm；BL：14.0（12.6～14.7）mm；TL：15.47（14.1～16.3）mm。

第 1 觸角內鞭分為 7/（6-8）節，外鞭剛毛為 6-7/2-3，中鞭分 3/（3-4）節。第 2 觸角鞭毛分 3 節，外肢鱗片邊緣有 41/（40-49）根羽狀剛毛。

第 1 胸肢掌節剛毛為 9/（3-4），腕節剛毛增多為 5～6 簇。第 2 胸肢齒數為 24（21-27）/43（40-46）。

第 3 胸肢腕節 1 個刺以及掌節 3 根剛毛，其基部有 1 個小突起。第 4 胸肢腕節 1 個刺，掌節 2 根剛毛，其基部也有 1 個小突起。第 6、7、8 胸肢長雙肢芽狀。

腹肢上的鰓增大。尾肢繼續伸長，外肢外邊緣出現 1 個刺突，叉狀突起伸長幾乎與內肢等長。

尾節側小齒、中間小齒、亞中間小齒為 1＋9（8-10）＋25（24-26）。尾節花紋更加清晰並增多。

10. 第Ⅹ期假溞狀幼體

CL：6.43（5.9～7.3）mm；BL：15.89（15～16.5）mm；TL：17.43（16.3～18.1）mm。

第 1 觸角內鞭分為 9/（8-13）節，外鞭剛毛為 9（8-9）/2-3，中鞭分 4/（3-5）節。第 2 觸角鞭毛伸長，分 3～4 節，外肢鱗片邊緣有 55/（47-60）根羽狀剛毛。

第 1 胸肢掌節剛毛為 10-11。第 2 胸肢齒數為 33（26-40）/57（47-68）。

第 3、4、5 胸肢上剛毛增多，基部小葉增大。第 6、7、8 拉長且分節，外肢節分 2 節。

腹肢上鰓增大，分成上下 2 部分。尾肢外肢遠基邊緣超過尾節前側邊緣和上側齒頂部之半，外肢邊緣有 11/（10-13）根羽狀剛毛，刺突 2/（1-2），肢短剛毛 5/（3-9），羽狀剛毛 6/（5-7）。

尾節側小齒、中間小齒、亞中間小齒為 1＋9（8-10）＋27（25-29）。尾節花紋清晰，邊緣出現色素。

11. 第Ⅺ期假溞狀幼體：

CL：8.09（7～10）mm；BL：20.17（17～23）mm；TL：22.15（18.8～25.9）mm。

第1觸角內鞭分為20/（16-24）節，外鞭剛毛為10（9-11）/2-3，中鞭分8/（6-10）節。第2觸角鞭毛分6/（4-9）節，外肢鱗片邊緣有65/（61-71）根羽狀剛毛。

第1胸肢掌節有12（11-13）/2-4剛毛。第2胸肢齒數為45（40-50）/59（55-63）。

第3、4、5胸肢發達，剛毛增多。第6、7、8胸肢拉長且分節外肢節頂端肢節拉長且彎曲。

腹肢上的鰓變多，呈樹枝狀。尾肢外肢有6～7個刺突，其中3～4個很明顯。羽狀剛毛23/（14-33）根，內肢12/（7-18）根羽狀剛毛，小刺增多。

尾節側小齒、中間小齒、亞中間小齒為1＋9（8-10）＋26（23-30）。尾節花紋清晰並且飽滿。

12. 仔蝦蛄

CL：4.40（3.00～5.40）mm；BL：16.4（14.7～17.5）mm。

出現在出膜33d以後。身體色素增多，不再透明，身體堅硬，體長縮短。不再有趨光性，變為底棲性。頭胸甲似成體，額角消失，前側角圓形，前後寬度相似，眼柄變短。頭胸甲在體長中的比例明顯變小。

第1觸角內鞭分為63/（55-73）節，外鞭剛毛12（10-13）/2-4，中鞭毛41/（30-51）節。第2觸角鞭毛分19/（15-22）節，並有色素分布，其基部出現細小的刺，外肢鱗片邊緣有76/（71-88）根羽狀剛毛。

第1胸肢掌節剛毛12-13/3-7，所有肢節上的剛毛增多變長。第二胸肢指節形成6個大齒，掌節齒數為63（60-69）/80（71-85）。

第3、4、5胸肢發達，圍遶在口部，所有節上的剛毛和齒增多。第6、7、8胸肢內外肢上出現許多剛毛。

腹肢上的鰓發達。尾肢外肢共7個刺突，羽狀剛毛85（71-92）根，內肢60/（53-67）根羽狀剛毛，小刺增多。尾節側小齒、中間小齒、亞中間小齒為1＋8（7-9）＋16（12-18）。花紋很多但不再清晰透明。

第二節　口蝦蛄繁殖相關基因——卵黃蛋白原的複製與表達

卵黃蛋白原（Vitellogenin，Vg）是存在於非哺乳類卵生動物成熟雌性個體中的一種蛋白，是卵黃蛋白（Vitellin，Vn）的前體。卵黃蛋白在卵黃發生期迅速累積，是卵黃最主要的構成部分，而卵黃是卵生動物卵巢以及卵中的主要物質。在卵生動物中，卵黃蛋白原不僅為成熟的卵母細胞發育成胚胎提供蛋白質、醣類、脂肪以及其他營養物質，還能結合金屬離子（例如 Zn^{2+}、Fe^{3+}、Cu^{2+}、Mg^{2+}、Ca^{2+}）並作為載體攜帶它們進入到卵母細胞中。卵黃蛋白原在卵黃發生期能攜帶類胡蘿蔔素、甲狀腺素、視黃醇、核黃素進入卵母細胞。Vg 雖特異地存在於卵生成熟雌性動物體內，但由於雄性及幼體動物體內也含有 *Vg* 基因（通常不表達），當環境中含有的具雌激素效應的內分泌干擾物（EDCs）達到一定劑量時，*Vg* 基因也會在雄性和幼體動物中進行表達。在環境毒理學上，魚類和水生無脊椎動物的 *Vg* 基因可以作為一種良好的生物指示物來監測環境雌激素的汙染（Brown M，Sieglaff D，Rees H，2009）。

一、口蝦蛄 *Vg* 基因的結構特徵

應用 RT-PCR 方法獲得口蝦蛄 *Vg* 3’端片段 550bp、5’端片段 489bp、中間片段 6 830bp（圖 3－7 至圖 3－9）。利用 BioEdit 軟體拼接得到 7 727bp *Vg* 基因全長 cDNA 序列。經 ExPASy 軟體分析包含 36bp 的 5’UTR、7 521bp的 ORF、170bp 的 3’UTR，起始密碼子 ATG、終止密碼子 TAA 及轉錄終止信號 aataaa。

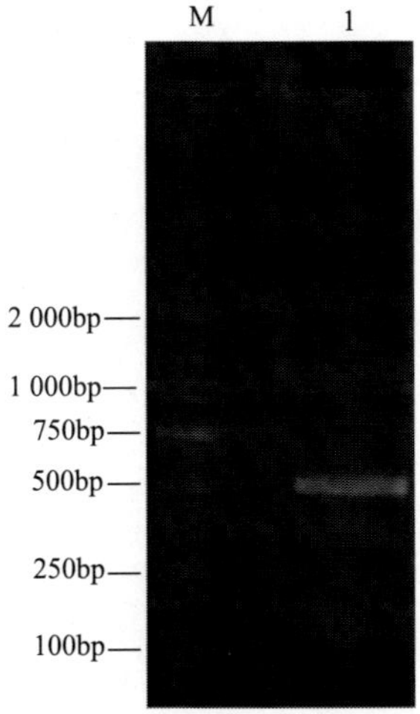

圖 3－7　口蝦蛄 *Vg* 3′RACE 擴增產物電泳結果 M. DL2 000 DNA Marker　1. 3′RACE 2nd PCR 產物

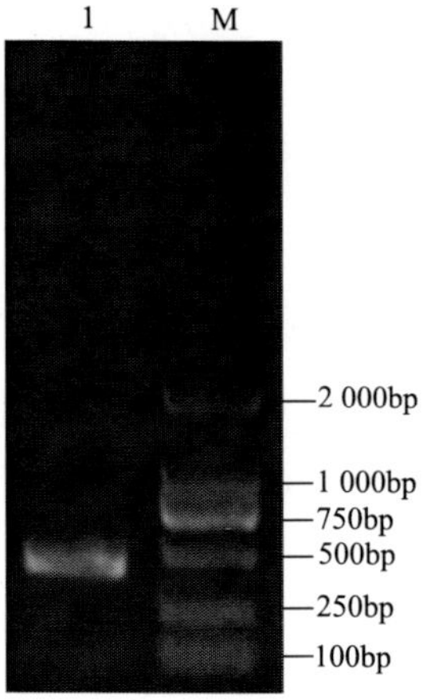

圖 3-8　口蝦蛄 *Vg* 5′RACE 擴增產物電泳結果

M. DL2 000 DNA Marker　1. 5′RACE 2nd PCR 產物

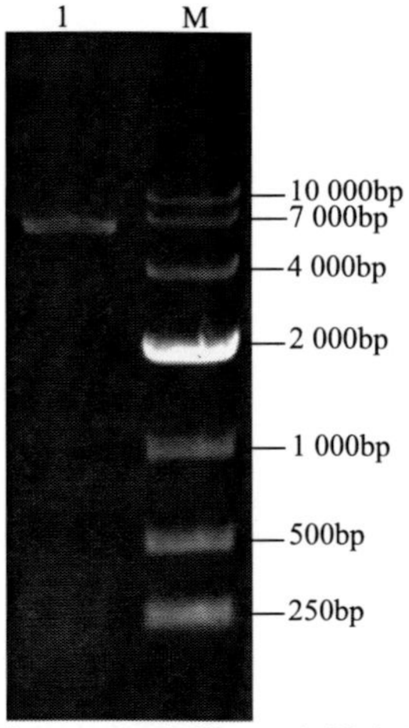

圖 3-9　口蝦蛄 *Vg* 中間片段擴增產物電泳結果

M. DL2 000 DNA Marker

1. 中間片段 PCR 產物

Vg 蛋白質的理論等電點/相對分子質量為 5.42/285.77ku。預測 *Vg* 基因蛋白進行信號肽的切割位點在 Gla20 和 Asp21 之間。該基因胺基酸疏水性最大為 2.4、最小值為－3.3、均值為－0.2，整個多肽鏈中大多數胺基酸的分值偏低，親水性胺基酸多於疏水性胺基酸，推斷為該蛋白為親水性蛋白。基因所編碼的胺基酸有明顯的 2 個跨膜區，即膜內到膜外結構（6～20）和膜外到膜內結構（2 441～2 458）。蛋白質序列含有跨膜區提示它可能作為膜受體起作用，也可能是定位於膜的錨定蛋白或者離子通道蛋白等，含有跨膜區的蛋白質往往和細胞的功能密切相關。口蝦蛄 Vg 蛋白利用 NCBI 結構域預測分析含有 6 種結構域（圖 3-10）。其中 4 種與已知功能結構域相似分別為：脂蛋白（Lipoprotein）N 端結構域（LPD _ N）和卵黃蛋白原 N 端結構域（Vitellogenin _ N），以及 2 個血管性血友病因子（von Willebrand factor）D 型結構域（vWFD）；其餘 2 種分別為由 β 折疊形成的 DUF1943 未知功能結構域和與家蠶載脂蛋白（Apolipophorin）同源的 DUF1081 未知功能結構域。另外，還含有 1 個類似於枯草蛋白酶的內切蛋白酶辨識位點（RSKR）。預測 Vg 蛋白質的二級結構，該蛋白由 α-螺旋 38.71%、延伸鏈 21.71%、β-轉角 8.26%、無規則捲曲 31.32%組成。

```
1     gaaaagttgtggtggtggtgtcttcaaacagacatc
37    ATGGCGCGAACACTCCTCTTCCTCGTCACGACCCTTAGCCTTGCCTTGACTGCCCATGCAGATCTTCCGCGGTGTTCTGTCGAGTGCCCG
1     M A R T L L F L V T T L S L A L T A H A D L P R C S V E C P
      信號肽 Signal peptide
127   GTAGTCGGCAATCACAAGCTCGGTTACGTCCCAGGACAGAGGTATGTCTACAAACAGAGTGGGGAATCTTCCCTTTCGTATCAAAATAAG
31    V V G N H K L G Y V P G Q R Y V Y K Q S G E S S L S Y Q N K
      卵黃蛋白原N端結構域 Vitellogenin_N domain profile
217   CAGGAAACTCAAACAAACATGCAATGGAGCTCCATGGTAGAACTGTCGGTGCTTACGCCCTGCGACGTGGCCATTACCATCAAAGAGTTC
61    Q E T Q T N M Q W S S M V E L S V L T P C D V A I T I K E F
307   CAGATGAACGGGAAGGACTCGAGCGCCGTGCCAGAGCTGGCCGAGGTGTCTGAGCGTCCTCTCATCATGGCCATCAGCGATGGGAAGGTG
91    Q M N G K D S S A V P E L A E V S E R P L I M A I S D G K V
397   CAGCACGTGTGCGTCGATCCTCAGGACAACACGTGGGCCGTCAACGCCAAGATGAGTGTGGCCTCCTACCTCCAGAACACTCTTCCCTCC
121   Q H V C V D P Q D N T W A V N A K M S V A S Y L Q N T L P S
487   TTCTCTGAGGTCAACAAGGAAACCACCATCACAGAGAGAGACATCCAGGGTAAGTGCCCCACCAGCTACACCCTGACTCCCGTCTCCGAA
151   F S E V N K E T T I T E R D I Q G K C P T S Y T L T P V S E
577   ACTGATGTGCAAGTGGTCAAGGAGAAGGACAACAAGAGGTGCGAGGACCGTTTCTACCGTCCGTCTGAAACGATGAACAACCTACCCTGG
181   T D V Q V V K E K D N K R C E D R F Y R P S E T M N N L P W
667   CTCAACATGCCTCTTCCTCTCGAGGAATCCAGCTCGACTTGTCAGCAAAACATCCAGAGTGGTCTCTACACCTCCATCGAGTGTACTGAC
211   L N M P L P L E E S S S T C Q Q N I Q S G L Y T S I E C T D
757   ACCAACATCCTCAAACCCATGTACGGCGTCTACAAACACATCAAGGCTGTACAAAAGGCCACCCTTCAGTTCGAGTCCCAGGTAGAGGTG
241   T N I L K P M Y G V Y K H I K A V Q K A T L Q F E S Q V E V
847   GACCCTGCCCTCCTCACCTTCTCGTCCGACCACCTGGTTAAGAAAGAGCTCAAGTTCGACTTCACCACTCCCAAGAAGAGGGACACTGTT
271   D P A L L T F S S D H L V K K E L K F D F T T P K K R D T V
937   GTTCCCAGACTCGACGCGATCACCAAAGACATTTGCGCCAAGGTCGAAAACACTGTCGAGTCTGAGACAGCCGCCCTTGTCTACCATGGA
301   V P R L D A I T K D I C A K V E N T V E S E T A A L V Y H G
1027  ATGACTCTGCTCCGCCATGCTCCTGATTCTCACGTCAAGGCTATCCTCGACAATATTCGTGCTGGCGCCTACTGCCCCAACTGGCACAAG
331   M T L L R H A P D S H V K A I L D N I R A G A Y C P N W H K
1117  CTCGAACAGATGTACCTCGACGCCATCGCCTTCCTCAGTGAGTCTGGAGCCGTTCCCGTTATGGTGGAAGAGATTTCGCAAGGAAGGGCC
361   L E Q M Y L D A I A F L S E S G A V P V M V E E I S Q G R A
1207  TCCTCAGGAAGAACTGCCCTTTACGCCGCAGCCCTTCACATGATGCCCCGTCCCAATGCCTTCGCCATCAAGTCACTCGCCCCTCTAGTC
391   S S G R T A L Y A A A L H M M P R P N A F A I K S L A P L V
1297  ACGATGGACCATCCCCCTAAGACCGTCCTTTTGGCAGCTGCTTCCATGGTCAGTACCTACATCCGCCAACACCCTAGATACAGAGAGGAA
421   T M D H P P K T V L L A A A S M V S T Y I R Q H P R Y R E E
1387  GGGCTCGTCGATGAGATCATCATGCTGGCCACCAGTAAGCTTGCCGAGACATGCCACGGAGCTACACCCGAGGAACGCGAACATGCCAAA
451   G L V D E I I M L A T S K L A E T C H G A T P E E R E H A K
1477  CTCCTCCTTAAGGCACTTGGTAACGTAGGATACATCCCCGAACCTGTATCTTCCACAATCAAGCAATGCATCAATGATGTCAGTGTTGAA
481   L L L K A L G N V G Y I P E P V S S T I K Q C I N D V S V E
1567  ACTTCGGTTCGCGTCGTGGCCGCCCAGGCCTATAGGAAAGTGCCCTGCAACTTATGGTACCCACGTGAGCTGTTGCACCACTACTATGAC
511   T S V R V V A A Q A Y R K V P C N L W Y P R E L L H H Y Y D
1657  AAGAAGGAAGAAACCGAAATACGATCAGCAGCCTACCTTAATGCAATCCGCTGTATTGACGATATGACTGAGATGAGACACATCATCGAC
541   K K E E T E I R S A A Y L N A I R C I D D M T E M R H I I D
1747  TCTGCAATCAAGGAAACCAACATTCAGGTGCGCAGTTTGGTGCTCACTCATCTGAAGAATCTTCAGGAAACAGATTCTCCTAACAAGGAC
571   S A I K E T N I Q V R S L V L T H L K N L Q E T D S P N K D
1837  CACCTCCGTTACCTCCTCTCCAGTACTGTCCTCCCCGGTGACTACAGTGAAGACATCAGAAAGTTTTCGAGAAACACGGAACTCTCTTAT
601   H L R Y L L S S T V L P G D Y S E D I R K F S R N T E L S Y
      DUF1943 結構域
1927  TTCTTCCGAACTCTTGGTCTGGGAGCCGAAATCGACTCCAATCTCGTCTATTCCCGCAAGTCGGTCCTTCCACGCTCCCTTAACTTCAAC
631   F F R T L G L G A E I D S N L V Y S R K S V L P R S L N F N
      DUF1943 domain profile
2017  GTCACGGTCGACACACTTGGAAACATGATGAACTTGGCGGAAGTAGGTGCCAGGGTTGAGGGCTTCAACTCACTTGTGGATGATGTATTT
661   V T V D T L G N M M N L A E V G A R V E G F N S L V D D V F
2107  GGTCCCACAGGATATCTGAAGTCTACTCCCTTCAACCATATCATCGGAGACATTTCGAACTTTGTTCAAGGCAGAGGATTCAAAATTGCT
691   G P T G Y L K S T P F N H I I G D I S N F V Q G R G F K I A
2197  GATTATTTGATGGAAACATTCAGGTCTAAGAGGAGCGTCGAATTCCCAGCTGTCGAAACTTTCCTGGAAACCAACGTGCGCTCTCGCAAA
721   D Y L M E T F R S K R S V E F P A V E T F L E T N V R S R K
2287  CACGAAGACAAACAGCCCCATGTTGACCTGTACCTCCGTCTCTTTGGTCAGGAAGTCTCTTTCGCCTCTCTGACCTCTGAACTCAAAAAC
751   H E D K Q P H V D L Y L R L F G Q E V S F A S L T S E L K N
2377  ATCGACGTGGATATGATTATTAGTGATTTATTCACCTTCTTGGACCAAGCTATGTCCAAGACTCAGATAAAGACGGCCAGGACTCTTCCC
781   I D V D M I I S D L F T F L D Q A M S K T Q I K T A R T L P
2467  TTCGATTTGGACTACACCATTCCTACCATGCAAGGAATCCCACTTCACTTGGACCTGGGTGGAGCAGCAGTTCTTAGTCTGGACGTGGAT
811   F D L D Y T I P T M Q G I P L H L D L G G A A V L S L D V D
```

2557 GCTGAGGTCGACGTAAAGAATATAATTTCCAGTGACAACCCACAGGCCTTCATAGAACTTATACCAGGCTTAGATGTAGAGCTCGACGGC
841 A E V D V K N I I S S D N P Q A F I E L I P G L D V E L D G
2647 TTCGTTGGATTCAAGTCTGTACTCAAACATGGCATCAAGATGAAGAACAATCTCCACATCTCCCATGGTGGAAAGATCAGGATCGATCTC
871 F V G F K S V L K H G I K M K N N L H I S H G G K I R I D L
2737 AAGAAGGGAGAAGCCCTATCTATCAAGTGGGACCTCCCCGAAAAGTGGGACATCATTTCATTCAAGAGTCAAACTTATATGCTCAATGAA
901 K K G E A L S I K W D L P E K W D I I S F K S Q T Y M L N E
2827 AAGATCCAAGTACTAAACGAAAACCCAGAGCATAAAATCATTCCTGAAGGTATCAACGATGTTCGTCTTGTGGAAAAGAATGAGTGCACC
931 K I Q V L N E N P E H K I I P E G I N D V R L V E K N E C T
DUF1081結構域
2917 GATTTCTTTGAAAACCCACTCGGCCTTCGGTTCTGCTATATCCTCAATCTCCCCGATCCTCTTCATAGCAGTTCCATGCCATTTGGCAAA
961 D F F E N P L G L R F C Y I L N L P D P L H S S S M P F G K
DUF1081 domain profile
3007 CCACTTGAATTCAGTCTTACTGCAGAAAAAGCCGAAGCTTCGATGGAAGGCTACGCAATTACGGCAACCTTGACCAACGAAGTTGAGAAC
991 P L E F S L T A E K A E A S M E G Y A I T A T L T N E V E N
3097 AAAGCTATCGACTTCGTCGTAGATACTCCTGGATCTACCATCCCTCGTGAATGTAAGGCCAAGATATCCTATACGAAGCAAGACAACTCT
1021 K A I D F V V D T P G S T I P R E C K A K I S Y T K Q D N S
3187 CATATTGCACTTGTTTCCATCACTTCCGCACTCTTGGAGTATTCTGCCCAGACCACCTTTGTCAACGATGCTGAGAACAAGGCCCTGGAA
1051 H I A L V S I T S A L L E Y S A Q T T F V N D A E N K A L E
3277 ATGTTCTGGAAGTACAAGCTAATAAATATGGCCGACGAATACGCCCACGCTTTCAAGACTGACCTCCAGATCAAAAGAACGGATAATCAC
1081 M F W K Y K L I N M A D E Y A H A F K T D L Q I K R T D N H
3367 AAGAAGCTGGGTCTCATTCTTTACTACAGCCCCAGTTGGACCTTCCAGCCTGAGTCGCAAATATTCGAAGCGTCTTGGCTTACTGCTACT
1111 K K L G L I L Y Y S P S W T F Q P E S Q I F E A S W L T A T
3457 CAAGACAAATTAACTAATATCGATGTCACAGTCAGAACCAACAACATCTTGAGGGATTTCATTCAAATTGATATTGAAGCCGGTATAGAT
1141 Q D K L T N I D V T V R T N N I L R D F I Q I D I E A G I D
3547 GTGCGATTCTCTTATCTCCTTCACATGCCGAGCATAGACAACATTCGCAAATGGGAAGTAGATATTGAAGTATTAGCCTGGAAACTACAC
1171 V R F S Y L L H M P S I D N I R K W E V D I E V L A W K L H
3637 GAACACATCAGAACTATAGAAGAGTCTGAAGACAGTGCCCAATGGTCCACCAAGTGTAGCCTAATGAAGGGAGAACGCACGTATATTGGT
1201 E H I R T I E E S E D S A Q W S T K C S L M K G E R T Y I G
3727 ATTGAAACTATTACTAAGAAGAGCGGTACTTTCCCCATTAACTTCAACATTGATATGGATACCACAGTTATCCTGGGTGAGGTCGAACTG
1231 I E T I T K K S G T F P I N F N I D M D T T V I L G E V E L
3817 CGATCACTTAATAAGGTGCAACATGATGGAACAGAAATGAAAGTCACTTGGGATCTTGAAAATAGAAAGACCACTGAGCAAATTATTCAT
1261 R S L N K V Q H D G T E M K V T W D L E N R K T T E Q I I H
3907 ATTTTGGCATCATTCATGAAGAATGAGGCTGAGAAGTTATCCTACGAAACCAAACTACAGTTCCACATACCCAAACTAACTGAACGTTTG
1291 I L A S F M K N E A E K L S Y E T K L Q F H I P K L T E R L
3997 GATATTGTTGGACATATCGATCACGTTGAGGAGTCCAAGTACGACGTCGTGACCACTTTTATGCACAATGACCAAGTTGTATACGAAGTC
1321 D I V G H I D H V E E S K Y D V V T T F M H N D Q V V Y E V
4087 AAGGGCCCTGTCACGCTGATCCTGAATAACAAGAAGTGGCTTCAGGAGATGGAGCTTGAAATCACAGGGTTCAGCGAGGGACCTCATAAA
1351 K G P V T L I L N N K K W L Q E M E L E I T G F S E G P H K
4177 TTGACAACTGTTATGGAAAATTCAAACAAAGTTAAAAAAATGGTCGTTGATTTGAGGGACCCCACCGGCATTCTTCTCAACTCCATGGTT
1381 L T T V M E N S N K V K K M V V D L R D P T G I L L N S M V
4267 GATAGGACACTCATTTCTGAGGAGGAGAGTGACATAAAAACTAGCTTTGCATTCTTCTTGCTAACAGACACCAAGGCAGATTTCCATCTA
1411 D R T L I S E E E S D I K T S F A F F L L T D T K A D F H L
4357 TCTAAGGATACGATTCATATCAATTTTAACAGTGTCATGTTCCCACAAGAAAGCTACCGACAAAGGATTAAAGGTTTCATTGATCAAGAC
1441 S K D T I H I N F N S V M F P Q E S Y R Q R I K G F I D Q D
4447 TTTAGGGGTAAAGTTATTAAATCTGACCTTCTTTGGGATGCCGAAAATGATGAGTCAAAGAAGATCAGCATCGAGACTAATTACGACTTC
1471 F R G K V I K S D L L W D A E N D E S K K I S I E T N Y D F
4537 CCTGAAGGCGGTCCTCTCACTATGCATGGCGGTGTTGTTTGGAGAGGCGAACCCCATCAGTACAACCTGAAGGTGCAACTAGCTTCACCT
1501 P E G G P L T M H G G V V W R G E P H Q Y N L K V Q L A S P
4627 CTTCGTATATTTGAAGGCCATAATGAAGTTGATTTGGTTTGGACCACACCTGCCCAGCAAACTTTGAATATCCGAGCTCTCCTCGACAAG
1531 L R I F E G H N E V D L V W T T P A Q Q T L N I R A L L D K
4717 CACACTCATTCTAACGACAAATCATCTATGGGAACTCTCATTCACTTCAAGACAGCGCATGACAACATCTACGAATGGAAAGGAGAATAT
1561 H T H S N D K S S M G T L I H F K T A H D N I Y E W K G E Y
4807 AATCTTGAGTACTTGCATGAACCTATGAACTACAAACTGGATGCCGGTCTCACACTGAAGTCACCTGAGATTGAAGAAATTGTTTCCGCA
1591 N L E Y L H E P M N Y K L D A G L T L K S P E I E E I V S A
4897 ATCCATGCGTATCACAAAAAGACTGAAAACGAAAGAGAAGTCCTTTTCAAGGCTGATATCTCTAAGAGCAAACTGACGGAGCCCATAGTG
1621 I H A Y H K K T E N E R E V L F K A D I S K S K L T E P I V
4987 GCCGACATCTTGAGCAAATTTACGGAAAACTCTTTCGAGGCCAAAATTACTTTCGACTACGCAGGTAAGATTAGTAGTATCGAGTCCGAG
1651 A D I L S K F T E N S F E A K I T F D Y A G K I S S I E S E
5077 AAGAAGGAAGACGGTTCCATGCGTCTTGAAATGGTTAAGAACGACGAAACGTACTTCAACATAAGGATTTCCCAGCCTGAACCTATTGCA
1681 K K E D G S M R L E M V K N D E T Y F N I R I S Q P E P I A
5167 TGGAACGTGCAAATCGAGACACCTTCCCGCACTCTGGAGGCCTTGACCAGATTGGATTCGACCAAGCCATCAGTCCAACTCTGGACCAAC

```
1711  W N V Q I E T P S R T L E A L T R L D S T K P S V Q L W T N
5257  AAGGAAAAGAGTGAAGACAAATTTGAAGTTTCCGGTAATGTGGTGACCAAAGAAGTTCGAGGCACACAAGGAACACGAATTGAAGGTAAA
1741  K E K S E D K F E V S G N V V T K E V R G T Q G T R I E G K
5347  GTCAGCTACCCTGGCCTGTCCAAGGATATCCTGGTTTCTGCTGAGTATGGATTCTCCCCACTGGCCGTAGTAGGCTCTCTCGAGCTGGAC
1771  V S Y P G L S K D I L V S A E Y G F S P L A V V G S L E L D
5437  ATCTTCCAGACTCATGATGATATGATCGTCCTGACTCTGCAGGGGACCAAGAAATCAGAAGGAAGCTACAAAACCGAAGTATCCGTATCT
1801  I F Q T H D D M I V L T L Q G T K K S E G S Y K T E V S V S
5527  GCAAAGGCTCTGAAGTTCAACCCTACAATAGTTCTTGACACTGCACTTACATCCTCGACAAAAGGCATTGAACTACACTATACATATGAT
1831  A K A L K F N P T I V L D T A L T S S T K G I E L H Y T Y D
5617  CCCGCAGTACCACGAAAATCCATTGCCCTGAAGTACGAAAGAGTCGTTCCAGAAGAAGGTATTCTATCGGCCAAACTGAAAACACCTTCC
1861  P A V P R K S I A L K Y E R V V P E E G I L S A K L K T P S
5707  ATTGACATGGAAATTTCCACCAACCTACGATCCGAAGAGACAAATCACTGTCATGGACTCAACCTTGACACACATTATGTCCTGCAGTCT
1891  I D M E I S T N L R S E E T N H C H G L N L D T H Y V L Q S
5797  CAGGAATACGAAATTAAGAGCCACCTCTGTTATCCCGCTCATGCAGAAATTGTGGCTTTCAAGAAAGGCGACGAAAATAATAAAAAGTAC
1921  Q E Y E I K S H L C Y P A H A E I V A F K K G D E N N K K Y
5887  TTCTTGAACGCCGGATTGAGGAGTCCTGGCAAAATTGAATTGGACCTTAAGGTCGAAAAACCCTGGAAGAATCAACTCGACAGGTTTGCT
1951  F L N A G L R S P G K I E L D L K V E K P W K N Q L D R F A
5977  AATGTCGTTGGTATCAAGGCCGAGCTAACGTCCCCCATTACTCTGGATCTGGAAGGTCATTATCACCACGAAGAAGTAGAAGAAAACATG
1981  N V V G I K A E L T S P I T L D L E G H Y H H E E V E E N M
6067  AAGGAGATTATGGAAACGATTAAAACTCAAGTAGAAACTTTCATTCAATGGTGGCAATCCATTTATCATCAACTGGAAGAAGATGCTGCA
2011  K E I M E T I K T Q V E T F I Q W W Q S I Y H Q L E E D A A
6157  AGCCAAAGTGTAGAATTGCCTATTGTTGAAGCGGACAAGGTTTTGCTTTATTTCCGCGACGAATTTTTGCACATTTATGAGGACCTTCGT
2041  S Q S V E L P I V E A D K V L L Y F R D E F L H I Y E D L R
6247  AAGGATGAAGTGATTCCCGACTTTTATCACGTTTTCCAAGTTTTAATCAACGAATTACACACAATCATAACTCAGTCTCACGAGGCTTAC
2071  K D E V I P D F Y H V F Q V L I N E L H T I I T Q S H E A Y
6337  CTTTATGCCAGCGAGGTCATAACTCAAATCTACACCGAATATGCGGAGTTTATGTCCAAAATCTCAAAAGCTTACCAATCTGAAATAATG
2101  L Y A S E V I T Q I Y T E Y A E F M S K I S K A Y Q S E I M
6427  GAAACCCTTGTGCAAACCAGAACGGTTCTAATTCAACTGAAGGACCTGTACGAGAAAAACCAACTGACCCCAGAGACCATGATGCAGACT
2131  E T L V Q T R T V L I Q L K D L Y E K N Q L T P E T M M Q T
6517  CTTAAAGGCACCTCCCTATGGGAGAAGATCGAGGAGTTAGCGAAAAGATTGCAGGAGGAACATCCACAAGAATACCAAGCTATCGTCGAT
2161  L K G T S L W E K I E E L A K R L Q E E H P Q E Y Q A I V D
6607  GTGTGGAATGTCGTCAACGGTGAATATAACCCAGTCGAAATCATGAACCACATCAAGACTTTGTATCCCAAGGAATGGGAAACTGTCATC
2191  V W N V V N G E Y N P V E I M N H I K T L Y P K E W E T V I
6697  GACATCCTGGGTCATGTTATACAAGACATCAAAATTGATGCTAACAAAGTATACAGAAGGCTTATGCAGAGACCATTAATCCGCAAGGTC
2221  D I L G H V I Q D I K I D A N K V Y R R L M Q R P L I R K V
6787  ATCGAGTGGTTCCTTCACAGCTTTGGATTAGAAAACATCCCTCAAGCAGAAGAAGTGCTTCGTTTCCTGTACCAACTTCTCGAGGAAACT
2251  I E W F L H S F G L E N I P Q A E E V L R F L Y Q L L E E T
6877  CTTCAACTCAACTACAGCAAGAAGGAAGGAAGACTTCACTTGGTTCTTCCTCTCAACCGTCCTGTGTATTCTTTAACAACGGTCCCCTAC
2281  L Q L N Y S K K E G R L H L V L P L N R P V Y S L T T V P Y
6967  GGAGTTTCTCCTAGACTTCCTGTATGGAAGAACTTGATTGGCCTCTTCCAAACCTTGATTCCTATGCAGTACAAGTTCTTCAATGCCCTC
2311  G V S P R L P V W K N L I G L F Q T L I P M Q Y K F F N A L
                                                      vWFD結構域
7057  ACATCTTCTCCTGCAATATACTATGGAGATGGAAAATGTACACCTTCGATGGAATGATGTTGAAACTGCCCGTGACCCCATGTCAATAT
2341  T S S P A I Y Y G D G K M Y T F D G M M L K L P V T P C Q Y
                                                      vWFD domain profile
7147  ATCCTGACTACTGATGGCTACGATCATGTTACTGTCAGAGTCTTGCCTGAGAACAAGTACGAATTTGGAATCACTGTCGACAATGGGCGG
2371  I L T T D G Y D H V T V R V L P E N K Y E F G I T V D N G R
7237  CACAAGATCATCATCGACAGCGAGTACAAGGTTTACTTCGACGATCAGGAGCAAACAGAAGAAAAAGCGTCAATCGACTCCTACGCCACT
2401  H K I I I D S E Y K V Y F D D Q E Q T E E K A S I D S Y A T
7327  GTTTCACAACATACCGACGAGGTGACTGCAAGAGGAAGAAGCCTTTACCTGATCGTGTCCAAAACCTCACCAACCTTCCGACTCTATGCC
2431  V S Q H T D E V T A R G R S L Y L I V S K T S P T F R L Y A
7417  AGCGTTGAGCGTCTGGGTCGCCTGGAAGGTCTAATGGGTACTTTGAACAACTTCCAGGGTGACGACATGATGATGCCCAACGGCGAACTT
2461  S V E R L G R L E G L M G T L N N F Q G D D M M M P N G E L
7507  GCACCCGATGCCCCTACTTTCCTCAAGAGCTGGCAAGTGGACTCATGTTAAccttttgcttcacacctatgatggaagtcagtaatgatcagcg
2491  A P D A P T F L K S W Q V D S C *
7602  ttaaatatcatacacgaaaaaatacttttgccatttaaattgtaaattaataggcgaaatagaaaatatataaatgtatataaaaaccaaaaccagcaaataaa
7706  aaaacgaatagaaaaaaaaaaa
```

圖 3 - 10　口蝦蛄 *Vg* 全長 cDNA 序列及推導出的胺基酸序列

注：水平下劃線標記信號肽；方框標記類枯草蛋白內切酶位點 RSKR；卵黃蛋白原 N 端結構域、DUF1943 結構域、DUF1081 結構域、vWFD 結構域、轉錄終止信號 aataaa 用陰影標出。

二、口蝦蛄 *Vg* 基因多重序列比對及系統演化樹構建

口蝦蛄 *Vg* 序列與十足目蝦蟹類 *Vg* 序列在分子結構上存在 46%～52% 的相似性，顯示出口蝦蛄在演化上與其他蝦蟹類群存在明顯的差異。分值較高且與口蝦蛄 *Vg* 同源性程度最高的是中國明對蝦、日本囊對蝦和墨吉明對蝦，同一性和相似性分別達到 30% 和 50%，其餘物種的分值均低於這三者（表 3－3）。

表 3－3　口蝦蛄 Vg 基因 BLASTP 比對檢索結果

GenBank No.	物種	分值	同一性（%）	相似性（%）
ABC86571.1	中國明對蝦	1 223	30	50
BAD98732.1	日本囊對蝦	1 199	30	50
ACV32381.1	墨吉明對蝦	1 192	30	50
AAL12620.3	短溝對蝦	1 175	29	49
AAP76571.2	凡納濱對蝦	1 172	30	50
ABO09863.1	美洲螯龍蝦	1 159	30	51
ABB89953.1	斑節對蝦	1 141	29	49
AAN40700.1	刀額新對蝦	1 105	29	49
AAG17936.1	紅螯螯蝦	1 098	28	49
BAD11098.1	高背長額蝦	1 035	28	48
ACU51164.1	日本仿長額蝦	1 035	27	48
BAF91417.1	大螻蛄蝦	998	27	48
AGM75775.1	中華絨螯蟹	942	26	48
ABC41925.1	藍蟹	941	26	48
BAB69831.1	羅氏沼蝦	937	27	46
ACO36035.1	擬穴青蟹	914	26	47
AAX94762.1	三疣梭子蟹	905	26	47
AAU93694.1	鏽斑蟳	852	25	46
AFM82474.1	脊尾白蝦	837	30	52

NJ 系統演化樹結果從分子水準上表明了口蝦蛄在演化中所占據的位置：口足目與十足目 *Vg* 是同一類下的兩個分支，其中口蝦蛄 *Vg* 單獨為一支，十足目蝦蟹類 *Vg* 聚為另一支。十足目甲殼動物基本聚為三簇：大螻蛄蝦與蟹類聚在一起並和螯蝦類聚為一簇；長額蝦和真蝦類聚為一簇；對蝦類單獨成簇（圖 3－11）（Maheswarudu et al.，1978）。

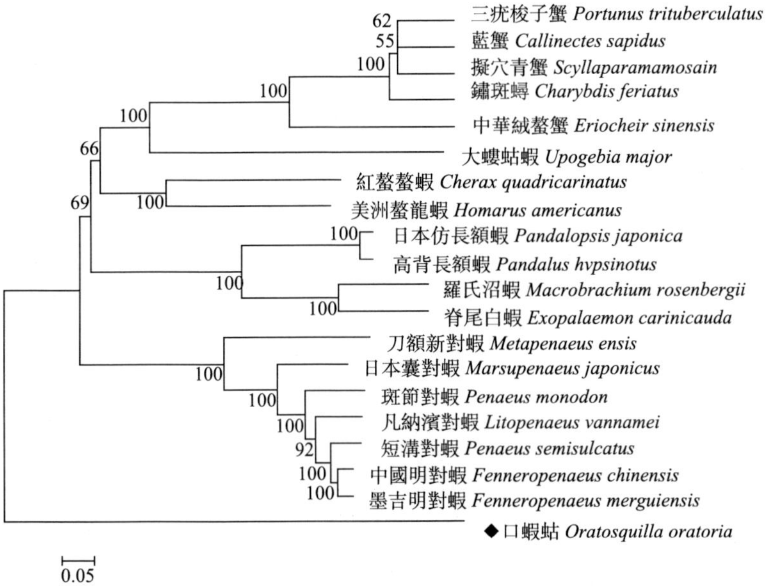

圖 3－11　口蝦蛄與其他甲殼動物 *Vg* 的 NJ 系統演化樹

三、口蝦蛄 *Vg* 基因表達分析

在卵巢中，卵黃蛋白原 mRNA 的表達量隨著卵巢的發育不斷增加，表達量從未發育期的 1 到成熟期達到峰值 158，特別是在成熟期卵黃蛋白原 mRNA 的表達量增加迅速，與其他 3 個發育期相比，差異極顯著（$P<0.01$）。產卵後，卵巢處於消退期，卵黃蛋白原 mRNA 的表達量急遽下降，與初級卵黃發生期相近（圖 3－12）。

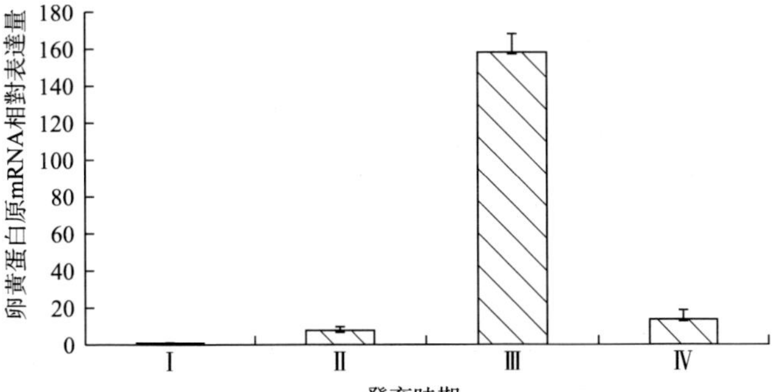

圖 3－12　不同卵巢發育期口蝦蛄卵巢中卵黃蛋白原 mRNA 的相對表達量

Ⅰ未發育期　Ⅱ初級卵黃發生期　Ⅲ成熟期　Ⅳ消退期

第三節　口蝦蛄染色體核型與DNA含量

染色體是生物遺傳物質的載體，對染色體核型、帶型的研究不僅有助於揭示生物的遺傳組成（喬之怡，董仕，王茜，2004），而且可以從生物演化的角度探討物種之間的分類地位及親緣關係（陳詠霞，劉靜，劉龍，2014）。隨著基因組學的發展，染色體組型分析作為全基因定序的基礎，對了解生物的演化地位及重要功能基因定位有著重要意義（Fanjul-Fernān M，Folgueras A R，Cabrera S，2010）。

早在19世紀，Carnoy（1885）首次報導了褐蝦（*Crangon cataphractus*）的染色體類型，儘管十足目染色體研究已延續一百餘年，目前，已報導過的十足目核型組成僅占已知十足目種類的0.9%。王青（2005）等認為，十足目染色體研究緩慢的原因在於染色體數目多；染色體形態小，不易辨認；分裂象不易獲得等（相建海，1988；戴繼勛，張全啟，包振民，1989）。就蝦蛄科種類而言，染色體數目與核型研究之前尚未報導。因此，以口蝦蛄為研究材料，對染色體數目與核型進行研究，不僅為口蝦蛄的細胞遺傳學和人工繁育研究奠定基礎，也可以為蝦蛄科其他種類的染色體研究提供基礎資料。

一、染色體數目

採用Giemsa染色法對口蝦蛄肝胰腺組織進行了核型分析，發現口蝦蛄染色體數目為88條的細胞分裂相最多，有66個，占63.46%，故初步認為口蝦蛄二倍體染色體數目為88，即$2n=88$（圖3-13）。以上結果與十足目中的對蝦科褐美對蝦（*Farfantepenaeus aztecus*）、桃紅美對蝦（*Farfantepenaeus durarum*）、西方濱對蝦（*Litopenaeus occidental*）、中國明對蝦（*Fenneropenaeus chinensis*）、墨吉對蝦（*Fenneropenaeus merguiensis*）、長毛明對蝦（*Fenneropenaeus penicillatus*）、斑節對蝦（*Penaeus monodon*）、近緣新對蝦（*Metapenaeus affinis*）的染色體數目相同，與對蝦科其他物種染色體數目相

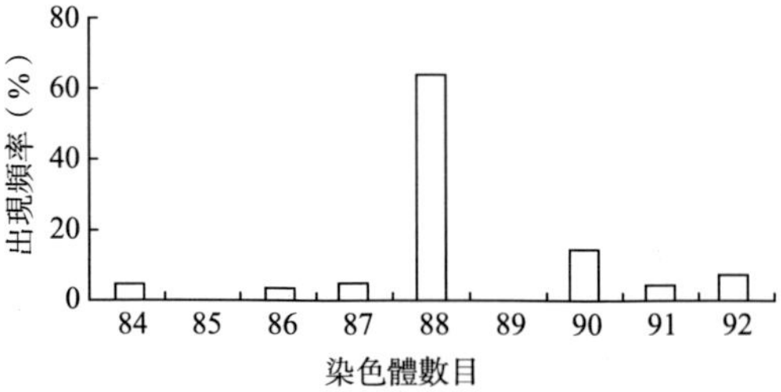

圖3-13　口蝦蛄中期分裂相染色體數目統計

差較小，而與十足目其他科物種染色體數目差別較大。考慮到染色體數目及組成是親緣關係遠近及物種演化判斷的重要依據，本研究結果可能暗示蝦蛄科的口蝦蛄與對蝦科親緣關係較近。Murofuehi 等（1990）認為，染色體數目少的核型較為原始。

二、染色體核型

選擇分散良好、形態清晰、數目完整的染色體中期分裂相測量其染色體臂長，計算出染色體相對長度、臂比並統計染色體類型。發現口蝦蛄染色體核型公式為：$2n = 62m + 12sm + 14t$，$NF = 162$，即有 31 對中部著絲點染色體（m）、6 對亞中部著絲點染色體（sm）和 7 對端部著絲點染色體（t），染色體臂數（NF）為 162（圖 3 - 14、圖 3 - 15）。此外，口蝦蛄染色體的大小差異較大，最大染色體相對長度為 3.999，最小染色體的相對長度為 1.623，未發現與性別相關的異型染色體。染色體核型分析數據見表 3 - 4。

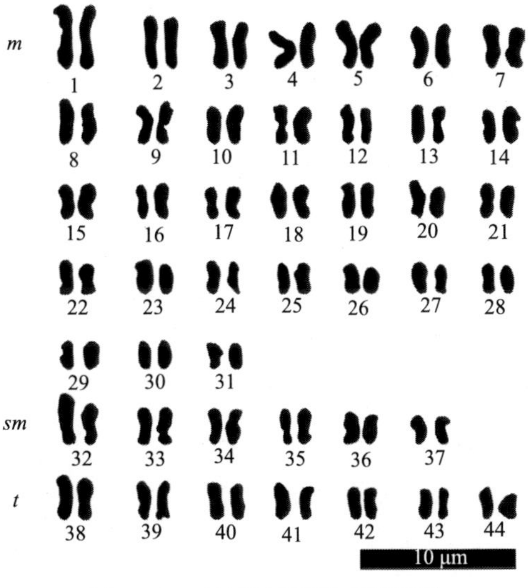

圖 3 - 14　口蝦蛄細胞染色體核型

圖 3 - 15　口蝦蛄核型模式

表 3－4　口蝦蛄的核型參數（平均值±標準差）

染色體序號	相對長度	臂比	著絲粒位置
1	3.999±0.021	1.450±0.079	*m*
2	3.303±0.002	1.304±0.038	*m*
3	3.026±0.025	1.391±0.194	*m*
4	2.929±0.057	1.388±0.204	*m*
5	2.857±0.009	1.501±0.023	*m*
6	2.745±0.065	1.291±0.033	*m*
7	2.656±0.007	1.362±0.065	*m*
8	2.621±0.026	1.267±0.136	*m*
9	2.564±0.004	1.129±0.082	*m*
10	2.533±0.020	1.170±0.112	*m*
11	2.473±0.028	1.210±0.076	*m*
12	2.338±0.001	1.502±0.171	*m*
13	2.247±0.022	1.161±0.142	*m*
14	2.202±0.013	1.344±0.051	*m*
15	2.162±0.008	1.105±0.033	*m*
16	2.137±0.010	1.266±0.127	*m*
17	2.106±0.018	1.313±0.128	*m*
18	2.065±0.001	1.401±0.205	*m*
19	2.058±0.004	1.030±0.026	*m*
20	2.043±0.001	1.304±0.105	*m*
21	2.039±0.001	1.454±0.245	*m*
22	2.018±0.002	1.258±0.118	*m*
23	1.995±0.016	1.241±0.100	*m*
24	1.927±0.008	1.335±0.119	*m*
25	1.903±0.011	1.331±0.020	*m*
26	1.846±0.003	1.343±0.261	*m*
27	1.785±0.010	1.247±0.097	*m*
28	1.766±0.002	1.030±0.012	*m*
29	1.730±0.005	1.267±0.085	*m*
30	1.677±0.029	1.274±0.026	*m*
31	1.623±0.019	1.271±0.118	*m*
32	2.847±0.293	1.913±0.076	*sm*

（續）

染色體序號	相對長度	臂比	著絲粒位置
33	2.425±0.052	2.379±0.300	*sm*
34	2.244±0.058	2.169±0.106	*sm*
35	2.149±0.009	1.757±0.024	*sm*
36	1.968±0.023	1.931±0.166	*sm*
37	1.664±0.047	1.809±0.055	*sm*
38	2.742±0.048	∞	*t*
39	2.406±0.008	∞	*t*
40	2.241±0.063	∞	*t*
41	2.165±0.002	∞	*t*
42	2.061±0.085	∞	*t*
43	1.970±0.002	∞	*t*
44	1.746±0.055	∞	*t*

三、口蝦蛄 DNA 含量

基因組大小（DNA 含量或 C 值）是鑑定種質的一個重要內容，物種 DNA 含量的大小可以反映出該物種的演化地位，也是細胞遺傳學研究的重要內容之一，因此研究生物 DNA 含量具有重要的意義。目前，測定物種基因組大小方法有很多，本節採用流式細胞術來對口蝦蛄血液、肌肉、肝胰腺、卵巢、精巢 5 種不同組織進行 DNA 含量測定。以雞血細胞 DNA 含量為參比，口蝦蛄各個組織 DNA 相對含量峰值如圖 3－16 所示，不同組織細胞核 DNA 相對含量大小依次為肌肉＞精巢＞卵巢＞肝胰腺＞血液。口蝦蛄不同組織的 DNA 絕對含量平均值為 9.61pg，此外，以 1pg＝978Mbp 計算（Gregory T R. et al.，2007），口蝦蛄基因組平均大小約為 9 398.58Mbp。

透過對口蝦蛄血液、肌肉、肝胰腺、卵巢和精巢 5 種組織的 DNA 含量（2 組 DNA）進行測定，發現口蝦蛄精巢組織的 DNA 相對含量直方圖具有雙峰現象，這可能是由所分析的精巢組織中存在大量單倍體精子、精細胞和次級精母細胞（n）以及少量的二倍體精原細胞和初級精母細胞（$2n$）所致。5 種組織的 DNA 含量大小依次為肌肉細胞＞精巢二倍體細胞＞卵巢細胞＞肝胰腺細胞＞血液細胞。經單因素方差分析發現，口蝦蛄不同組織的 DNA 含量有極顯著性差異（$P<0.01$）。Duncan 多重比較結果表明，肌肉和精巢組織的 DNA 相對含量較高，均顯著高於其他組織（$P<0.05$）；而血液 DNA 含量最低，顯著低於除肝胰腺組織外的其他組織（$P<0.05$）（表 3－5、表 3－6）。

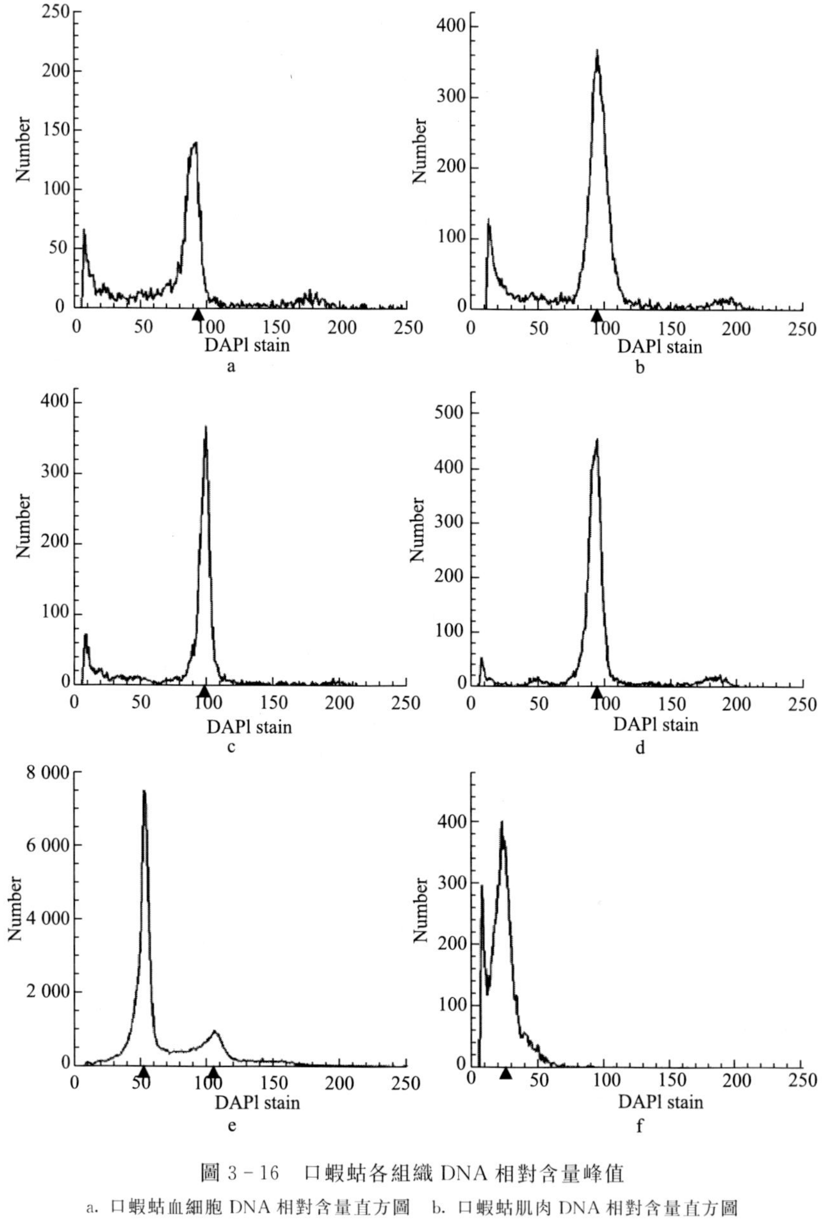

圖 3－16　口蝦蛄各組織 DNA 相對含量峰值

a. 口蝦蛄血細胞 DNA 相對含量直方圖　b. 口蝦蛄肌肉 DNA 相對含量直方圖
c. 口蝦蛄肝胰腺 DNA 相對含量直方圖　d. 口蝦蛄卵巢 DNA 相對含量直方圖
e. 口蝦蛄精巢 DNA 相對含量直方圖　f. 對照雞血細胞 DNA 相對含量直方圖
▲所示為 n 或 $2n$ 峰所在位置

表 3-5　口蝦蛄各個組織的 DNA 含量相對值

序號	口蝦蛄						雞血細胞
	血液	肌肉	肝胰腺	卵巢	精巢		
					單倍體	二倍體	
1	86.97	99.35	102.67	106.77	54.68	109.22	27.53
2	92.29	98.86	101.09	99.90	55.05	110.71	25.76
3	73.09	110.59	91.26	66.54	52.65	105.13	21.63
4	82.45	99.64	91.06	102.96	47.82	95.23	24.96
5	84.67	96.68	93.80	82.13	48.85	97.86	24.85
6	89.50	97.96	95.31	66.95	49.75	99.86	27.46
7	82.16	99.36	92.56	112.75	54.04	107.97	25.35
8	92.47	97.52	91.94	99.59	50.13	100.60	24.74
9	86.89	101.57	82.38	109.24	53.01	106.36	23.72
10	74.66	97.09	90.45	67.40	52.60	105.03	24.44
11	75.53	108.87	82.02	102.07	45.31	89.91	25.87
12	88.31	112.44	86.33	104.18	54.59	108.85	23.13
13	84.98	102.39	94.24	93.32	50.51	101.38	24.84
14	96.37	109.64	96.12	67.14	48.09	97.82	24.34
15	75.40	114.58	96.12	80.57	51.16	102.13	23.46
16	77.11	101.13	87.15	96.42	53.44	106.39	24.48
17	96.97	106.28	87.00	93.97	52.51	105.61	24.41
18	97.28	100.16	88.58	103.08	45.22	90.38	24.08
19	97.87	111.48	87.78	100.79	42.64	85.98	25.15
20	85.38	97.89	92.42	99.26	53.80	108.32	24.15
平均	86.02	103.17	91.51	92.75	50.79	101.74	24.72

表 3-6　口蝦蛄各個組織的 DNA 含量絕對值

不同組織	DNA 相對含量	比值	DNA 絕對含量（pg，2 組 DNA）	基因組大小（Mbp）
血液	86.02±8.02[c]	3.48	8.70	8 508.05
肌肉	103.17±5.92[a]	4.17	10.43	10 200.54
肝胰腺	91.51±5.39[bc]	3.70	9.25	9 046.50
卵巢	92.75±15.27[b]	3.75	9.38	9 173.64
精巢	101.74±7.05[a]	4.12	10.29	10 063.62
平均值	95.04±11.02	3.84	9.61	9 398.58

注：同列中標有不同小寫字母者表示組間有顯著性差異（$P<0.05$），標有相同小寫字母者表示組間無顯著性差異（$P>0.05$）。精巢細胞 DNA 測量值為二倍體細胞的測量值。

参考文獻

陳詠霞，劉靜，劉龍，2014. 中國鯛科魚類骨骼系統比較及屬種間分類地位探討\［J\］. 水產學報，38（9）：1360-1374.

戴繼勛，張全啟，包振民，1989. 中國對蝦的核型研究\［J\］. 青島海洋大學學報，19（4）：97-104.

鄧景輝，韓光祖，葉昌臣，1982. 渤海對蝦死亡的研究\［J\］. 水產學報，2（6）：119-127.

堵南山，1993. 甲殼動物學\［M\］. 北京：科學出版社.

龔世園，呂建林，孫瑞杰，等，2008. 克氏原螯蝦繁殖生物學研究\［J\］. 淡水漁業，38（6）：23-26.

谷德賢，洪星，劉海映，2008. 口蝦蛄的繁殖行為\［J\］. 河北漁業，1：37-40

黃海霞，談奇坤，郭延平，2001. 秀麗白蝦精子發生的研究\［J\］. 動物學雜誌，36（2）：2-6.

劉海映，秦玉雪，姜玉聲，2011. 口蝦蛄胚胎發育的研究\［J\］. 大連海洋大學學報，26（5）：437-441.

梅文驤，王春琳，徐善良，1993. 口蝦蛄耗氧量、耗氧率及窒息點的初步研究［J］. 浙江水產學院學報，12（4）：249-255.

梅文驤，王春琳，張義浩，等，1996. 浙江沿海蝦蛄生物學及其開發利用研究報告\［J\］. 浙江水產學院學報，15（1）：60-62.

喬之怡，董仕，王茜，2004. 黑龍江水系二、三倍體鯽魚遺傳組成的比較研究\［J\］. 動物科學與動物醫學，21（2）：61-63.

王波，張錫烈，1998. 口蝦蛄人工育苗生產技術［J］. 齊魯漁業，15（6）：14-16.

王青，孔曉瑜，於珊珊，等，2005. 十足目染色體研究進展\［J\］. 海洋科學，29（6）：60-65.

王藝磊，張子平，李少菁，1998. 甲殼動物精子學研究概況：Ⅱ精子發生與精子的生化組成\［J\］. 動物學雜誌，33（4）：52-57.

吳耀泉，張寶琳，1990. 渤海經濟無脊椎動物生態特點的研究\［J\］. 海洋科學，2：48-52.

相建海，1988. 中國對蝦染色體的研究\［J\］. 海洋與湖沼，19（3）：205-209.

徐善良，王春琳，梅文驤，等，1996. 浙江北部海區口蝦蛄繁殖和攝食習性的初步研究\［J\］. 浙江水產學院學報，15（1）：30-36.

薛梅，2016. 大連皮口海域口蝦蛄 *Oratosquilla oratoria* 群體繁殖生物學研究\［D\］. 大連：大連海洋大學.

趙雲龍，堵南山，賴偉，1997. 日本沼蝦精子發生的研究\［J\］. 動物學報，43（3）：23-26.

朱冬發，王桂忠，李少菁，2006. 東方扁蝦卵子的超微結構\［J\］. 水生生物學報，30（4）：439-445.

Brown M, Sieglaff D, Rees H, 2009. Gonadal ecdysteroidogenesis in Arthropoda: occurrence and regulation \ [J \ ]. Annual Review of Entomology, 54: 105-25.

Fanjul-Fernān M, Folgueras A R, Cabrera S, 2010. Matrix metalloproteinases: evolution, gene regulation and functional analysis in mouse models \ [J \ ]. Biochim Biophys Acta, 1803 (1): 3-19.

Gregory T R, Nicol, et al. , 2007. Eukaryotic genome size databases \ [J \ ]. Nucleic Acids Research, 35: D332-D338.

Hamano T, 1988. Mating behavior of *Oratosquilla oratoria* (de Haan, 1844) (Crustacea: Stomatopoda) \ [J \ ]. Journal of Crustacean Biology, 8 (2): 239-244.

Hamano T, 1990. Growth of the stomatopod crustacean *Oratosquilla oratoria* in Hakate Bay \ [J \ ]. Nippon Suisan Gakkaishi, 56: 1529.

Hamano T, Matsuura S, 1984. Egg laying and egg mass nursing behavior in the Japanese mantis shrimp \ [J \ ]. Nippon Suisan Gakkaishi, 50 (12): 1969-1973.

Hamano T, Matsuura S, 1987. Egg size, duration of incubation, and larval development of the Japanese mantis shrimp in the laboratory \ [J \ ]. Nippon Suisan Gakkaishi, 53: 23-39.

Jennifer L, Wortham-Neal, 2002. Reproductive morphology and biology of male and female antis shrimp (stomatopoda: squillidae) \ [J \ ]. Journal of Crustacean Biology, 22 (4): 728-741.

Maheswarudu G, Rajkumar U, Sreeram MP, 2015. Effect of Testosterone Hormone on Performance of Male Broodstock of Black Tiger Shrimp *Penaeus monodon* Fabricius, 1798 \ [J \ ]. The Journal of Veterinary Science Photon, 116: 446-456.

Ohtomi J, Shimizu M, 1988. Spawning season of the Japanese mantis shrimp *Oratosquilla oratoria* in Tokyo Bay \ [J \ ]. Nippon Suisan Gakkaishi Bull. Jap. Soc. Fish, 54 (11): 1929-1933.

大富潤，清水誠，1989. 東京灣産シャコの性比および肥満度の季節変化 \ [J \ ]. 水產增殖，37 (2): 143-146.

第四章

口蝦蛄生態學特徵

第一節　溫度對口蝦蛄的影響

在海洋生物賴以生存的水域環境條件中，溫度是最重要的物理環境因素之一。陸地上的最高氣溫可達 65℃，最低氣溫為－65.5℃，相差 130.5℃，但海水溫度通常最高只有 35℃，最低僅為－2℃，相差 37℃，溫差範圍為陸地的 28%。與陸地溫差比，同樣的溫度變化幅度，即使幾攝氏度，對海洋環境而言也已經屬於較大的波動。水溫變化對於海洋生物資源的棲息、洄游、生活和生理等都有很大影響，直接或間接地影響海洋生物的存活、攝食、生長、繁殖、耗氧率、排氨率、抗氧化能力和免疫力等（朱小明等，1998），甚至可以說，海洋生物的一切生活習性和行為表現都直接或間接受溫度的影響。

大多數海洋生物都是變溫的，隨著環境水溫的變化，變溫海洋生物被動地調節分布區域和生理機能對溫度的變化產生適應。對海水環境溫度的適應範圍因種類、分布、生長發育階段等而異，有的能適應較廣的溫度範圍並忍受較大的水溫變化幅度，有的只能適應較窄的水溫範圍且僅能忍受較為狹窄的水溫變化幅度。通常海洋生物對溫度變化的刺激所產生的行為是主動選擇最適的溫度環境而避開不良的溫度環境，以使其體溫維持在一定範圍之內。海洋生物對溫度的耐受界限以及最適溫度範圍因種類而有所差異。研究顯示，黑斑口蝦蛄的存活水溫為 14～35℃，生活的適宜水溫為 24～33℃（吳耀華等，2015）；凡納濱對蝦的生活適宜溫度為 17～23℃，最適溫度為 20～23℃；浙南海捕口蝦蛄在水溫 4～17℃範圍內的暫養存活率最高（陳孝漲等，2010）。同一種類因棲息水域不同或種群不同，其適應的水溫也不相同。例如，東海岱衢族大黃魚（*Larimichthys crocea*）產卵期適溫為 14～22℃，最適水溫 16～19.5℃；閩粵族大黃魚產卵期適溫為 18～24℃，最適水溫為 19.5～22.5℃；硇洲族大黃魚產卵期適溫為 18～26℃，最適水溫為 22℃左右。同一種類在不同發育階段對溫度的適應性也有所不同。據調查，呂泗洋小黃魚（*Larimichthys polyactis*）幼魚的適應水溫為 16～24℃，成魚的適應水溫一般為 6～20℃，這種幼體比成魚對較高水溫更具適應性的現象在廣東大亞灣藍圓鰺（*Decapterus maruadsi*）群體也存在。但就發育階段而言，一般情況下，溫度對幼體的生存和生活有較大的影響，隨著幼體的生長，其對溫度的耐受能力不斷增強（Heasman and Fielder 1983；Collinge，Holyoak；Barr et al.，2001）。對溫度適應性的差異，不僅存在於種間、不同地理分布和不同發育階段，甚至處於同一發育階段的同一種類。在不同生活期，對溫度的適應性也不同，如煙威漁場產卵的鮐（*Scomber japonicus*）其產卵盛期水溫為 13～17℃，產卵完畢在海洋島水域索餌時的最適水溫為 17～19℃。另外，有些海洋生物還可以透過改變生活方式以實現對水溫的適應，如中華虎頭蟹（*Orithyia sinica*）能在 5～30℃的溫度範圍內存活，20～30℃為其生活的適宜溫度，25℃為最適溫度，當溫度過低或過高時，中華虎頭蟹透過冬眠或夏眠的形式以適應相對極端的水溫而存活（廖永岩等，2007）。

本節論述了溫度對口蝦蛄Ⅺ期假溞狀幼體、Ⅰ期仔蝦蛄和成蝦的適應能力、攝食、生長和耗氧的影響。研究顯示，在連續變溫的環境中，口蝦蛄Ⅺ期假溞狀幼體主動適應溫度的最適範圍為 23.5～28.6℃；隨水溫的升高，口蝦蛄Ⅺ期假溞狀幼體的攝食量呈逐漸增加的趨勢，水溫 32℃時，平均攝食量達到最大，24h 內為 9.40mg，但隨著溫度的升高，死亡率也隨著增大，48h 的死亡率達到了 33.34%；乾露狀態下，隨暴露的時間延續，存活率逐漸降低，相比於高溫，較低的暴露溫度（16℃）可減快取活率減少的速率，但過低的溫度會產生脅迫。隨著個體發育，口蝦蛄Ⅰ期仔蝦蛄相較於Ⅺ期假溞狀幼體具有更強的溫度適應能力，其最適溫度範圍是 19.6～28.6℃。而對於口蝦蛄成蝦，水溫 16～28℃範圍內，體重都有較好的增長量，其中 24℃條件下的體重增長量最大；溫度 16～24℃範圍內，單位體重耗氧率較平穩。

一、溫度對口蝦蛄Ⅺ期假溞狀幼體的影響

主動適溫實驗裝置由內外兩個水槽形成套式結構，外層水槽為流水，起降溫作用；內層水槽側壁為導熱的金屬材料，在外側降溫流水作用下，內層水槽形成連續降溫的水體。20 尾口蝦蛄Ⅺ期假溞狀幼體（平均體重 0.046 57g，平均體長 21.67mm）作為實驗對象被放入內層水槽進行實驗。每隔 10min 觀察並記錄分布情況，實驗重複 6 次，統計實驗對象在各溫度區域分布的尾數占總尾數的比例。

攝食實驗於智慧培養箱中進行，設置 12℃、17℃、22℃、27℃和 32℃共計 5 個溫度組，每組 3 個平行，每個平行的實驗對象為 10 尾口蝦蛄Ⅺ期假溞狀幼體（平均體重 0.010 6g，平均體長 11.76mm）。培養箱中的溫度從室溫開始，每兩個小時升高或降低 2℃，直至達到目標溫度，經 12h 適應後開始實驗計時，實驗持續 48h。每天 19：00 投餌，餌料為鮮活糠蝦 30 尾，第二日 7：00記錄攝食量及實驗對象的死亡數，並清理殘餌和糞便。精確秤量 50 尾鮮

活糠蝦的溼重體重，計算個體平均體重，結合根據實驗對象攝食糠蝦的尾數計算平均攝食量。

乾露存活實驗於智慧培養箱中進行，設置8℃、16℃、24℃和32℃共計4個溫度組，每組設置乾露時間3h、6h、9h和12h共4個梯度，每梯度的實驗對象為30尾口蝦蛄Ⅺ期假溞狀幼體（平均體重為0.049 5g，平均體長為16.45mm），幼體置於紗網上，放入運輸袋中，充氧但不加水。乾露時間結束，實驗對象從智慧培養箱中取出放入水環境，計算3h後的死亡率。

（一）口蝦蛄Ⅺ期假溞狀幼體對溫度的適應

適溫實驗裝置的內層水槽水體形成明顯的溫度梯度變化，最高溫度為30℃，最低溫度為16.5℃，最高和最低溫度達到13.5℃的溫度差。口蝦蛄Ⅺ期假溞狀幼體已經具有一定程度的游泳運動能力，在連續變溫的內層水槽中，具有主動選擇適宜的溫度區活動的特徵，因此可以根據口蝦蛄Ⅺ期假溞狀幼體主動適應溫度後的分布狀況確定其適溫範圍。根據口蝦蛄Ⅺ期假溞狀幼體的分布特點（圖4－1），在水溫27.4℃區域，口蝦蛄Ⅺ期假溞狀幼體的出現頻率最高，為30%；其次為28.6℃區域和26.9℃區域，出現頻率均為27.5%；出現頻率最低的水溫範圍是25.2～25.9℃，出現頻率為12.5%。由此可以確定，口蝦蛄Ⅺ期假溞狀幼體最適溫度範圍為23.5～28.6℃。

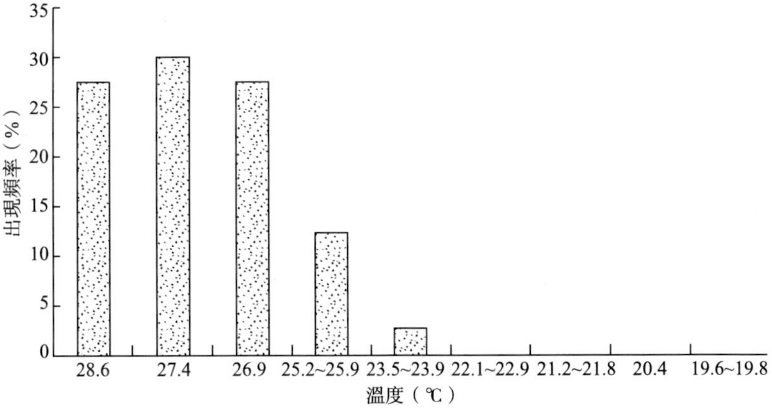

圖4－1　口蝦蛄Ⅺ期假溞狀幼體的溫度選擇

（二）溫度對口蝦蛄Ⅺ期假溞狀幼體攝食的影響

水溫對口蝦蛄Ⅺ期假溞狀幼體的攝食存在影響（圖4－2）。在實驗溫度範圍內，水溫32℃組的口蝦蛄Ⅺ期假溞狀幼體24h平均攝食量最高，為9.40mg，顯著高於其他溫度組實驗對象的攝食量（$P<0.05$）。其他溫度組間的實驗個體的攝食量無顯著差異（$P>0.05$），攝食量從高到低依次為17℃組

(6.19mg)、27℃組（5.50mg）、22℃組（4.94mg）和12℃組（3.20mg）。其中，22℃組的口蝦蛄Ⅺ期假溞狀幼體白天平均攝食量為1.97mg，低於夜晚的平均攝食量，差異不顯著（$P>0.05$）；32℃組口蝦蛄Ⅺ期假溞狀幼體白天平均攝食量為6.88mg，高於夜晚平均攝食量，差異不顯著（$P>0.05$）。12℃組和17℃組口蝦蛄Ⅺ期假溞狀幼體白天平均攝食量分別為1.84mg和3.68mg，明顯高於各自組實驗對象夜晚的平均攝食量，且差異顯著（$P<0.05$）。27℃組口蝦蛄Ⅺ期假溞狀幼體白天平均攝食量為1.79mg，明顯低於夜晚的平均攝食量，差異顯著（$P<0.05$）。

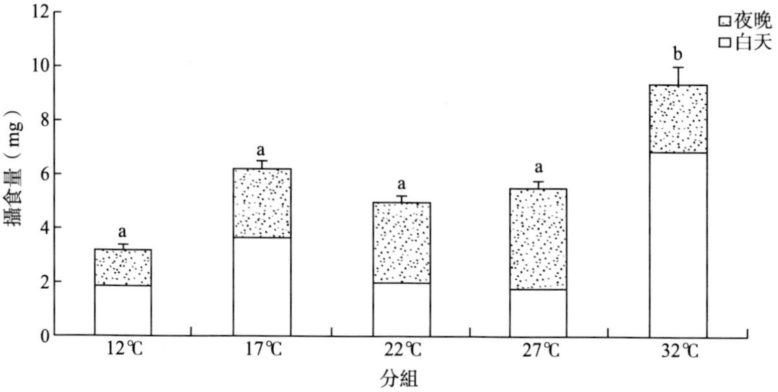

圖4-2　不同溫度下Ⅺ期假溞狀幼體攝食情況

攝食實驗中，不同溫度下口蝦蛄Ⅺ期假溞狀幼體均出現了死亡的現象（圖4-3）。其中，水溫32℃組的口蝦蛄Ⅺ期假溞狀幼體死亡率最高，為33.34%，

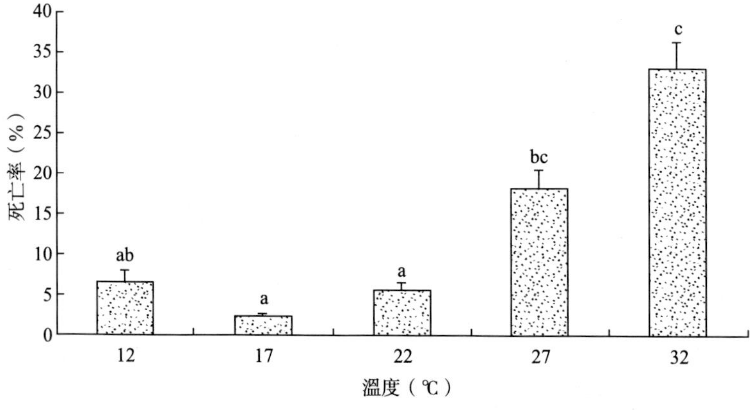

圖4-3　不同溫度下Ⅺ期假溞狀幼體死亡率

與 27℃組的死亡率無顯著差異（$P>0.05$），與 12℃組、17℃組、22℃組的死亡率存在顯著差異（$P<0.05$）。除水溫 32℃組外，口蝦蛄Ⅺ期假溞狀幼體死亡率從高到低依次為 27℃組（18.33%）、12℃組（6.67%）、22℃組（5.84%）、17℃組（2.49%），其中，12℃組與 27℃組的組間死亡率差異不顯著（$P>0.05$），12℃組與 17℃組、22℃組的組間死亡率差異也不顯著（$P>0.05$），17℃組與 22℃組的組間死亡率差異亦不顯著（$P>0.05$），但 27℃組與 17℃組、22℃組的組間死亡率差異顯著（$P<0.05$）。

（三）溫度對口蝦蛄Ⅺ期假溞狀幼體乾露存活的影響

乾露狀態下，溫度對口蝦蛄Ⅺ期假溞狀幼體的存活率存在明顯的影響（圖 4－4）。當乾露狀態持續 3h 時，16℃組實驗對象的存活率最大（100%）；其他組分別是 8℃組的存活率為 73.33%、24℃組的存活率為 96.67%、32℃組的存活率為 93.33%。乾露狀態持續 6h 時，16℃組和 24℃組口蝦蛄Ⅺ期假溞狀幼體存活率水準一致，均為 93.33%，為 6h 時的最高值；次之是 8℃組，存活率為 70%，最低值是 32℃組的 33.33%。乾露狀態持續 9h 時，24℃組口蝦蛄Ⅺ期假溞狀幼體存活率維持在 80%的水準，高於其他組；此階段 8℃組的存活率略高於 16℃組的，這兩組口蝦蛄Ⅺ期假溞狀幼體的存活率分別是 63.33%和 56.67%，而 32℃組的存活率僅為 6.67%。乾露狀態持續時間達到 12h 時，存活率最大值出現在 16℃組，為 60%；24℃組的存活率出現較大幅度的下降，僅為 36.67%，但仍是 8℃組（16.67%）的 2.20 倍；32℃組的個體全部死亡，存活率為 0。說明溫度過高或過低都會降低口蝦蛄Ⅺ期假溞狀幼體的存活率，且隨著時間的延續，存活率下降幅度有增加到趨勢。

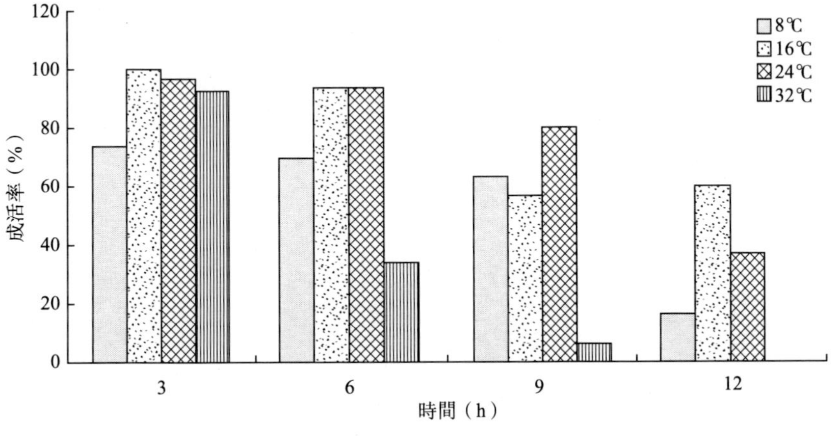

圖 4－4　口蝦蛄Ⅺ期假溞狀幼體乾露狀態下的存活率

二、溫度對口蝦蛄Ⅰ期仔蝦蛄分布的影響

適溫實驗裝置由內外兩個水槽形成套式結構，外層水槽為流水，起降溫作用；內層水槽側壁為導熱的金屬材料，在外側降溫流水作用下，內層水槽形成連續降溫的水體。20 尾口蝦蛄Ⅰ期仔蝦蛄（平均體重為 0.168 3g，平均體長為 22.52mm）作為實驗對象被放入內層水槽進行實驗，實驗對象在連續變溫的內層水槽中，具有主動選擇適宜的溫度區活動的特徵。每隔 10min 觀察並記錄分布情況，實驗重複 6 次，統計實驗對象在各溫度區域分布的尾數占總尾數的比例。

隨著個體發育，口蝦蛄Ⅰ期仔蝦蛄相較於口蝦蛄Ⅺ期假溞狀幼體具有更強的游泳能力，對溫度的選擇能力也更強；同時，隨著個體生理功能的完善，口蝦蛄Ⅰ期仔蝦蛄相較於口蝦蛄Ⅺ期假溞狀幼體對溫度的適應能力也更強，適溫範圍也更廣泛。實驗過程中觀察到口蝦蛄Ⅰ期仔蝦蛄在水溫範圍 19.6～28.6℃的區域中均有分布（圖 4－5）。其中，在 28.6℃水溫區域，口蝦蛄Ⅰ期仔蝦蛄的出現頻率最高，為 18％；其次為 27.4℃水溫區域和 26.9℃水溫區域，出現頻率均為 16％；水溫 25.2～25.9℃和 21.2～21.8℃區域，出現頻率均為 12％；水溫 22.1～22.9℃和 19.6～19.9℃區域，出現頻率均為 10％；出現頻率最低的水溫範圍是 23.5～23.9℃，出現頻率僅為 6％。基於口蝦蛄Ⅰ期仔蝦蛄的分布特點，說明其最適溫度範圍是 19.6～28.6℃。

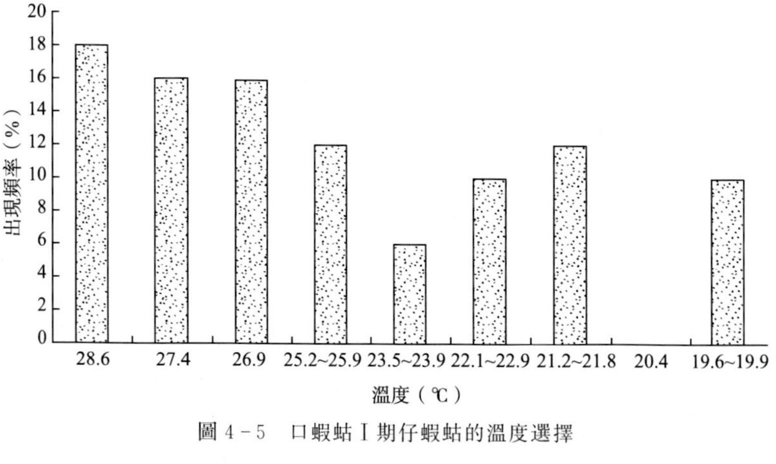

圖 4－5　口蝦蛄Ⅰ期仔蝦蛄的溫度選擇

三、溫度對口蝦蛄成蝦的影響

實驗用口蝦蛄成蝦取自大連沿海，體重 13～35g，用過濾海水暫養。暫養密度 50 尾/m^3，水溫 23～26℃，鹽度 32±1，pH7.8～8.2，溶解氧大於 5mg/L。

生長實驗設置 14℃、16℃、20℃、24℃和 28℃共 5 個溫度組。為減小溫

度變化的影響，實驗前透過溫度漸變使實驗對象從暫養水溫逐漸適應實驗溫度，溫度漸變速度為 12℃/d，待溫度達到實驗要求後，繼續暫養 3d 增加適應性。挑選活力強、大小一致的個體，測量體長和體重後進行實驗。實驗持續 30d，每 10d 測量體重。

耗氧實驗的水溫設置為 15℃、18℃、21℃、24℃、27℃、30℃和 33℃共 7 個組，水浴控溫（溫差在 0.5℃之內）。每組 4 個平行，其中 2 個為空白對照組，2 個為實驗組，實驗組的呼吸瓶內放實驗對象個體 1 尾。實驗前，實驗對象在實驗溫度條件下暫養 16h。實驗過程中，7 組實驗同時進行，持續 1h。實驗結束後，濾紙拭乾實驗對象體表水分，秤量體重，每組取雙水樣，進行水樣分析和數據統計。採用密封呼吸瓶與對照瓶水體中溶氧量之差的方法計算耗氧量。溶解氧（DO）含量利用碘量法測定。單位體重耗氧率計算式為：

$$P = (m_0 - m_1) / (W \times t)$$

$$m = DO \times V$$

式中，P 為單位體重耗氧率［mg/（g・h）］，m_0 和 m_1 為同溫度條件下實驗瓶和對照瓶的含氧量平均值（mg），W 為試驗樣瓶口蝦蛄體重（g），V 為呼吸瓶容積（L），t 為實驗持續時間（h），DO 為溶解氧含量（mg/L），m 為含氧量（mg）。

溫度與實驗對象代謝速率的關係用溫度係數 Q_{10} 描述，Q_{10} 被定義為溫度每升高 10℃的代謝反應速率變化值。隨著溫度的升高，代謝速率加快這一整體規律是確定的，但在適溫範圍內，代謝速率的水準較為穩定。Q_{10} 的計算式為：

$$Q_{10} = (r_2 - r_1)^{\frac{10}{t2 - t1}}$$

式中，r_1 和 r_2 為溫度 t_1 和 t_2 時的耗氧量。

（一）溫度對口蝦蛄成蝦生長的影響

溫度對口蝦蛄成蝦體重生長有明顯影響。整體呈現隨溫度的升高，實驗對象的體重增長量先增加後下降的趨勢，溫度 24℃組，體重出現最大增長量（圖 4-6）。具體表現為水溫 14℃組實驗對象體重增長率最小，實驗期間體重增長率僅為 5.68%；溫度增加到 16℃時，體重增加率達到 22.73%；溫度繼續增加到 24℃時，體重增加率達到最大值，為 28.72%，之後隨溫度繼續增加，體重增長率略有下降，28℃時的體重增長率為 22.23%。從體重增長看，適宜口蝦蛄成蝦生長的溫度範圍是 16～28℃。實驗期間，平均體重增長量最大值出現在 10d 的秤量結果中，為 24℃組，增長量達到 2.6g；單體體重增長量最大值出現在 20d 的秤量結果中，為 20℃組，增長量達到 5.2g；單體體重增長率最大值出現在 10d 的秤量結果中，為 24℃組，單位體重增長率為 23.1%。實驗期間發現，雖然溫度 28℃組的體重增長率明顯高於溫度 14℃組，但當用手抓住實驗對象身體兩側時，14℃組實驗對象的活力明顯強於28℃組的。

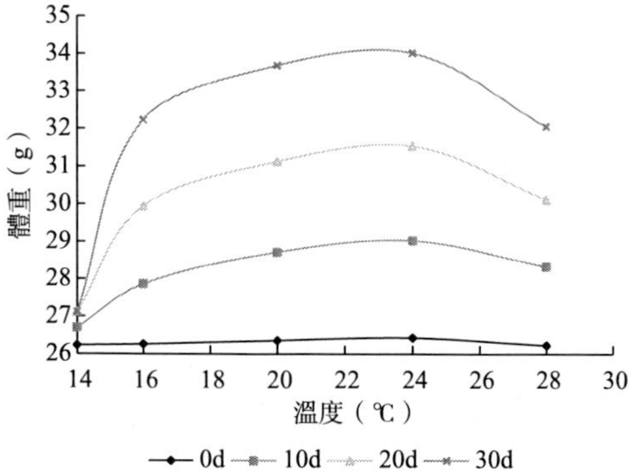

圖4－6　不同溫度下體重增長試驗結果

（二）溫度對口蝦蛄成蝦呼吸和代謝的影響

隨溫度的升高，口蝦蛄成蝦的耗氧量和耗氧率均上升趨勢。根據變化趨勢，在溫度16～24℃範圍內，口蝦蛄成蝦的單位體重耗氧率較平穩，受溫度影響不大，說明該溫度範圍是其生活的適宜溫度；溫度過低（14℃）或過高（26℃），都會產生脅迫影響。利用統計學原理對單位體重耗氧率相對平緩的16～24℃範圍內的單位體重耗氧率和溫度關係進行分析，口蝦蛄成蝦的耗氧率和溫度存在極顯著的線性正相關關係（$t=15.72656>t_{0.05/2}(3)=3.1824$）。

在單位體重耗氧率相對平緩的16～24℃範圍內，溫度係數Q_{10}值均小於1.5。當溫度由14℃上升至16℃和由24℃上升至26℃時，Q_{10}都出現了明顯增大，其中由14℃上升至16℃時，Q_{10}為8.71；溫度由24℃上升至26℃時，Q_{10}值為4.55（表4－1）。

表4－1　不同溫度梯度下口蝦蛄溫度係數

終點溫度（℃）	初始溫度（℃）					
	14	16	18	20	22	24
16	8.71	—	—	—	—	—
18	3.34	1.28	—	—	—	—
20	2.32	1.20	1.12	—	—	—
22	1.93	1.17	1.12	1.12	—	—
24	1.79	1.20	1.18	1.21	1.31	—
26	2.09	1.57	1.65	1.88	2.44	4.55

目前，水產動物的溫度適應性實驗尚無統一的研究方法，飼養條件不同也常會導致研究結論的差異。現有的水產動物適宜溫度的研究多是透過設定不同溫度組分組飼養，進行生長測定後獲得的。但人為設定各溫度處理組，溫度梯度過大會導致實驗結果不精確；而溫度梯度過小則需要更多的養殖裝置和實驗動物，將大幅增加實驗成本及工作量。同時，環境溫度變化對小梯度溫度的影響效應更大。透過建立連續變化溫度環境研究實驗對象對溫度的適應性，實驗對象可主動選擇溫度環境，得到的結果更可靠也更準確。在口蝦蛄Ⅺ期假溞狀幼體及Ⅰ期仔蝦蛄的溫度選擇實驗中，口蝦蛄Ⅺ期假溞狀幼體和Ⅰ期仔蝦蛄在溫度 23.5～28.6℃和溫度 19.6～28.6℃的水域出現的頻率最高，說明這兩個溫度範圍對應著口蝦蛄Ⅺ期假溞狀幼體和Ⅰ期仔蝦蛄的最適溫度。兩個溫度範圍存在差異，尤其表現為對低溫的適應性，說明隨著口蝦蛄的發育，其適溫範圍也不同，對低溫的適應能力在發育過程中逐漸增強，這種適應性在成蝦階段進一步增強（口蝦蛄成蝦生長的溫度範圍是 16～28℃）。

黃海北部口蝦蛄成蝦生長的最適溫度範圍是 16～28℃（徐海龍，2005），且在 8～9℃水溫中可正常生活；而吳琴瑟等（1997）報導黑斑口蝦蛄生存水溫是 10～35℃，最適宜的生活溫度是 22～30℃。生活水溫的下限明顯低於黑斑口蝦蛄，造成此差異的原因一方面可能與種類有關，不同種類的生物對環境因子的適應性也不同。吳琴瑟等（1997）實驗用黑斑口蝦蛄取自廣東省湛江市，湛江沿海與大連沿海的環境差異明顯，水溫普遍高於大連沿海，生活在湛江近海的黑斑口蝦蛄長期生活在相對較高的水溫環境，而黃海北部口蝦蛄長期生活在溫度較低的水域，因此對低溫的適應能力強於長期生活在高溫水域的黑斑口蝦蛄。梅文驤等（1996）報導浙江沿岸口蝦蛄適溫範圍 6～31℃，最適生活溫度 20～27℃，對比黃海北部口蝦蛄體重增長的最適溫度範圍 16～28℃，黃海北部口蝦蛄生活的最適溫度範圍較浙江沿岸口蝦蛄的最適溫範圍低，可能與口蝦蛄的地理分布不同有關。

溫度係數作為表徵生物體內生化反應與溫度關係的指標，在生理溫度範圍內，Q_{10}被認為介於 2～3，也有資料認為 2～4 的，無論範圍如何，一般情況下，隨溫度升高，變化較為穩定（沈國英等，2002）。根據溫度對口蝦蛄成蝦耗氧實驗結果（徐海龍，2008），當溫度介於 16～24℃時，無論溫度變化幅度大小，Q_{10}的值均小於 2，說明水溫 16～24℃範圍為口蝦蛄成蝦呼吸的最適範圍。此結果略低於舟山近海口蝦蛄的呼吸溫度範圍（梅文驤等，1993），可能是地理分布的不同，口蝦蛄對相應環境因子的適應性也不同。在最適溫度範圍內，口蝦蛄體內器官組織的活動性能相對穩定，體內的各種生化反應速度平穩，身體代謝處於基本穩定狀態。當溫度超過 24℃並繼續升高時，口蝦蛄的耗氧率增加較大，溫度由 24℃上升到 26℃時，Q_{10}值達 4.55，超出了普遍認為的生物學溫度係數最大值，這時口蝦蛄成蝦的器官組織的活動性能提高，體內的各種生化反應速度加快，致使呼吸加快，這是變溫動物的一般特徵，其他甲殼類動物的耗氧率與溫度也有類似的規律（林小濤等，1999；陳琴等，2001；溫小波等，2003）。溫度由14℃上升到16℃區間，口蝦蛄的耗氧率也出現了明顯的增加趨勢，Q_{10}的值達到了8.71，明顯超出了生物學溫度係數最大值。這是由於溫度較低，抑制了口蝦蛄的器官組織的活動性能，致使體內的各種生化反應速度處於較低水準，隨著溫度的適宜，組織器官的活動性能迅速恢復，呼吸量也隨之增加。

溫度係數值不僅受耗氧量的比值影響，還與二者所對應的溫度差有關。口蝦蛄成蝦耗氧實驗顯示（徐海龍，2008），當以14℃為起始溫度逐漸升溫時，Q_{10}的值逐漸減小；溫度升高到20℃時，Q_{10}的值開始小於3；溫度增加到22℃時，Q_{10}的值小於2；溫度繼續增加到24℃時，Q_{10}的值達到以14℃為起始溫度的最小值1.79；然後隨溫度的增加，Q_{10}的值又開始增大。生物經過長期的演化，對溫度呈現了不同的適應性。以往利用Q_{10}作為衡量溫度與生物代謝速率關係的指標的報導中（王芳等，1998；范德朋等，2002），沒有關於溫差設定差異對研究對象耗氧率影響的討論。但應用溫度係數研究生物耗氧與溫度關係時，溫差的設定應根據研究對象的不同而有所差異，就黃海北部口蝦蛄成蝦而言，溫差值應介於2～4℃（徐海龍，2008）。

基於耗氧率得到的口蝦蛄成蝦最適溫度範圍與基於體重增長得到最適溫度範圍有所差別，是因為生物的生長不僅與呼吸有關，還與排泄有關，即O∶N（用於表示生物體內蛋白質與脂肪、碳水化合物分解代謝的比率）。儘管尚未證明O∶N比值差異對有機體的生長速率及生長結束時所能達到的個體大小有直接的影響，但有報導（Widdows，1978；范德朋等，2002）指出O∶N的變化與有機體所受到的環境因子緊密相關，當O∶N達到最大值時，生物體內脂肪和碳水化合物的分解代謝比例與蛋白質的代謝水準差值最大，理論上講，此時生物的體重質量增長速率應為最大。這說明，口蝦蛄成蝦的耗氧率、排氨率及體重增長的最適溫度可能存在差異。

第二節　鹽度對口蝦蛄的影響

鹽度作為海洋生態環境的重要組成，是決定甲殼動物行為、變態、生長和繁殖的重要因素之一（路允良等，2012；韓曉琳等，2014）。研究顯示，鹽度對凡納濱對蝦蛻殼具有顯著影響，過高或過低的鹽度都會導致蛻殼率下降（申玉春等，2012）；當鹽度條件適宜時，從Ⅶ期生長到Ⅹ期的三疣梭子蟹的蛻殼時間最短，鹽度過高會抑制蛻殼過程中新殼的硬化（路允良等，2012）；而隨著生長，黑斑口蝦蛄幼體對鹽度耐受力會增加（尹飛等，2005）。鹽度對甲殼動物的影響主要體現在對個體滲透壓的影響。研究表明，保持體內滲透壓平衡的主要離子是 Na^+ 和 Cl^-，甲殼動物鰓內薄層隔膜細胞內陷膜上的 Na^+-K^+-ATPase 可將細胞中的 Na^+ 轉運到血淋巴當中，使細胞內 Na^+ 局部降低，促使外界的 Na^+ 進入體內，這一過程需要 ATP 釋放能量，以增加體內的代謝水準（王悅如等，2012）。有報導指出，當外界鹽度突變時，中華絨螯蟹的 Na^+-K^+-ATPase 的活性顯著增加，而且活力隨時間的延長而上升（王順昌等，2003）。甲殼動物在調節體內的滲透壓和離子平衡時，需要消耗大量的能量，使體內營養物質的代謝增加。當鹽度發生變化時，中華絨螯蟹雌性親蟹的耗氧率和排氨率受到顯著影響，此時，個體滲透調節作用中的能源物質以脂肪供能為主（莊平等，2012）。在急性鹽度脅迫條件下，機體優先分解醣類物質以獲得所需的能量，且鹽度越高，體內葡萄糖的消耗越快，對蛋白質類物質利用次之，主要是將蛋白質分解為游離胺基酸以維持滲透壓平衡（王悅如等，2012）。在外界鹽度發生變化時，甲殼動物透過消耗體內更多的能源物質來擷取能量，用以調節自身的滲透壓，使之保持平衡，從而減少鹽度變化對個體內環境的影響，達到保持內環境穩定的目的。

依據對外界環境鹽度的適應能力，甲殼類動物可分為狹鹽性甲殼動物和廣鹽性甲殼動物。狹鹽性甲殼動物只能被動尋找與自身滲透壓相同、鹽度較穩定的環境生存；廣鹽性甲殼動物可以透過調節自身滲透壓水準，來適應環境中鹽度的變化（馮廣朋等，2013）。無論是狹鹽性還是廣鹽性甲殼動物，都對鹽度有一定的耐受範圍，如果超出這個範圍，甲殼動物就會因體內滲透壓調節不及時或無法調節而死亡（焦海峰等，2004；張玉玉等，2010）。不同的生物對鹽度的耐受範圍不同，日本囊對蝦的鹽度適應範圍為 7～42，最適生長鹽度範圍為 17～32，鹽度 27 時生長最快（蔣湘等，2017）。黑斑口蝦蛄的存活鹽度範圍為 14～36，較適宜的鹽度為 18～30（吳耀華等，2015）。鹽度對口蝦蛄的存活、攝食和生長發育同樣有著明顯的影響，且這些影響與個體所處的發育階段有關。本節論述了鹽度對口蝦蛄 Z_9～Z_{11} 期假溞狀幼體、仔蝦和成蝦的適應能力與攝食的影響。研究結果顯示，口蝦蛄 Z_9～Z_{11} 期假溞狀幼體（體長19.82～25.51mm）在初始鹽度 27 的條件下，能適應鹽度幅度 9 的突然變化；在漸變條件下，存活的鹽度下限為 6，上限為 54（劉海映等，2012）。而仔蝦階段的口蝦蛄，能適應鹽度突變幅度為 6，即鹽度從 27 突變至 21 或 33 時，12h 內幾乎沒有死亡現象，攝食率也沒有顯著變化；在漸變條件下，鹽度分別從 24 降到 11 和從 30 增加到 44，口蝦蛄仔蝦的活動均不受影響。相比於 Z_9～Z_{11} 期假溞狀幼體和仔蝦，口蝦蛄成蝦的行為在鹽度 24～36 範圍內不受波動的影響；而漸變條件下，成蝦的生存範圍為 12～46（劉海映等，2006）。

一、鹽度對口蝦蛄後期假溞狀幼體存活和攝食的影響

在室內實驗條件下，觀察了鹽度對口蝦蛄 Z_9 ～ Z_{11} 期假溞狀幼體（體長 19.82～25.51mm）存活和攝食的影響。實驗對象暫養條件為鹽度為 27、pH8.45～8.60、水溫 22～24℃，投餵體長 5.19～8.91mm、平均體重 0.058g 的鮮活糠蝦。

鹽度是海洋生物生活的一個重要環境因素，海洋生物透過體液滲透壓的調節機能，對鹽度有著一定的適應性。它包括兩個方面：一是鹽度漸變狀態下的適應性，二是鹽度突變狀態下的適應性。透過設置鹽度突變和鹽度漸變兩種類型實驗觀察鹽度影響。其中，鹽度突變實驗為實驗對象生活環境從鹽度 27 直接變為鹽度 51、48、45、42、39、36、33、30、27、24、21、18、15、12 和 9。每個鹽度組設 3 個平行組，每個平行被觀察實驗對象為 15 尾。實驗期間，每 12h 換水量為總量的 1/6～1/5。記錄鹽度變化後實驗對象的生活狀態、存活情況及攝食情況，其中死亡的判定標準為實驗對象喪失游泳能力、附肢不能活動、對外來刺激無反應。實驗持續 24h，其間，實驗對象全部死亡的最高和最低鹽度被認定為實驗對象的極值鹽度。鹽度漸變實驗分為高鹽漸變和低鹽漸變兩部分，高鹽漸變為實驗對象的生活環境鹽度從 33 逐漸升高，速率為每 12h 增加 1；低鹽漸變為實驗對象的生活環境鹽度從 24 逐漸降低，速率為每 12h 減少 1；兩部分實驗均以實驗對象全部死亡為結束象徵。

以 24h 半致死鹽度（Median Lethal Salinity-24，MLS-24）和平均存活時間（Mean Survival Time，MST）衡量實驗對象的耐鹽能力。其中，MLS-24 定義為鹽度驟變後 24h 實驗對象平均 50％個體死亡的鹽度，MST 被定義為鹽度驟變後實驗對象的平均存活時間。實驗對象 12h 的平均攝食量根據投餌量、殘餌量和餌料的平均體重估算，公式表達為：攝食量（g）＝（投餌量－殘餌量）×0.058。投餌 12h 後觀察糠蝦被攝食情況，當糠蝦剩餘部分多於其身體的一半時，認為未被攝食；剩餘部分少於身體一半時，認為完全被攝食，以此統計殘餌量。

（一）鹽度突變對口蝦蛄溞狀幼體存活的影響

鹽度變幅及耐受時間對口蝦蛄 Z_9 ～ Z_{11} 期假溞狀幼體的活力、行為和存活均存在影響（表 4－2），表現為隨變幅增加和耐受時間的持續，實驗對象出現活力下降和死亡率升高的趨勢。當鹽度從 27 突變至 18 或 36，口蝦蛄 Z_9 ～ Z_{11} 期假溞狀幼體 2h 內無個體死亡，且絕大多數個體的生活狀態正常；隨著鹽度變幅增加，實驗對象在 2h 內開始出現死亡的現象；當實驗目標鹽度達到 9 或 51，實驗對象在 2h 內全部死亡。而隨著耐受時間的延續，鹽度變幅 9 的範圍內 2h 未出現個體死亡現象的實驗組，在 24h 實驗結束時，死亡率較對照組

（目標鹽度 27）增加了 1～3 倍。

表 4－2　鹽度突變對口蝦蛄溞狀幼體存活的影響

目標鹽度	時間（h）			
	2	6	12	24
9	15min 內全部沉入水底，2h 內全部死亡	—	—	—
12	活力明顯減弱，死亡率達 60%	躺在水底基本不動，死亡率為 87%	全部死亡	—
15	活力減弱，死亡率為 11.1%	多數躺在水底基本不動，死亡率為 15.6%	死亡率為 37.8%，個別的存活個體游泳足可動	死亡率為 66.7%，存活的個體活力很差，躺在水底不動
18	大多數個體狀態正常，無死亡	出現死亡，存活個體活力正常，死亡率為 6.7%	存活個體活力較好，死亡率為 17.8%	死亡率為 22.2%，個別存活個體活力較差，游泳能力減弱
21	狀態正常，無死亡	出現死亡，死亡率為 6.7%，存活個體活力很好	死亡率為 15.6%，存活個體無異常	死亡率為 20%，存活個體無異常
24	狀態正常，無死亡	狀態正常，無死亡	出現死亡，死亡率為 8.9%，存活個體活力很好	死亡率為 15.6%，存活個體無異常
27	狀態正常，無死亡	狀態正常，無死亡	出現死亡，死亡率為 2.2%，存活個體活力無異常	死亡率為 6.7%，存活個體表現正常
30	狀態正常，無死亡	出現死亡，死亡率為 2.2%，存活個體活力很好	死亡率為 6.7%，存活個體活力很好	死亡率為 17.8%，存活個體表現正常
33	狀態正常，無死亡	出現死亡，死亡率為 2.2%，存活個體無異常	死亡率為 8.9%，存活個體表現正常	死亡率為 17.8%，存活個體無異常
36	狀態正常，無死亡	出現死亡，死亡率為 6.7%，存活個體無異常	死亡率為 17.8%，存活個體活力較好	死亡率為 22.2%，存活個體表現正常
39	死亡率為 4.4%，存活個體狀態正常	死亡率為 11.1%，個別存活個體活力減弱	死亡率為 20%，存活個體多數正常，個別活力較差	死亡率為 31.1%，存活個體多數正常，少數游泳能力較弱
42	活力減弱，死亡率為 15.6%	死亡率為 20%，存活個體游泳能力明顯變弱	死亡率為 35.6%，多數存活個體躺在水底基本不動，少數的個體可稍游動	死亡率為 42.2%，多數存活個體躺在水底基本不動

（續）

目標鹽度	時間（h）			
	2	6	12	24
45	活力明顯減弱，死亡率為 28.9%	死亡率為 46.7%，存活個體躺在水底基本不動，個別的游泳足在動	死亡率為 77.8%，存活個體躺在水底基本不動	死亡率達 91.1%，存活個體躺在水底基本不動
48	半小時內全部沉入水底，2h 死亡率為 80%	死亡率為 93.4%，存活個體活力很差，躺在水底基本不動	全部死亡	—
51	半小時內死亡率超過 50%，2h 內全部死亡	—	—	—

統計鹽度突變實驗結束時的實驗對象存活數據（圖 4－7），鹽度在 18～36，口蝦蛄 Z_9～Z_{11} 期假溞狀幼體呈現了較好的適應性，存活率超過 77.8%，且存活的個體活力很好。實驗期間，對照組（鹽度 27）實驗對象出現了 6.7%的死亡率，可能是實驗對象的自然死亡造成的。當突變的目標鹽度低於 18 或高於 36 時，實驗對象的存活率顯著下降（$P<0.05$）；鹽度降到 12 或升到 48 時，實驗對象在 12h 內全部死亡；鹽度降到 9 或升到 51 時，實驗對象在短時間內全部沉到水底，30min 內死亡率超過 50%，2h 內全部個體死亡。由此認為口蝦蛄 Z_9～Z_{11} 期假溞狀幼體的適鹽範圍為 18～36，適應突變鹽度的下限為 12，上限為 48。

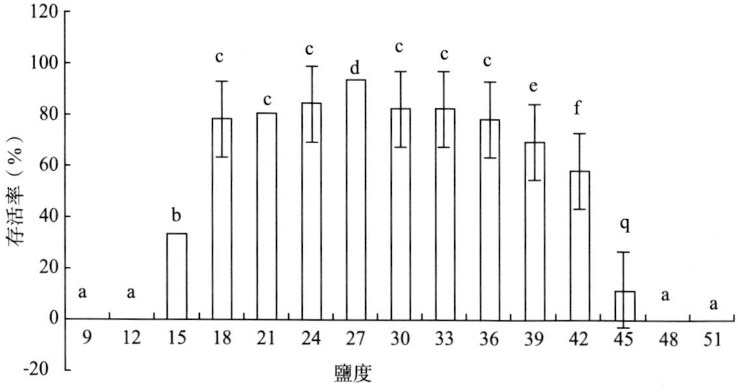

圖 4－7　鹽度突變下口蝦蛄假溞狀幼體 24h 的存活率

根據實驗結束時仍有存活個體的實驗組（鹽度 15～45）的實驗對象死亡率數據，利用迴歸方程計算得到口蝦蛄 Z_9～Z_{11} 期假溞狀幼體的 24h 半致死鹽度分別為 15.94 和 41.13。基於實驗開始 2h 後仍有存活個體的極限鹽度實驗組（鹽度 12 和鹽度 48）資訊，得到口蝦蛄 Z_9～Z_{11} 期假溞狀幼體平均存活時間分別為 4.4h 和 3.2h。

（二）鹽度突變對口蝦蛄溞狀幼體攝食的影響

鹽度突變對口蝦蛄 Z_9～Z_{11} 期假溞狀幼體攝食量的影響體現在高鹽和低鹽條件下，攝食減弱或停止攝食（圖 4－8）。實驗期間發現，鹽度為 27、30 和 33 時，口蝦蛄 Z_9～Z_{11} 期假溞狀幼體的平均攝食量無組間差異，但顯著高於其他組（$P<0.05$）；鹽度降至 18 或升至 42，實驗對象的攝食明顯減弱，而當鹽度低於 15 或高於 45 時，實驗對象基本不攝食。

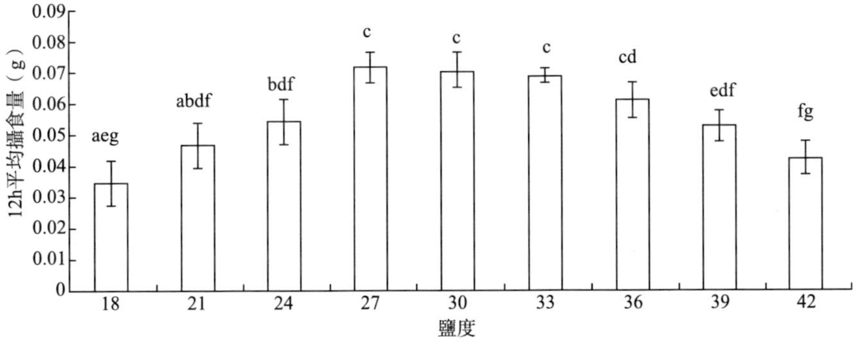

圖 4－8　鹽度突變下口蝦蛄假溞狀幼體 12h 個體平均攝食量

（三）鹽度漸變對口蝦蛄溞狀幼體存活的影響

在鹽度漸變實驗中，當鹽度從 24 逐漸降低到 21 和從 33 逐漸升高到 36 時，口蝦蛄 Z_9～Z_{11} 期假溞狀幼體開始出現死亡的現象（圖 4－9）；鹽度繼續降低到 11 或升高到 44 時，實驗對象的死亡率超過 50%；鹽度降到 6 或升到 54 時，實驗對象在 12h 內全部死亡。因此，可認為口蝦蛄 Z_9～Z_{11} 期假溞狀幼體存活的鹽度範圍是 6～54。

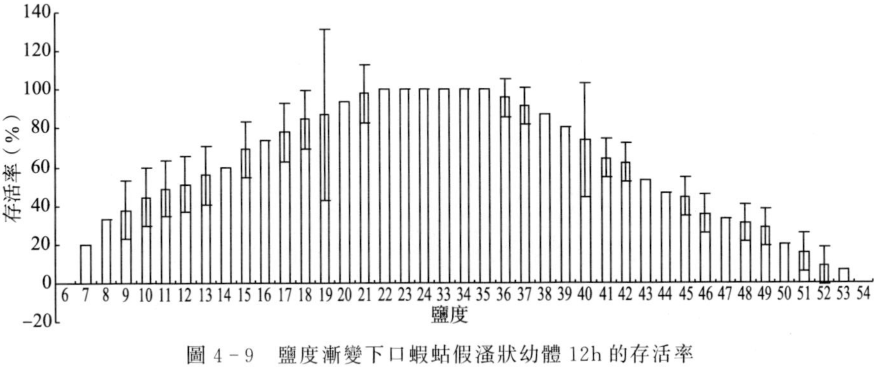

圖 4－9　鹽度漸變下口蝦蛄假溞狀幼體 12h 的存活率

二、鹽度對口蝦蛄仔蝦生長和存活的影響

實驗對象來源於盤錦光合蟹業公司池塘生態育苗無損傷、活力好的假溞狀幼體，經室內人工飼育至具有掘穴性的口蝦蛄仔蝦進行實驗，實驗個體平均溼重 4.2mg，餌料為鮮活黑褐新糠蝦。實驗海水經充分曝氣和砂濾，鹽度 28，pH 6～7，水溫 23～24℃，溶氧約 6mg/mL。試驗用容器為長方形白色塑膠盒(長×寬×高：280mm×220mm×110mm)，高錳酸鉀溶液消毒處理後使用。

實驗設置鹽度突變和鹽度漸變兩組。其中，鹽度突變實驗為實驗對象生活環境從鹽度 27 直接變為鹽度 51、48、45、42、39、36、33、30、27、24、21、18、15、12 和 9。每個鹽度組設 3 個平行組，每個平行被觀察實驗對象為 15 尾。實驗期間，每 12h 換水量為總量的 1/6～1/5。記錄鹽度變化後實驗對象的生活狀態、存活情況及攝食情況，其中死亡的判定標準為實驗對象喪失游泳能力、附肢不能活動、對外來刺激無反應。實驗持續 24h，其間，實驗對象全部死亡的最高和最低鹽度被認定為實驗對象的極值鹽度。鹽度漸變實驗分為高鹽漸變和低鹽漸變兩部分，高鹽漸變為實驗對象的生活環境鹽度從 30 逐漸升高，速率為每 12h 增加 1；低鹽漸變為實驗對象的生活環境鹽度從 24 逐漸降低，速率為每 12h 減少 1；兩部分實驗均以實驗對象全部死亡為結束象徵。

(一) 鹽度突變對口蝦蛄仔蝦存活的影響

口蝦蛄仔蝦對鹽度突變的適應性呈現階梯狀特點（圖 4－10）。當生活環境的鹽度從 27 直接變化到 21～33，實驗對象在 12h 內幾乎沒有死亡的現象，24h 只有少量個體死亡，與變化前（鹽度 27）的對照組比，存活率無顯著性差異（$P>0.05$）；當突變的目標鹽度為 18、36 和 39 時，實驗對象表現出對鹽度變化的不適應性，24h 的死亡率約為 50%，與初始鹽度組（鹽度 27）的存活率差異顯著（$P<0.05$）；當將實驗對象直接投入鹽度 15、42 和 45 的環境

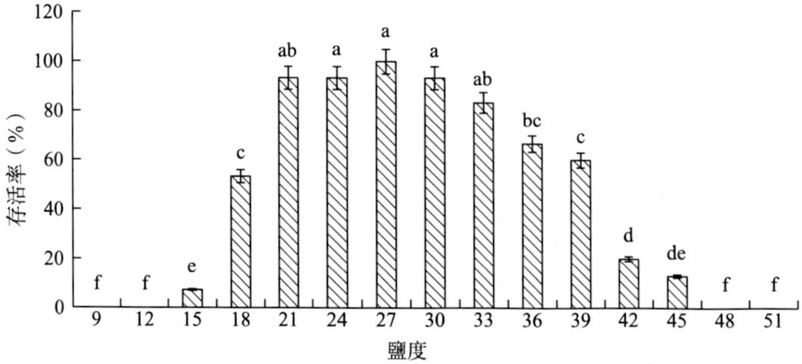

圖 4－10　鹽度突變 24h 口蝦蛄仔蝦存活率

後，個體蟄伏於水底，出現活力降低和運動行為受限的特徵，12h 內大量死亡，24h 內僅有極少數個體存活，與初始鹽度組比，存活率出現極顯著差異（$P<0.01$）；當鹽度低於 12 或者高於 48 時，實驗對象在短時間內完全死亡。實驗說明鹽度 21～33 是口蝦蛄仔蝦生活的最適鹽度範圍；鹽度 15～18 和36～45 是適應鹽度突變的耐受範圍，在這個範圍之內，口蝦蛄仔蝦的運動行為受到一定的限制性影響；鹽度 12 和 48 是極限突變鹽度，當鹽度突變超出 12～48，口蝦蛄仔蝦因無法適應對應的鹽度條件或無法適應劇烈變化的鹽度而出現死亡。

（二）鹽度突變對口蝦蛄仔蝦攝食的影響

鹽度突變條件下的口蝦蛄仔蝦攝食率呈現與存活率類似的階梯狀特點（圖 4－11）。當突變的目標鹽度在範圍 21～33 時，口蝦蛄仔蝦的平均攝食率差異不顯著（$P>0.05$），此時表現為實驗對象的攝食慾望強烈，攝食行為活躍；當鹽度突變為 18 和 36 時，鹽度的影響開始顯現，此時實驗對象的平均攝食率顯著下降（$P<0.05$），表現為個體的活躍度下降和攝食量減少；當鹽度降至 15 或升高至 39～45 時，實驗對象的平均攝食率明顯降低，與對照組（鹽度 27）有極顯著差異（$P<0.01$），此時表現為個體匍匐於水底，較少游泳和捕食；當鹽度低於 15 或高於 45 時，實驗對象幾乎沒有攝食行為的發生，此時表現為個體對目標鹽度和鹽度變化幅度無法適應，瀕臨死亡。

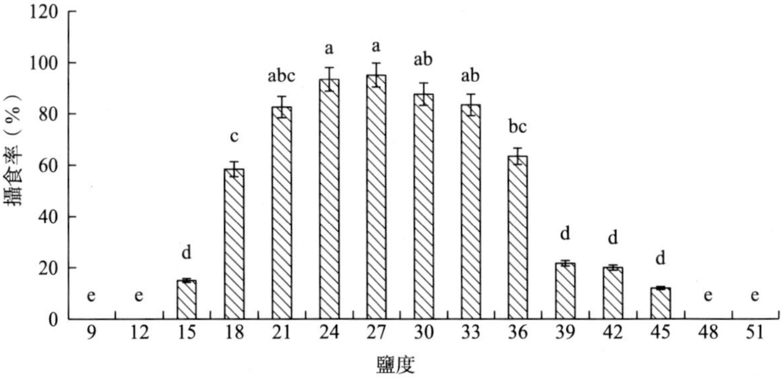

圖 4－11　鹽度突變對口蝦蛄仔蝦攝食的影響

（三）鹽度漸變對口蝦蛄仔蝦存活的影響

無論是鹽度從 30 升高還是從 24 降低，口蝦蛄仔蝦的存活率均出現隨鹽度變化逐漸降低的現象（圖 4－12、圖 4－13）。在鹽度漸變升高過程中，當鹽度從 30 逐漸升高至 32，實驗對象的存活率呈現小幅下降；之後隨鹽度升高至 39，存活率降低的速率略有減小；鹽度繼續升高至 44，存活率降低的速率較鹽度 32～39 略增加；鹽度在 45～54，存活率隨鹽度的增加呈快速下降的趨勢；當鹽度超過 55 時，實驗對象全部死亡，存活率降為 0。在鹽度漸變降低過程中，當鹽度從 24 降至 19，雖然存活率持續降低，但降速較小，存活率保持在較高的水準；鹽度在 11～19 的範圍內，實驗對象的存活率維持在較穩定的水準；當鹽度低於 11，實驗對象死亡數量激增，存活率急遽下降；在鹽度低於 5 時，實驗個體全部死亡。實驗說明，在鹽度 11～44 範圍內，口蝦蛄仔蝦對鹽度漸變具有較好的適應性，運動和攝食行為基本不受影響；鹽度 5～54 是口蝦蛄仔蝦的存活範圍，低於 5 或高於 54，口蝦蛄仔蝦完全不能適應。

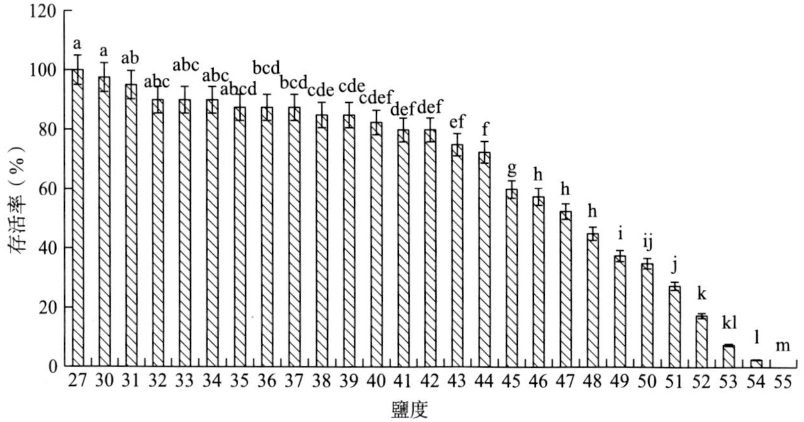

圖 4－12　鹽度漸變升高條件下口蝦蛄仔蝦的存活率

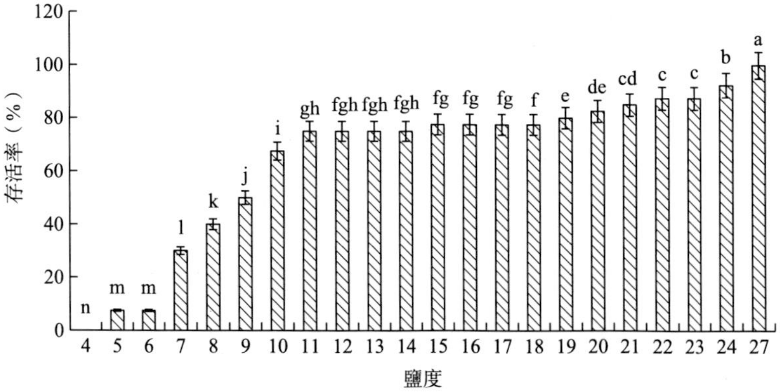

圖 4－13　鹽度漸變降低條件下口蝦蛄仔蝦的存活率

(四) 鹽度漸變對口蝦蛄仔蝦攝食的影響

隨鹽度的變化，無論是升高還是降低，口蝦蛄仔蝦的攝食率均呈減小的趨勢（圖 4－14、圖 4－15）。當鹽度從 24 降低至 19，實驗對象的攝食率基本沒有變化，個體表現為攝食慾望強烈，攝食量較大；鹽度下降至 18～9 時，實驗對象的攝食明顯受到鹽度條件的抑制，攝食率急遽減少；鹽度降至 8，實驗對象基本不攝食，瀕臨死亡；鹽度降至 5，全部個體死亡。當鹽度從 30 開始升高，在 30～33 範圍內，實驗對象的攝食基本不受影響，攝食率沒有明顯變化；隨著鹽度升高至 44，實驗對象的攝食率持續下降；鹽度 45 時，攝食率突然出現明顯降低的現象直至鹽度 49，此時鹽度條件對實驗對象的攝食行為表現出明顯的抑制作用；鹽度 50～54，實驗對象幾乎不攝食；鹽度高於 55，全部死亡。

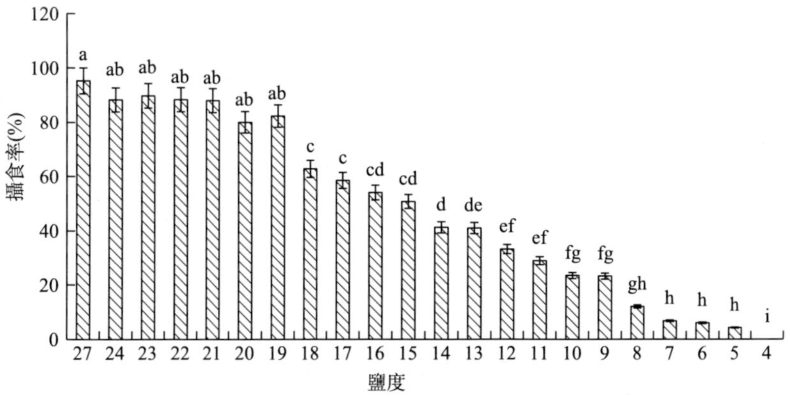

圖 4－14　鹽度漸變降低條件下口蝦蛄仔蝦的攝食率

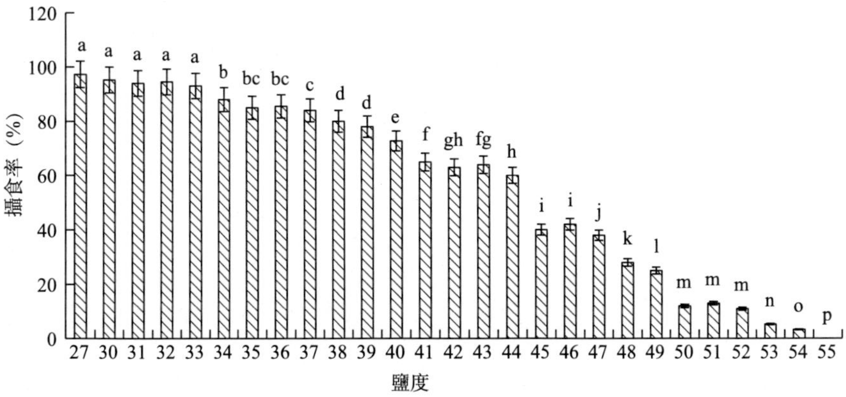

圖 4－15　鹽度漸變升高條件下口蝦蛄仔蝦的攝食率

三、鹽度對口蝦蛄成蝦存活和生長的影響

實驗用口蝦蛄取自大連沿海，體重13～35g。過濾海水暫養，暫養密度50尾/m^3，水溫23～26℃，鹽度32±1，pH 7.8～8.2，溶解氧大於5mg/L。

鹽度突變和鹽度漸變兩種環境下觀察口蝦蛄成蝦的狀態。其中，鹽度突變實驗分別以起始鹽度32、28和24各進行一次，鹽度瞬間變化幅度分別為4、6、8、10、12、14、16；每組6尾個體，記錄實驗對象的生活狀態、活力以及存活等情況。鹽度漸變實驗的高鹽起始鹽度為32，低鹽的起始鹽度為24；每隔2d改變水體鹽度值，變化幅度為1；每組6尾個體，每次調整鹽度後記錄實驗對象的狀態、活力以及存活等情況，直至個體全部死亡。

鹽度對生長影響的實驗，設置20、24、28、32和36共5個鹽度組，每組6尾個體，平均體重（21.8±4.0）g。實驗持續30d，每10d測量體重。

（一）鹽度突變對口蝦蛄成蝦存活的影響

高鹽突變實驗中，隨著鹽度上升，實驗對象逐漸出現不適直至死亡的現象（表4-3）。鹽度變化在36範圍內，實驗對象無不適和死亡的現象；當鹽度升高到38，實驗對象出現個體不適症狀，表現為部分個體身體微弓，側臥水底，但無死亡現象。當鹽度升到40時，鹽度24組內出現死亡個體，其他組未有個體死亡現象，可能與鹽度突變幅度有關。當鹽度升到44時，3組實驗對象全部死亡。

表4-3　鹽度突變上升條件下口蝦蛄成蝦的存活狀況

終點鹽度	初始鹽度		
	24	28	32
28	狀態正常，無死亡	—	—
32	狀態正常，無死亡	狀態正常，無死亡	—
36	狀態正常，48h無死亡	狀態正常，48h無死亡	沒有異常表現，96h之內無死亡
38	身體微弓，活力較弱，靜伏於水底，48h內無死亡	個別出現不安現象，持續游泳1h，然後靜伏於水底，存活48h	活力較弱，48h內正常存活
40	活力較弱，身體微弓伏於水底，48h內死亡1尾	靜伏於水底，活力較弱，48h內無死亡	15min後恢復活力，48h之內無死亡
42	身體微弓，側身或仰身於水底，1h後個別恢復游泳能力，24h死亡4尾，其他存活48h	個別身體微弓伏於水底，20分鐘恢復活力，24h內死亡3隻，其他存活48h	身體微弓伏於水底，30min後恢復游泳能力，半數以上出現不安，不斷游泳，持續近一個小時，48h之內死亡1尾

（續）

終點鹽度	初始鹽度		
	24	28	32
44	側身或仰身於水底，6h 全部死亡	身體微弓，側身或仰身於水底，24h 全部死亡	4h 之內 6 尾全部死亡

鹽度突變下降實驗中，隨著鹽度降低和變幅增大，實驗對蝦呈現逐漸不適和死亡的現象（表 4－4）。當鹽度降到 24，實驗對象無異常反應。當鹽度降到 20，個別實驗對象出現活力減弱的現象，但經過短時間的適應，可重新恢復游泳能力，在鹽度 28 和鹽度 32 組，各出現 1 尾死亡的現象。當鹽度降到 18，實驗對蝦呈現持續的活力減弱，個別身體微弓的現象，死亡數量相應地增加。當鹽度降到 16 時，實驗對蝦全部死亡。

表 4－4　鹽度突變下降條件下口蝦蛄成蝦的存活狀況

終點鹽度	初始鹽度		
	24	28	32
28	—	—	沒有異常表現，96h 之內無死亡
24	—	狀態正常，48h 無死亡	沒有異常表現，96h 之內無死亡
20	個別活力弱，10min 內恢復游泳能力，48h 無死亡	15min 內恢復游泳能力，30min 後靜伏於水底，6h 死亡 1 尾，其他存活 48h	20min 內恢復游泳能力，30min 後靜伏於水底，6h 死亡 1 尾，其他存活 48h
18	活力減弱，個別身體微弓，48h 內死亡 2 尾	20min 內恢復游泳能力，24h 內無死亡，24～48h 死亡 5 尾	10min 內恢復游泳能力，個別個體持續游動 1h，24h 內死亡 1 隻，24～48h 死亡 3 隻
16	身體微弓，全部側身或仰身於水底，僅個別能恢復游泳能力，但游泳能力較弱，6h 後 6 尾全部死亡	身體微弓，全部側身或仰身於水底，6h 後 6 尾全部死亡	身體微弓，側身或仰身於水底，6h 後 6 尾全部死亡

（二）鹽度漸變對口蝦蛄成蝦存活的影響

隨鹽度變化，實驗對象對不同鹽度呈現不同的適應性。當鹽度從 24 逐漸降到 16 時，實驗對象出現死亡現象，死亡 1 尾。當鹽度降到 12 時，實驗個體在 24h 內全部死亡。當鹽度從 32 升高到 38 時，實驗對象開始出現不適症狀，部分個體身體微弓，側臥於水底，但無死亡現象。鹽度繼續升高到 44 時，出現死亡現象，死亡 2 尾。當鹽度上升到 46 時，剩餘實驗個體全部死亡。由此可見，口蝦蛄存活的低鹽度極限為 12，高鹽度極限為 46。

(三) 鹽度對口蝦蛄成蝦生長的影響

鹽度對口蝦蛄體重增長有較明顯的影響（圖 4－16）。鹽度在 24～36，實驗對象的體重隨時間的延續均呈增長的趨勢，鹽度 32 組個體的體重增長最快，鹽度低於或高於 32 時，隨著鹽度的升高和降低，與鹽度為 32 時相比，體重的增長速率均呈下降趨勢。因此認為，口蝦蛄生長的最適鹽度在 32 左右。

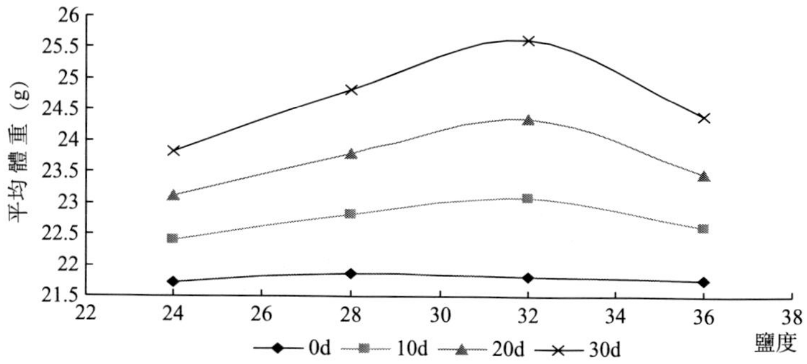

圖 4－16　鹽度與口蝦蛄體重增長的關係

四、結　語

鹽度是影響海洋生物生長與存活的重要自然環境因子，不同種類的生物對環境因子有不同的適應性。據報導，黑斑口蝦蛄存活最適宜的鹽度是 24.20～29.51，存活的低鹽度極限為 6.02，高鹽度極限為 38.64（吳琴瑟等，1997）。與黑斑口蝦蛄的生存鹽度範圍相比，大連沿岸口蝦蛄生存鹽度範圍更廣，生存鹽度範圍下限比黑斑口蝦蛄的低 4.20，上限比黑斑口蝦蛄的高 10.49，同時高鹽度極限也要高出 5.36（此數字是以突變狀態結果計算，而相關的黑斑口蝦蛄生存極限鹽度研究報導中，未對實驗的狀態進行說明），生存的低鹽度極限也較黑斑口蝦蛄的鹽度下限高 9.98。對鹽度環境的適應，差異不僅存在於不同種類間，即使同一生物，因地理分布和棲息地環境的不同，也會產生不同的適應性（梅文驤等，1993）。關於口蝦蛄的研究報導，浙江沿岸口蝦蛄適鹽範圍是 12～35，最適宜的鹽度 23～27；而大連沿海口蝦蛄對鹽度的適應範圍略高於浙江沿岸的口蝦蛄的適應範圍，生存鹽度範圍是 20～40，生活適宜鹽度範圍是 24～36。主要表現為大連沿岸口蝦蛄生存鹽度下限較浙江沿岸口蝦蛄的高 8，上限高 5；兩個不同地理種類生活適宜的鹽度下限基本相同，而下限卻有著 9 的差距。研究結果再次證明，不同種的生物對環境因子會有不同的適應性，而對於同種類生物，地理分布和環境因子的不同，是影響適應性的主要因素（徐海龍，2005）。

鹽度作為重要的非生物因子，對甲殼類動物個體的生命活動的影響，還與生物的發育階段有關。實驗結果表明，相比於口蝦蛄成蝦，Z_9～Z_{11}期假溞狀幼體和仔蝦對鹽度的適應範圍更廣。在鹽度突變條件下，口蝦蛄Z_9～Z_{11}期假溞狀幼體和仔蝦的耐受範圍為15～45，廣於成蝦的耐受範圍16～44。這可能是由於口蝦蛄成蝦的運動能力強，從而其主動適應環境的能力也強，更容易尋找到適宜生存的環境，進而對外界環境的感知更為敏感。另外，口蝦蛄的成蝦在洞穴內生活，洞穴也會對其起到較好的保護作用。而口蝦蛄Z_9～Z_{11}期假溞狀幼體和仔蝦的游泳能力弱，更多時候處於被動適應環境的狀態，對環境的適應能力差，因此只有透過適應更寬幅度的鹽度環境以增加存活機率。另外，相比於成蝦，口蝦蛄Z_9～Z_{11}期假溞狀幼體營浮游生活，海水上層的鹽度變化與海底相比變化幅度大，生活環境的差異造成Z_9～Z_{11}期假溞狀幼體的鹽度耐受範圍比成蝦寬。口蝦蛄仔蝦由假溞狀幼體蛻皮變態而來，個體在變態初期保存了假溞狀幼體的部分特性，所以前期的口蝦蛄仔蝦的鹽度耐受範圍與假溞狀幼體相同。但漸變實驗結果顯示，口蝦蛄仔蝦的耐受範圍為5～54，寬於假溞狀幼體的7～53（劉海映等，2012）。說明隨著個體的發育，幼體自身的調節機制逐漸完善，對外界鹽度變化的適應能力逐漸增強（鄭美芬，1999；魏國慶等，2013）。同時，口蝦蛄仔蝦由假溞狀幼體變態發育而來，個體結構已經與成蝦相差無幾，與假溞狀幼體相比，仔蝦外表新生的硬殼可以很好保護仔蝦，抵抗外界鹽度變化對個體內環境的影響能力更強，即仔蝦對鹽度變化具有更強的適應能力，所以口蝦蛄仔蝦鹽度的耐受範圍比假溞狀幼體廣。然而，口蝦蛄仔蝦對漸變鹽度的耐受範圍也寬於成蝦的耐受範圍（12～46），認為這可能與仔蝦的生活環境有關。口蝦蛄仔蝦是從浮游生活向底棲生活過渡的階段，個體所面臨的生存環境更加複雜，需要對鹽度的適應範圍更廣。

鹽度主要透過影響滲透壓而對蝦蟹類生物產生影響，蝦蟹類一般透過調節自身滲透壓來適應環境的變化，調節過程需要消耗能量，從而影響個體的攝食和生長（王沖等，2010）。在鹽度突變的條件下，口蝦蛄仔蝦的適宜攝食鹽度範圍為21～33。在此範圍內的仔蝦個體攝食活躍，食慾旺盛，鹽度對個體的攝食影響不顯著。隨著鹽度突變範圍的擴大，口蝦蛄仔蝦的攝食顯著降低，體內代謝更多的能量供給機體對外界鹽度的抵抗作用，從而影響到個體的攝食行為，而且大幅度的鹽度變化對個體體內的酶等物質的活性產生影響，個體代謝平衡被打破，內環境的穩定被破壞，也影響到了其攝食的行為。與鹽度環境突變相比較，漸變環境中口蝦蛄仔蝦適宜攝食的鹽度範圍更廣，為19～38，且攝食率均在80%以上，說明口蝦蛄仔蝦對於鹽度漸變環境的適應性要強於突變。說明增加適應時間和減小變化的梯度，口蝦蛄仔蝦能夠較平穩地將能量用於抵抗鹽度的變化，與鹽度突變相比，對個體攝食的影響較為平緩。王沖等（2010）在鹽度對三疣梭子蟹幼蟹的攝食研究中顯示，鹽度突變比鹽度漸變更明顯地影響幼蟹的攝食，與本試驗所得的結果相吻合。另外，與口蝦蛄 Z_9～Z_{11} 期假溞狀幼體的最佳攝食鹽度 27～33（劉海映等，2012）相比，仔蝦的最佳攝食範圍（21～33）更廣，說明隨著個體生長和生理功能完善，口蝦蛄能更好地適應低鹽度的環境，對外界環境變化的抵抗力更強。

參考文獻

陳琴，陳曉漢，羅永巨，等，2001. 南美白對蝦耗氧率和窒息點的初步測定\ [J\]. 水生態學雜誌，21（2）：14-15.

陳孝漲，鮑新國，2010. 溫度、鹽度對海捕口蝦蛄暫養成活率的影響\ [J\]. 現代漁業資訊，25（8）：22-23.

范德朋，潘魯青，馬甡，等，2002. 鹽度和 pH 對縊蟶耗氧率及排氨率的影響\ [J\]. 中國水產科學，9（3）：43-47.

馮廣朋，盧俊，莊平，等，2013. 鹽度對中華絨螯蟹雌性親蟹滲透壓調節和酶活性的影響\ [J\]. 海洋漁業，35（4）：468-473.

韓曉琳，王好鋒，高保全，等，2014. 低鹽度對不同三疣梭子蟹群體幼蟹發育的影響\ [J\]. 大連海洋大學學報，29（1）：31-34.

蔣湘，謝妙，彭樹鋒，等，2017. 鹽度對日本囊對蝦生長與存活率的影響\ [J\]. 江蘇農業科學，45（16）：152-155.

焦海峰，尤仲杰，竺俊全，等，2004. 嘉庚蛸對溫度、鹽度的耐受性試驗\ [J\]. 水產科學，23（9）：7-10.

廖永岩，吳蕾，蔡凱，等，2007. 鹽度和溫度對中華虎頭蟹（*Orithyia sinica*）存活和攝餌的影響\ [J\]. 生態學報，27（2）：627-639.

林小濤，餘浩德，1999. 不同體重羅氏沼蝦親蝦的代謝\ [J\]. 暨南大學學報：自然科學與醫學版，20（5）：107-111.

劉海映，王冬雪，姜玉聲，等，2012. 鹽度對口蝦蛄假溞狀幼體存活和攝食的影響\ [J\]. 大連海洋大學學報，27（4）：311-314.

劉海映，徐海龍，林月嬌，2006. 鹽度對口蝦蛄存活和生長的影響\ [J\]. 大連水產學院學報，21（2）：180-183.

路允良，王芳，趙卓英，等，2012. 鹽度對三疣梭子蟹生長、蛻殼及能量利用的影響\ [J\]. 中國水產科學，19（2）：237-245.

梅文驤，王春琳，徐善良，等，1993. 口蝦蛄耗氧量、耗氧率及窒息點初步研究\ [J\]. 海洋漁業，6：250-255.

梅文驤，王春琳，張義浩，等，1996. 浙江沿海蝦蛄生物學及其開發利用研究報告\ [J\]. 浙江海洋學院學報：自然科學版，1：1-8.

申玉春，陳作洲，劉麗，等，2012. 鹽度和營養對凡納濱對蝦蛻殼和生長的影響\［J\］. 水產學報，36（2）：290-299.
沈國英，施並章，2002. 海洋生態學\［M\］. 北京：科學出版社.
王沖，姜令緒，王仁杰，等，2010. 鹽度驟變和漸變對三疣梭子蟹幼蟹發育和攝食的影響\［J\］. 水產科學，29（9）：510-514.
王芳，董雙林，1998. 菲律賓蛤仔呼吸和排泄規律的研究\［J\］. 海洋科學，2：2-4.
王順昌，于敏，2003. 中華絨螯蟹在不同鹽度下鰓 Na^{+}/K^{+}-ATPase 和 ALP 活性的變化\［J\］. 安徽技術師範學院學報，17（2）：117-120.
王悅如，李二超，陳立僑，等，2012. 急性高滲脅迫對中華絨螯蟹雄蟹組織中可溶性蛋白質、血藍蛋白、血糖與肝糖原含量的影響\［J\］. 水生生物學報，36（6）：1056-1062.
魏國慶，李曉冬，曹琛，等，2013. 鹽度，溫度對中華虎頭蟹溞狀幼體存活及變態的影響\［J\］. 水產科學，32（12）：706-712.
溫小波，庫夭梅，羅靜波，2003. 溫度，體重及攝食狀態對克氏原螯蝦代謝的影響\［J\］. 華中農業大學學報，22（2）：152-156.
吳琴瑟，趙延霞，1997. 黑斑口蝦蛄生態因子的試驗觀察\［J\］. 湛江海洋大學學報，17（2）：13-16.
吳耀華，趙延霞，2015. 黑斑口蝦蛄對水溫、鹽度和 pH 的耐受性研究\［J\］. 水產科學，34（8）：502-505.
徐海龍，2005. 黃海北部口蝦蛄生活最適溫、鹽環境研究\［D\］. 大連：大連海洋大學.
徐海龍，劉海映，林月嬌，2008. 溫度和鹽度對口蝦蛄呼吸的影響\［J\］. 水產科學，27（9）：443-446.
尹飛，王春琳，周帥，等，2005. 黑斑口蝦蛄幼體不同發育階段的溫度、鹽度耐受性研究\［J\］. 水產科學，24（11）：4-6.
張玉玉，王春琳，李來國，2010. 長蛸的鹽度耐受性及鹽度脅迫對其血細胞和體內酶活力的影響\［J\］. 臺灣海峽，29（4）：452-459.
鄭美芬，1999. 河蟹早期大眼幼體對海水鹽度突變的適應性試驗\［J\］. 河北漁業，5：9-10.
朱小明，李少菁，1998. 生態能學與蝦蟹幼體培育\［J\］. 中國水產科學，5（3）：105-108.
莊平，賈小燕，馮廣朋，等，2012. 不同鹽度條件下中華絨螯蟹親蟹行為及血淋巴生理變化\［J\］. 生態學雜誌，31（8）：1997-2003.
Collinge S K，Holyoak M，Barr C B，et al.，2001 Riparian habitat fragmentation and population persistence of the threatened valley elderberry longhorn beetle in central California\［J\］. Biological Conservation，100（1）：103-113.
Heasman M P，Fielder D R，1983. Laboratory spawning and mass rearing of the mangrove crab，*Scylla serrata*（Forskal），from first zoea to first crab stage\［J\］. Aquaculture，34（3-4）：303-316.
Widdows J，1978. Physiological indices of stress in *Mytilus edulis*\［J\］. Journal of the

Marine Biological Association of the United Kingdom，58（1）：125-142.

第五章

口蝦蛄生理學研究

第一節　口蝦蛄血淋巴細胞形態分析

甲殼動物血淋巴細胞根據細胞質中顆粒的有無、多少及大小分為 3 大類：將完全沒有顆粒或者只有極少數顆粒的血細胞稱為無顆粒細胞或透明細胞，能看到小型顆粒的細胞稱為小顆粒細胞或半顆粒細胞，能觀察到大量大型顆粒的細胞稱為大顆粒細胞或顆粒細胞。可以按照此分類法對口蝦蛄血淋巴細胞進行分析，將其分為無顆粒細胞、小顆粒細胞和大顆粒細胞：

（1）無顆粒細胞，細胞相對較小，多數呈球形或卵圓形。細胞核居中位置，胞質較少，無顆粒或顆粒不明顯。核質比最大，核到壁的距離很小，有些細胞的核膜幾乎與細胞膜貼在一起。細胞染色較深。

（2）小顆粒細胞，細胞較無顆粒細胞大，多數呈球形、卵圓形或橢圓形。細胞質明顯較無顆粒細胞厚，可見明顯的顆粒，但顆粒較少。核質比介於兩者之間。

（3）大顆粒細胞，細胞相對較大，形狀呈多樣化，除卵圓形、橢圓形外，還有梭形、水滴形和不規則形（杭小英等，2007）。

掃描電鏡觀察結果與光鏡觀察結果一致，其中以小顆粒細胞居多（圖 5－1）。

不同個體的口蝦蛄其血細胞的組成有所不同。在口蝦蛄的雄性個體中，大顆粒細胞所占比例最小，但是在雌性個體中，無顆粒細胞的比例最小，這可能是因為血細胞在不同個體中所占比例與個體所處的內在生理狀態以及外界環境條件等因素有關。杭小英等（2007）研究表明，口蝦蛄血淋巴細胞密度為雄性（1.604±1.005）$\times 10^3$ 個/mL，雌性（1.906±1.120）$\times 10^3$ 個/mL，其中小顆粒細胞在循環血細胞總數中所占的比例最大。甲殼動物營養狀態發生變化時，血細胞密度隨之發生變化。蔡雪峰等（2000）關於日本沼蝦的飢餓研究發現，飢餓 7d 後，大顆粒細胞較對照組增加 92.06%，而小顆粒細胞和無顆粒細胞較對照組減少 54.21%，可能是由於造血原粒不足，造血機能下降所致。另外，機體在養殖密度、水溫發生變化或被細菌感染時，血細胞的組成也會改變（于建平，1993），血細胞密度下降意味著機體抗病能力的減弱。無顆粒細胞、小顆粒細胞都具有吞噬能力，且小顆粒細胞對外源物質非常敏感，在防禦

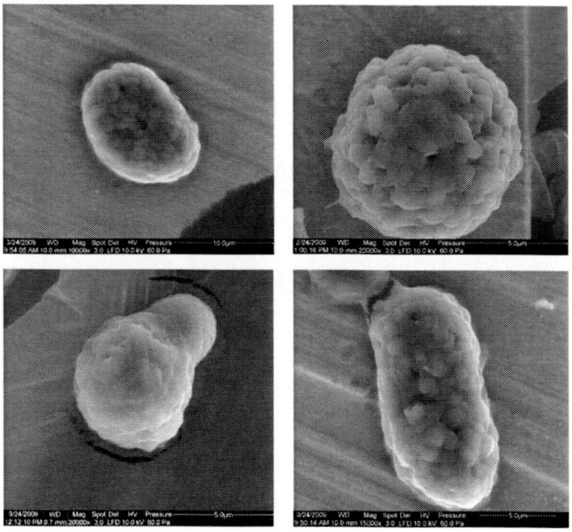

圖 5－1　掃描電鏡下口蝦蛄血淋巴細胞形態

反應中有重要作用。

甲殼動物沒有特異性的免疫系統，其非特異性免疫主要透過血淋巴細胞的吞噬、包囊和形成結節等功能來完成，因此血淋巴細胞在其免疫系統中扮演關鍵角色。血淋巴細胞對自身生理狀態變化和外界環境因子刺激十分敏感，對口蝦蛄血淋巴細胞的觀察有助於了解蝦蛄類的健康狀況及其生活水域的環境狀況，利於尋找增強抗病力的方法預防疾病。

第二節　口蝦蛄的超氧化物歧化酶活力與表達

超氧化物歧化酶（Superoxide Dismutase，SOD）是生物抗氧化酶類的重要成員，超氧自由基（O_2^-）對各種生物大分子及其他細胞組分具有嚴重損傷作用，而超氧化物歧化酶能催化超氧自由基發生歧化反應，作為機體內對抗自由基的一道防線備受關注。目前，已知的 SOD 主要分為 Fe-SOD，Mn-SOD，Cu/Zn-SOD 和 Ni-SOD。它廣泛存在於生物體內，能對外界刺激產生應答，清除機體內活性氧自由基，與生物的抗逆性和對逆境產生的活性氧的消除密切相關，因此常被作為免疫學研究的指標。可透過 NBT 測定方法對不同溫度及不同變溫方式下 SOD 活力的測定，探討溫度對口蝦蛄免疫機能的影響。

一、溫度對口蝦蛄血淋巴細胞超氧化物歧化酶活性的影響

Hennig 和 Andreatta（1998）認為溫度是影響甲殼動物繁殖、代謝、免疫

等生理活動主要因子之一。口蝦蛄為廣溫性種類，其生活區域水溫範圍在6～31℃有報導的最適繁殖溫度在20～27℃（王波，1998）。當口蝦蛄長期處於溫度壓力狀態必然導致機體免疫防禦能力下降，抗病能力減弱，影響生長、繁殖等正常的生理行為。

如圖5-2所示，溫度在12～24℃的範圍內緩慢升降對口蝦蛄血淋巴總SOD酶活力影響不顯著，但迅速改變溫度時（驟升到30℃或驟降到6℃），血淋巴總SOD活力顯著下降（$P<0.05$）。

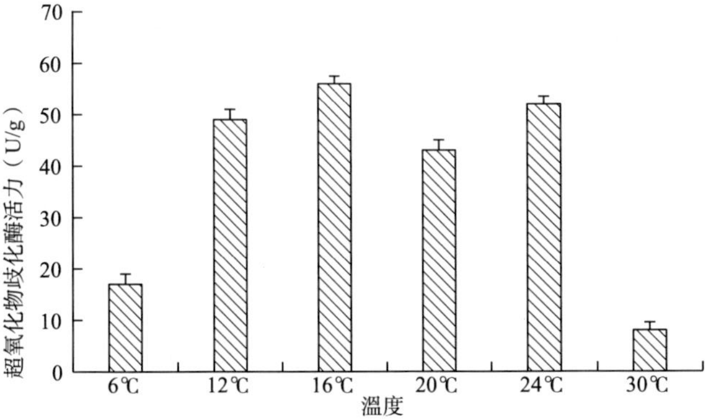

圖5-2　溫度對口蝦蛄血淋巴總SOD活力的影響

超氧化物歧化酶作為一種重要的抗氧化物質，對增強吞噬細胞防禦能力、提高機體免疫功能有重要的作用。當超氧化物歧化酶活力降低時，機體免疫能力隨之下降。本實驗採用NBT光化還原法測定SOD活力，其原理是在有可氧化物質存在條件下核黃素可被光還原，被還原的核黃素在有氧條件下極易再氧化而產生O_2^-，O_2^-可將氮藍四唑還原成藍色物質，在波長560nm處有最大吸光度值。SOD酶可消除O_2^-從而抑制NBT被還原，吸光度值發生改變，因此依據超氧物歧化酶抑制氮藍四唑在光下的還原作用來計算SOD酶活力大小。實驗同時還採用了鄰苯三酚自氧化法和黃嘌呤氧化酶法與NBT法就同一樣品的測定進行了比較。結果表明，黃嘌呤氧化酶法實驗過程較複雜，反應啟動時間一致性不理想，易產生誤差；而鄰苯三酚自氧化法對操作者操作技能要求較高，不適合約時測定大量樣品；而NBT光化還原法反應時間短僅需20min，實驗過程中反應液無需混合節約時間，NBT藥品中的核黃素需遇光反應，容易控制，但是NBT法藥品配製所要求的精確度較高，反應液穩定性較差，反應過程中對光的控制要求嚴格。

養殖生產實踐表明，大多數海水養殖生物的病害都發生在溫度較高季節，並且在溫度發生急遽變化時更易發生病害。口蝦蛄屬變溫動物，雖然是廣溫性種類，但是溫度急遽變化對其生長發育和生理活動影響較大。溫度從 16℃驟升至 30℃或驟降至 6℃，SOD 酶活力急遽下降，說明溫度驟變時，抗氧化系統受到一定程度的影響，超氧陰離子自由基等迅速增加。而這些本具有防禦功能的超氧陰離子同時也作用於機體細胞，使細胞膜中不飽和脂肪酸和磷脂的比例發生改變及膜內蛋白的破壞，引起機體的氧化損傷，造成細胞結構和功能的損害，使機體免疫防禦功能下降（Winston，1991），而此時也正是口蝦蛄容易受到病原生物感染而發病的時刻。可見，口蝦蛄繁育與養殖過程中可以有一定範圍內的溫度變化，但是必須考慮變化速度與幅度。

二、螢光標記對口蝦蛄血淋巴細胞超氧化物歧化酶活性的影響

如圖 5－3 所示，注射螢光標記液的口蝦蛄血淋巴中 SOD 酶的活力均低於未注射的口蝦蛄，在注射後 6～24h 時 SOD 酶活力較低，且在注射後 12h 時，SOD 活力達到最低值，之後慢慢回升。在注射後 2h 和注射後 48h 時 SOD 酶的活力值較接近分別為 75.29 和 70.24。由此可見，體表螢光標記對口蝦蛄免疫能力具有一定的影響作用。

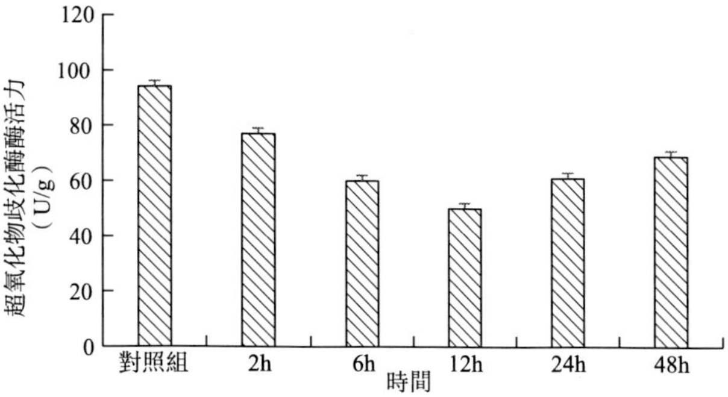

圖 5－3　螢光注射對口蝦蛄血淋巴 SOD 酶活力的影響

三、口蝦蛄 *Mn-SOD* 基因全長 cDNA 的複製與序列分析

為了深入了解口蝦蛄先天免疫狀況，我們利用已經報導的其他物種中 *Mn-SOD* 基因的 mRNA 序列設計了寡聚核苷酸兼併引物，利用 RT-PCR 方法，從口蝦蛄血液中擴增並複製 *Mn-SOD* 基因。應用快速擴增 cDNA 末端（3’，5’ RACE）技術，獲得了口蝦蛄 *Mn-SOD* 基因的全長 cDNA 序列，為以後研究此基因在口蝦蛄體內的表達奠定了基礎。

根據已定序的 cDNA 序列設計 2 對引物，採用巢式 PCR 技術獲得了口蝦蛄血細胞 *Mn-SOD* 基因 cDNA 的 3’端和 5’端。瓊脂糖凝膠電泳檢查結果表

明，3’和 5’RACE 擴增產物分別在 1 200bp 和 500bp 左右（圖 5－4）。

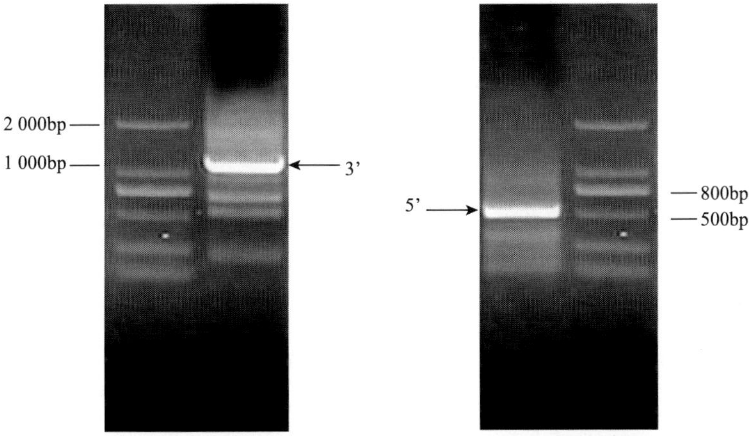

圖 5－4　口蝦蛄 *Mn-SOD* 基因 3’和 5’RACE PCR 擴增產物

回收目的條帶複製定序，與已獲得的部分拼接得到含有完整編碼框的口蝦蛄血細胞 *Mn-SOD* 基因 cDNA 全序列為 1 766bp（去除 polyA）。其中，開放閱讀框（ORF）為 955bp，編碼 350 個胺基酸，5’非翻譯區（5’-UTR）為 68bp，3’非翻譯區（3’-UTR）為 888bp。編碼蛋白的相對分子質量為 28ku，理論等電點為 5.09。口蝦蛄血細胞 Mn-SOD 全序列見圖 5－5。

```
1      AGCAGTGGTATCAACGCAGAGTACGCGGGGGACTGACGATAATTTCAAAGCCCTTGACGGAAGGTGCGTGAACGCCGTGAAGTAAGCTAG  90
91     TTATTCACAATGGCAGAAAAGGATGCATATATCGCAGCTTTGGAGAAGAAGCTGTGGGAGTTGTCAGGAATTGAGGTTGACCAAATAAAG  180
                M  A  G  L  A  A  T  I  A  A  L  G  L  L  L  T  G  L  S  G  I  G  V  A  G  I  Lys  59
181    AAAAATCAGCTGGCAAATGCAGCAGATGAAGCCCAAGCCATTCAGGAGATGGCAACTTACATCTCTGGCATTACTGTCCAGAAACCAGCT  270
60     L  A  G  L  A  A  A  A  A  G  A  G  A  I  G  G  M  A  T  T  I  S  G  I  T  V  G  L  P  A  89
271    GTTGCACTTGCTGGTCAGGTAGACCCTCAGATTGCAACTATTTTCAACCACATAAGGGCAGAGCTTGGTGAAGAACGTGGCGCACATAGT  360
90     V  A  L  A  G  G  V  A  P  G  I  A  T  I  P  A  H  I  A  A  G  L  G  G  G  A  G  A  H  S  119
361    CTCCCACCTTTGAAGTATGATTACAAGGGATTAGAACCGCATATTTCAGGGCTTATTATGGAAATTCATCACACAAAGCACCATCAGGCC  450
120    L  P  P  L  L  T  A  T  L  G  L  G  P  H  I  S  G  L  I  M  G  I  H  H  T  L  H  H  G  A  149
451    TACATTAACAACCTCAAGGCTGGCGTTGAAAAGTTGAATGCAGCAGAAGAAGCAGGTGATACGGCTGCAATTAATGCTCTTTTACCTGCC  540
150    T  I  A  A  L  L  A  G  V  G  L  L  A  A  A  G  G  A  G  A  T  A  A  I  A  A  L  L  P  A  179
541    ATCAAGTTTAATGGAGGAGGACATTTGAACCACACCATTTTCTGGACCAACATGGCACCTGGTGGAGGTGGTACTCCTGAGGGACCATTA  630
180    I  L  P  A  G  G  G  H  L  A  H  T  I  P  T  T  A  M  A  P  G  G  G  G  T  P  G  G  P  L  209
631    GCAGAAGCATTGAATAAAGATTTTGGCTCGTTTCAGGGATTCAAGGACAAGTTTTGTGCTGCAAGTGTTGGTGTTAAGGGGTCAGGTTGG  720
210    A  G  A  L  A  L  A  P  G  S  P  G  G  P  L  A  L  P  C  A  A  S  V  G  V  L  G  S  G  T  239
721    GGCTGGCTTGGTTACTGTCCAAAGGATGACAAATTGGCAGTTGCTACCTGCCAGAATCAAGATCCTCTTCAGCTGACACATGGTCTAGTC  810
240    G  T  L  G  T  C  P  L  A  A  L  L  A  V  A  T  C  G  A  G  A  P  L  G  L  T  H  G  L  V  269
811    CCTCTACTTGGCCTTGATGTGTGGGAACATGCCTACTACCTGCAGTACAAGAATCTGCGTGCAGATTACGCTAAAGCCTTCTTTAATGTT  900
270    P  L  L  G  L  A  V  T  G  H  A  T  T  L  G  T  L  A  L  A  A  A  T  A  L  A  P  P  A  V  299
901    ATCAACTGGTCTAACGTCGGTGAACGTTACACCAAGGCTCGTAAGGAAGCTGGTCATTGACTACCATGTAGCAGAAACTCGCCACTAAAC  990
300    I  A  T  S  A  V  G  G  A  T  T  L  A  A  L  G  A  G  H  E  L  P  C  S  A  A  S  P  L  A  329
991    AAGAATCTTGTGCATAGTGGCGTGCCAGTCCCAAAGGTCACGTCAGCTGTATGTTCTCATCTGTAGATTTTCTTTTTCCCTTTGTTATTG  1080
330    L  A  L  V  H  S  G  V  P  V  P  L  V  T  S  A  V  C  S  H  L                                350
1081   TTTTTGTTTACCTATAATGGCATAAATATTAGTTTTTCCCTTCGTCTTTGAGTATGAAAACCAGTAAGAATAATGTAACCAGAATTACAA  1170
1171   GAAAGTACTTTGCGTTGTTGTATGTTTAAGGATATGGTATTTTCATCAATTGTATGCCTTCAAAATTGTGGCAATATACTTTGGTTTACA  1260
1261   TTTCATATCTGTTAGAAAGTAGTCTTCAGTTTCAAAGGAGCCTTTGGAATCATCCAGCTGAAACTATAGTGAACCCTTAACATTATGCTG  1350
1351   GGATTTGGGGGACGCTGGACTCTGTGATTGTTTAAAGATATATATATTGCTGGTACACCTAAAAAAAAATGGACTACTACTTTATACGTA  1440
1441   CAGGGTGTATAAATAGGTGACAAACACTGTGGATCTTTAAAATAATTGACCAAAATATGAATCTACAGTATGTGGTAGTGAAAACCTGAG  1530
1531   TGGTGACTTCTCTTGTATGGTGGACGAGTACAGTCTGTCGCCTCACCTCTCCCTGCTCACTACCACCCTCCCCACTTCCCACTGCACATC  1620
1621   CTGTTCACAGCTGATGTAGACGAGATGGTATCTGAATGTGTTCCTGGGGGAGGTTCTTCAGTAGGATGGGCAACCTGTAATCATTCCATG  1710
1711   TTGCAAAATCTTTGTGGTGCTGATCTTCAACCCATATGAATAAAGCCTTCATCTAATAAAAAAAAAAAAAAAAAAAAAAAAAAAAAA    1797
```

圖 5－5　口蝦蛄 *Mn-SOD* 基因 cDNA 序列及其推導的胺基酸序列

應用 Clustal X（1.8）軟體對口蝦蛄（*Oratosquilla oratoria*）、克氏原螯蝦（*Procambarus clarkii*）、羅氏沼蝦（*Macrobrachium rosenbergii*）、凡納濱對蝦（*Litopenaeus vannamei*）、日本囊對蝦（*Marsupenaeus japonicus*）、斑節對蝦（*Penaeus monodon*）、三疣梭子蟹（*Portunus trituberculatus*）、暗紋東方魨（*Takifugu obscurus*）、蝦夷扇貝（*Mizuhopecten yessoensis*）、白斑狗魚（*Esox lucius*）、肺吸蟲（*Paragonimus westermani*）、人（*Homo sapiens*）、豬（*Sus scrofa*）、綿羊（*Ovis aries*）、小鼠（*Mus musculus*）、獼猴（*Macaca mulatta*）進行胺基酸序列比對，口蝦蛄各種類同源性分別為：與甲殼類 89%、哺乳類 62%、魚類 61%、貝類 63%，表明口蝦蛄與甲殼類具有較高的同源性。

應用 ClustalX（1.8）軟體對口蝦蛄（*Oratosquilla oratoria*）、鱅（*Hypophthalmichthys nobilis*）、斑馬魚（*Danio rerio*）、暗紋東方魨（*Takifugu obscurus*）、人（*Homo sapiens*）、線蟲（*Caenorhabditis elegans*）、鏽斑蟳（*Charybdis feriatus*）、羅氏沼蝦（*Macrobrachium rosenbergii*）、斑節對蝦（*Penaeus monodon*）、條斑紫菜（*Porphyra yezoensis*）、大腸桿菌（*E. coli*）等物種的 *Mn-SOD* 基因序列進行同源性分析。採用 MEGA 2.1 中 NJ 法構建演化樹（Kumar et al.，2001）。結果顯示，口蝦蛄與羅氏沼蝦同源性較強（圖 5－6）。

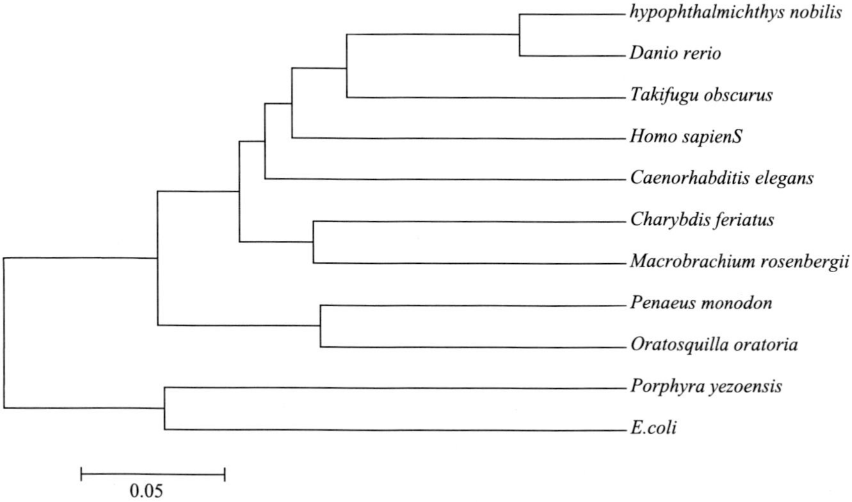

圖 5－6　口蝦蛄 *Mn-SOD* cDNA 序列與其他物種的分子系統演化樹分析

四、口蝦蛄 *Mn-SOD* 基因在不同組織的表達

Actin 基因在口蝦蛄體內穩定表達，外界環境的變化一般不會改變它的表達水準。分別以不同口蝦蛄不同組織中的 *Actin* 基因作為內標對該組織中的 *Mn-SOD* 基因表達水準進行半定量 RT-PCR 分析。應用 BandScan 凝膠分析軟體測出每組各條帶的完整光密度值（IOD）具有很好的數據重複性。*Mn-SOD* 條帶的光密度值與 *β-actin* 的光密度值比作為 *Mn-SOD* 的相對表達量。結果顯示，口蝦蛄 *Mn-SOD* 在肌肉、腸、觸角、顎足、性腺中均有表達。透過 *Mn-SOD* 與 *β-actin* 擴增產物電泳條帶灰階值的比較，表明 *Mn-SOD* mRNA 在各組織中表達量相近（圖 5－7）。

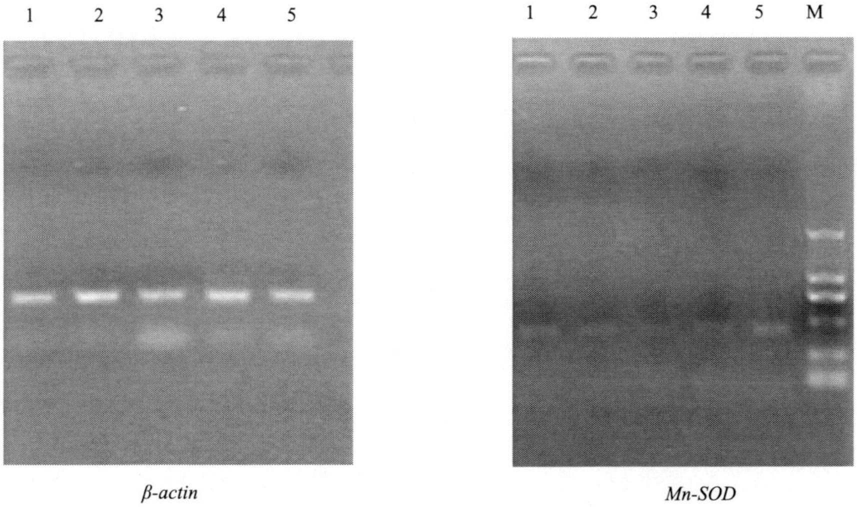

圖 5－7　口蝦蛄不同組織 *Mn-SOD* 的表達水準

注：1～5 依次為口蝦蛄的肌肉、腸、觸角、顎足、性腺中 *Mn-SOD* 基因的相對表達水準，M 為 Marker。

第三節　口蝦蛄酚氧化酶原基因的複製與表達分析

酚氧化酶原啟動系統是甲殼綱和昆蟲綱以及少數脊椎動物的辨識和防禦系統（Soderhall et al.，1998）。酚氧化酶是一種含銅的氧化酶，廣泛存在於微生物、動物和植物體內。作為酚氧化酶原啟動系統的重要一員，它在無脊椎動

物的先天免疫機制中起著重要的作用，有關其生物化學、免疫學和分子生物學特性的研究一直以來受到廣泛關注。作為口蝦蛄免疫系統的重要組分，進行酚氧化酶原基因結構研究，是深入研究酚氧化酶原在體內的表達調控機制和免疫功能等的基礎。

一、口蝦蛄酚氧化酶原基因複製

以口蝦蛄血淋巴總 RNA 反轉錄的第 1 鏈 cDNA 為模板，引物 UPhF 和 UPhRr、UPh5C 和 NUP、UPhRf 和 AU 分別進行 PCR 反應，PCR 產物經 1.0%瓊脂糖凝膠電泳，顯示的擴增條帶為箭頭所指位置（圖 5－8）。

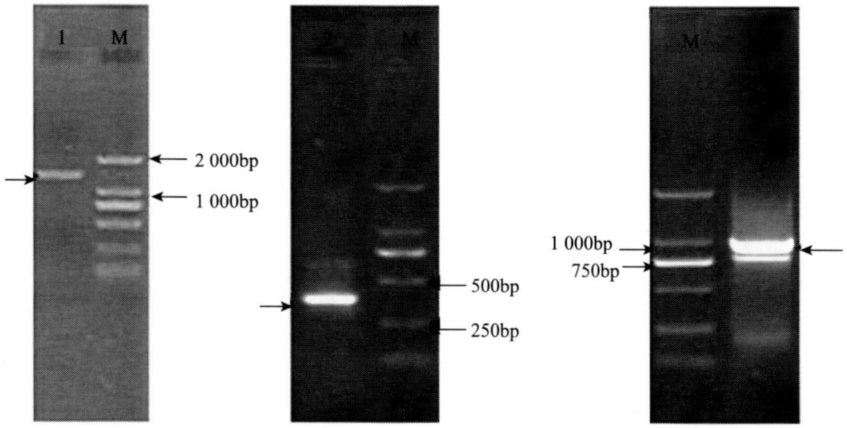

圖 5－8　口蝦蛄 *ProPO* cDNA 特異片段、3' RACE PCR 產物及 5' RACE PCR 產物
1. *ProPO* 基因特異片段 2. 3' RACE PCR 產物 3. 5' RACE PCR 產物 M. DL2000Marker

二、口蝦蛄酚氧化酶原基因序列分析

如圖 5－9 所示，口蝦蛄酚氧化酶原基因全長為 2 436bp，含起始密碼子 ATG 到終止密碼子 TGA 的 2 142bp，編碼 713 個胺基酸；方框中的鹼基 ATG 為起始密碼子，aataaa 為多聚腺苷酸信號序列，* 為終止密碼子；下劃線標出的序列為引物部分。

1　acgcgggtacttgaaaagacgggcaaacccgaagatttcaacagttggtccgccgccacacgtgcctcccgtcgc　75

76　ccctctggacaccaacaacgatttctctattcactaggaggtgaaaagaggtgagcgagatggcgggg ATG TCA　149

1　M S　2

150　GAGGACCAGAGAGGCCTGCTCTACCTCTTCGAGCAGCCCTCCAGGGCTATTGCCTTCCCACGCGCCGCGGGGTCT　224

3　E D Q R G L L Y L F E Q P S R A I A F P R A A G S　27

225 GTCGTCTACGACATGCCCCCAGAACAAATGCCCCCTGGAATGGAACTGGCGCCTCGATCCGGGCCCAGCCCCGGG 299

28 V V Y D M P P E Q M P P G M E L A P R S G P S P G 52

300 AGAACCGTCGTGACCGTGTCCCCTGTTGACAACCTGAAAGACGAGCTCGGAAGCGCCCTGTCCATCCCCAAGGGG 374

53 R T V V T V S P V D N L K D E L G S A L S I P K G 77

375 GCCGTCTTCTCCGTCTTCCTGAAGCAACACCGGCAAGCGGCCAAGGACCTCATCGCTTGCTTCCTAAAACGCCGT 449

78 A V F S V F L K Q H R Q A A K D L I A C F L K R R 102

450 TCACCCGCCGAGCTGAGGAATATCGCGGCGAACGTGCATGACATGGTCAACGAGAGCCTCTTCGTGTACTCGCTC 524

103 S P A E L R N I A A N V H D M V N E S L F V Y S L 127

525 TCCTTCGTCATCATCCGGAGATCGGACTTGAGGAATGTTCGCTTACCTCCCATCTACGAGACTTTCCCGTCTTGG 599

128 S F V I I R R S D L R N V R L P P I Y E T F P S W 152

600 TTTGTTCCCGAACCCACAATAGCCAAGGCCAGGGAAGAGGTGTCCAAACAACGGTACATGCCCAAGACGGAGAGG 674

153 F V P E P T I A K A R E E V S K Q R Y M P K T E R 177

675 ATCGTGGTGGACCACGGCCTCGAGTTCTCCGGGACCGACGAGAACCCGGAGCACCGCGTGGCCTACTGGCGCGAG 749

178 I V V D H G L E F S G T D E N P E H R V A Y W R E 202

750 GACTACGGGATCAACGCC CACCACTGGCACTGGCACATCGTCTTCCCCGCCGAGATCGAGATAGCCTTACATCGG 824

203 D Y G I N A H H W H W H I V F P A E I E I A L H R 227

825 GACAGGAAGGGCGAACTCTTCTATTACATGCATCAACAGATGATGGCCAGGTACGACATGGAGCGGATGAGTGTT 899

228 D R K G E L F Y Y M H Q Q M M A R Y D M E R M S V 252

900 GGTCTTGGAAGGATTGTCAAGCTGGACAACTGGAGAGAACCCATCCCAGAGGGCTATTTCCCCAAGCTCACCACT 974

253 G L G R I V K L D N W R E P I P E G Y F P K L T T 277

975 GGCAACAGCAGCCTAAACTGGGGCTCCCGTCCCGATGGCCTGAGCGTCAAGAACTTGACTCGGCACAGGATACGC 1049

278 G N S S L N W G S R P D G L S V K N L T R H R I R 302

1050 ATCAATATCAACGAGATGGAGATGTGGAGAGACCGAATATTTGAGGCCATCCATTTGAAGAAAGTTGTGCAGGAG 1124

303 I N I N M E M W R D R I F E E A I H L K K V V Q E 327

1125 GACGGGAAGGAGATCCAGCTCACGGACGACCTCGATCCGGACCGTGGACAGAAGCGTGGCATCGACATCGTGGGC 1199

328 D G K E I Q L T D D L D P D R G Q K R G I D I V G 352

1200 GATATGTTGGAGGCCGACACGAGGCTGAGTCCCAACTACACTTTCTATGGGGACATGCACAACTTTGGCCACGTC 1274

353 D M L E A D T R L S P N Y T F Y G D M H N F G H V 377

1275 CTTCTTGCCCTTGCTCACGACCCCGATGGTGTCCACAGGGAGGAGATGGGTGTGATGGGCGACAGTGGAACAGCC 1349

378 L L A L A H D P D G V H R E E M G V M G D S G T A 402

1350 ATGCGAGATCCCGTCTTCTACCGCTGGCATCGTTACATCGACGACATCTTTCAGGAGTACAAGTTCTTGCAGAAG 1424

403 M R D P V F Y R W H R Y I D D I F Q E Y K F L Q K 427

1425 CCCTACACTGAAGACCAGTTGAACTTCCCTGAAGTGTCTGTGGATAAAGTTACAGTGACTGCTGGCCTGGAGAAC 1499

428 P Y T E D Q L N F P E V S V D K V T V T A G L E N 452

1500 AATGTCCTGTATACATATTTCAATATGCGCGAGATTGAAGCTTCTCGTGGTCTCGATTTTGATTCAGACACCCCT 1574

453 N V L Y T Y F N M R E I E A S R G L D F D S D T P 477

1575 GTCATCGTCCGCCTCACCCATCTCGACCACAAGCCCTTCAAGTACCACTTCCAGATCTCGAACAAGAGCAGGAGT 1649

478 V I V R L T H L D H K P F K Y H F Q I S N K S R S 502

1650 AAAGTGGAAGCGACAATTAGGGTCTTCATCGCCCCCATGTTGAACATCCGTAACATGAGGATGAATTTCTTCGAA 1724

503 K V E A T I R V F I A P M L N I R N M R M N F F E 527

1725 CAGCGCACGCTCTTTGCTGAAATGGACAAGTTCCAGATCAGTCTCAAGCCTGGAAAGAACATCATCGAGAGAAGG 1799

```
528  Q R T L F A E M D K F Q I S L K P G K N I I E R R 552
1800 GACGATGAATCCTCCATCACGCTCCCGCGGGAGTTCAACTTCAGGAACATTGAAAGGGGCGAGGTGTACGAAGAT 1874
553  D D E S S I T L P R E F N F R N I E R G E V Y E D 577
1875 GGCACTGTCGCACCACCTGAGAGCGACGGGTCCTTCTGTGCCTGCGGCTGGCCTCAGCATGTGCTCTTACCGAGG 1949
578  G T V A P P E S D G S F C A C G W P Q H V L L P R 602
1950 GGGAAACCTGAGGGCATGCCCTTCCAGCTTGTTGTCATGGTTACTGACTGGAATGAAGATAAGGTGAACCAACCC 2024
603  G K P E G M P F Q L V V M V T D W N E D K V N Q P 627
2025 ACCCCGCGGGCCTGCGGCAATGCGGCCTCCTTCTGCGGCATCCTCAACGGCAAGTATCCGGACAAGAAGCCCATG 2099
628  T P R A C G N A A S F C G I L N G K Y P D K K P M 652
2100 GGCTTCCCGTTCGATCGTCTGCCGATCACCCGACGAACGGTCCCTGGATGGTGGAGGAGTACTTGGGGCGTTTCA 2174
653  G F P F D R L P I T R R T V P G W W R S T W G V S 677
2175 GCAACGTGTCCGTCACAGAAATCAACATCAAGTTCTCGAAGAAAAAAATCGCAGAGGAATAGACGCCATCTTGGG 2249
678  A T C P S Q K S T S S S R R K K S Q R N R R H L G 702
2250 AAGTGTTACTCCAAAAAAAGAGCACATGGCAGATGAaaagtatataagtaagaataaatgagtgaataggtaaaa 2324
703  K C Y S K K R A H G R *                                   713
2325 att aataaa gaaaagtaaataacaacaataaatgaaaataggtaaaaatgaataaagaaatatagataaataaca 2399
2400 acaataaacaagaacaatagataaaaaaaaaaaaaaa                     2436
```

圖 5－9　口蝦蛄 *ProPO* 基因全序列及其編碼的胺基酸序列

在 NCBI 上 Blastn 比對，發現該序列與 Genbank 登錄的 *Penaeus monodon*（AF099741.1）、*Procambarus clarkii*（EF595973.1）、*Litopenaeus vannamei*（EU373096.1）、*Macrobrachium rosenberqii*（DQ182596.1）、*Fenneropenaeus Chinensis*（FJ594415.1）、*Penaeus semisulcatus*（AF521949.1）、*Marsupenaeus japonicas*（AB073223.1）酚氧化酶原基因鹼基序列具有高度同源性，分別為 82％、78％、76％、76％、74％、72％、70％。透過 Blast 與 GenBank 資料庫上部分胺基酸序列進行比較，所推測的口蝦蛄酚氧化酶原胺基酸序列與斑節對蝦、短溝對蝦、凡納濱對蝦和日本對蝦的同源性分別是 51％、51％、50％和 49％。

透過 BLAST 蛋白同源分析程序對口蝦蛄的 2 個銅結合位點及其相鄰胺基酸序列與資料庫序列進行比較，顯示口蝦蛄與多種類的酚氧化酶原、血藍蛋白均具有同源性，尤其是銅結合位點內的 6 個組胺酸高度保守（表 5－1）。其中，H 顯示推測的銅結合位點內的 6 個高保守組胺酸——211bp、215bp、239bp 為 A 位點，375bp、379bp、415bp 為 B 位點。進一步說明組胺酸在酚氧化酶活性中的重要作用。研究表明（葉星，2003），整個 Hemocyanin 基因家族酚氧化酶原、酪胺酸酶和血藍蛋白可能不同程度地參與節肢動物的攜帶氧氣和蛻皮功能。

表5-1 口蝦蛄及其他甲殼動物酚氧化酶原銅結合位點推測氨基酸序列同源性比較

物種	A位點	B位點
Oratosquilla oratoria	YGIN A H**H**WHW**H**IVFPAEIE IA LHRDRKGELFYYM**HQ**QMMARY	DM**H**NFG**H**VLLALA HDPDGVHREEMGVMGDSGTAMRDPVFYRW**H**RYID
Penaeus monodon	YGIN H**H**WHW**H**+++P + RDRKGELFYYM**HQ**Q++ARY	D +**H**N G**H** +LA +HDPD H+EEMGV+GD GT++RDPVF+R **H**++D
Penaeus semisulcatus	YGIN H**H**WHW**H**+++P + I RDRKGELF+YM**HQ**Q++ARY	D +**H**N G**H** +LA +HDPD H+EEMGV+GD GT++RDPVF+ **H**++D
Litopenaeus vannamei	YGIN H**H**WHW**H**+++P + + RDRKGELFY YM**HQ**Q++ARY	D +**H**N G**H** +LA +HDPD H+EEMGV+GD GT++RDPVF+R **H**++D
Marsupenaeus japonicas	YG++ H**H**WHW**H**+++P + ++ RDRKGELFY YM**HQ**Q++ARY	+**H**N G**H** +LA +HDPD H+EEMGV+GD G ++DP FYR **H**++D

三、ProPO 系統發生分析

根據 ProPO 推測的胺基酸序列，選擇同源性較高的其他節肢動物 ProPO 胺基酸序列進行 NJ 聚類分析，得到的種系發生樹反映了上述物種演化關係的遠近。如圖 5－10 所示，口蝦蛄與羅氏沼蝦的演化關係較近。

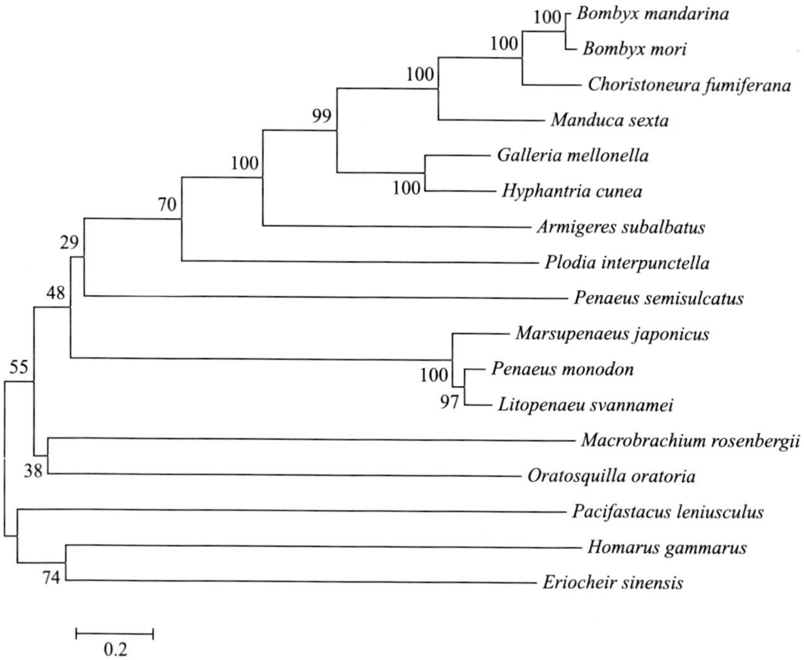

圖 5－10　根據口蝦蛄和其他節肢動物酚氧化酶原的推測胺基酸序列建立的 NJ 種系發生樹

四、酚氧化酶基因在不同組織中的表達分析

半定量檢驗 *ProPO* 基因在血細胞、肌肉、腸、卵巢、眼柄及觸角中的 mRNA 表達分析結果如圖 5－11 所示，口蝦蛄 *ProPO* 基因特異片段在口蝦蛄的血淋巴中和腸中表達，在血淋巴中的表達顯著。研究表明（Sritunyalucksana et al.，1999；Wang et al.，2006；Lai et al.，2005；Ko et al.，2007）斑節對蝦和羅氏沼蝦的 *ProPO* 基因是在血細胞中合成而不在肝胰腺合成；而凡納濱對蝦的 *ProPO* 基因廣泛表達於血淋巴、前腸盲腸、神經節、中腸、胃、鰓、心臟及淋巴器官，在肌肉、肝胰腺和表皮角質層表達很

少。鋸緣青蟹 *ProPO* 基因在血細胞中顯著表達，在肝、腸、卵巢、心臟、眼柄、鰓、胃和肌肉中不表達。但是中華絨螯蟹 *EsProPO* 的 mRNA 轉錄及 PO 酶活力在實驗各個組織中都檢測到，特別在肝胰腺中檢測到高水準。

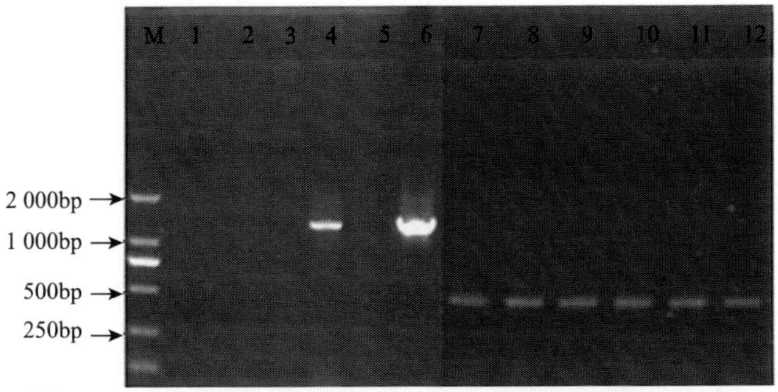

圖 5－11　口蝦蛄各組織總 RNA RT-PCR 擴增得到的 *ProPO* 基因特異片段和 *β-actin* 基因片段電泳結果

1、7. 觸角　2、8. 眼柄　3、9. 卵巢　4、10. 腸　5、11. 肌肉　6、12. 血淋巴

第四節　溫度、鹽度、脅迫對口蝦蛄消化酶的影響

消化酶活力的大小不僅與甲殼動物種類、生理狀態等自身因素有關，還與環境因素密切相關。其中，溫度、鹽度是主要影響因素。在蝦類生存環境中，溫度、鹽度作為重要的影響因子，直接或間接地影響動物的存活、攝食、生長和繁殖等。溫度、鹽度透過影響消化道中消化酶活力進而影響食物的消化吸收，最終影響動物的生長發育。因此，研究溫度、鹽度脅迫對口蝦蛄消化酶活力的影響，可為進一步揭示口蝦蛄的生理生態學特徵提供基礎數據，分析口蝦蛄最適生長發育環境，提高存活率和生長速率。

一、鹽度對口蝦蛄消化酶活力的影響

如 5－12 所示，隨著鹽度的逐步增加，澱粉酶活力先增大，在鹽度 30 達到最高峰，為 0.703U/mg，顯著高於其他鹽度組（$P<0.05$），隨後澱粉酶活力逐漸減小；36 鹽度組與 39 鹽度組差異不顯著（$P>0.05$），其餘各鹽度組之間差異顯著（$P<0.05$）。纖維素酶活力先增大，鹽度 27 時酶活力增至 0.366U/mg，之後纖維素酶活力上下波動；21、24、27 鹽度組，30、36、39 鹽度組之間差異不顯著（$P>0.05$），其餘各組差異顯著（$P<0.05$）。

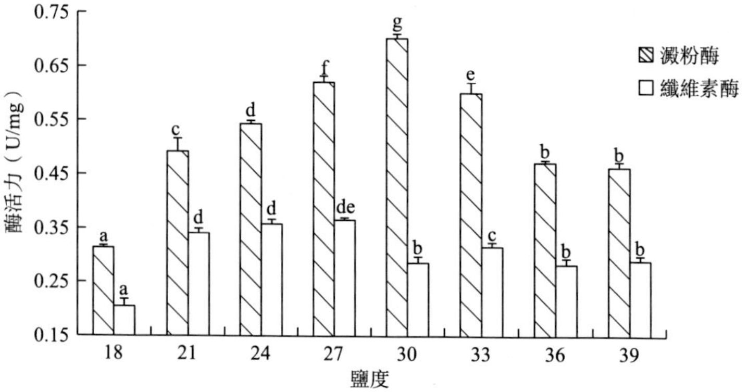

圖 5－12　鹽度對口蝦蛄澱粉酶和纖維素酶活力的影響

如圖 5－13 所示，隨著鹽度的增加，蛋白酶活力表現出先增大後減小的趨勢。胰蛋白酶在鹽度 30 時活力最大，為 3.126U/mg，顯著高於其他鹽度組酶活力（$P<0.05$）；隨著鹽度的繼續增加，胰蛋白酶活力減小，33、36、39 鹽度組酶活力變化不顯著（$P>0.05$）。胃蛋白酶活力在鹽度 27 時最大，為 1.26U/mg，各組之間變化差異不大（$P>0.05$）。

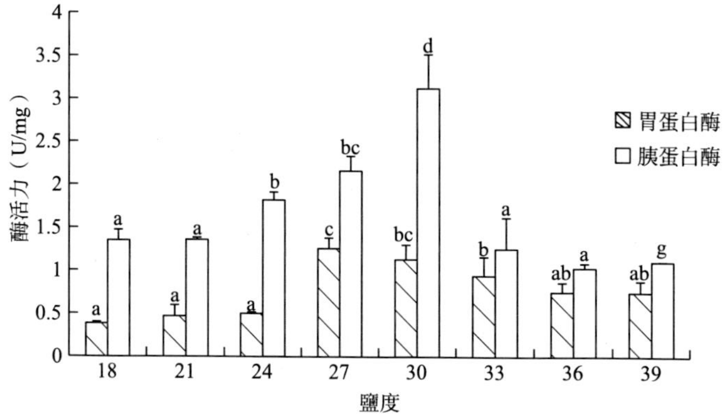

圖 5－13　鹽度對口蝦蛄胃蛋白酶和胰蛋白酶活力的影響

如圖 5－14 所示，脂肪酶活力隨著鹽度的增加也表現出先增大後減小的趨勢；脂肪酶活力在鹽度 27、30 時較大，27 鹽度組（33.875U/g）略高於 30 鹽度組（32.886U/g），且兩組之間差異不顯著（$P>0.05$）。酶活力在鹽度 18、39 時較小，與其他鹽度組差異顯著（$P<0.05$），18 鹽度組（14.537U/g）略低於 39 鹽度組（17.56U/g），且兩組之間差異不顯著（$P>0.05$）。

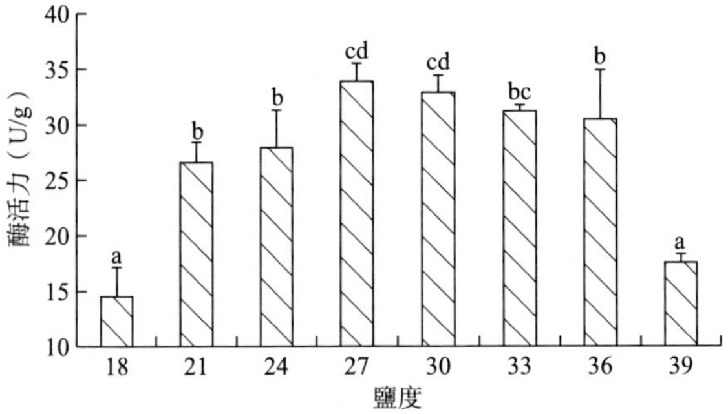

圖 5－14　鹽度對口蝦蛄脂肪酶活力的影響

二、溫度對口蝦蛄消化酶活力的影響

如圖 5－15 所示，隨著溫度的升高，澱粉酶活力和纖維素酶活力都呈上升的趨勢。澱粉酶活力在水溫 30℃時活力最大，為 0.52U/mg；5℃和 10℃組，15℃、20℃、25℃組、30℃之間差異不顯著（$P>0.05$）。纖維素酶在水溫 30℃時活力最大，為 0.47U/mg；5℃、10℃和 15℃組，20℃、25℃和 30℃組差異不顯著（$P>0.05$）。

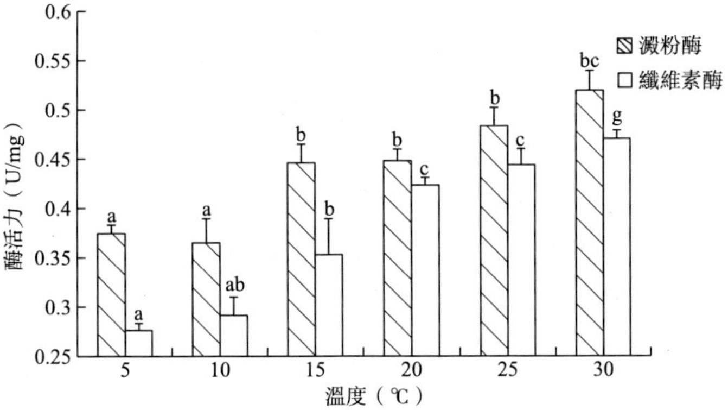

圖 5－15　溫度對口蝦蛄澱粉酶和纖維素酶活力的影響

如圖 5－16 所示，隨著溫度的升高，胃蛋白酶活力逐漸增大，30℃時活力最大，為 2.73U/mg，明顯高於其他溫度胃蛋白酶活力（$P<0.05$）；5℃和 10℃，15℃和 20℃之間差異不顯著（$P>0.05$），20℃、25℃、30℃之間差異顯著（$P<0.05$）。胰蛋白酶活力在 30℃較大，為 4.23U/mg，和其他溫度組差異顯著（$P<0.05$）；5℃、10℃、15℃和 20℃之間差異不顯著（$P>0.05$），25℃、30℃之間差異顯著（$P<0.05$）。在 20～30℃，溫度對蛋白酶活力有顯

著影響（$P<0.05$）。

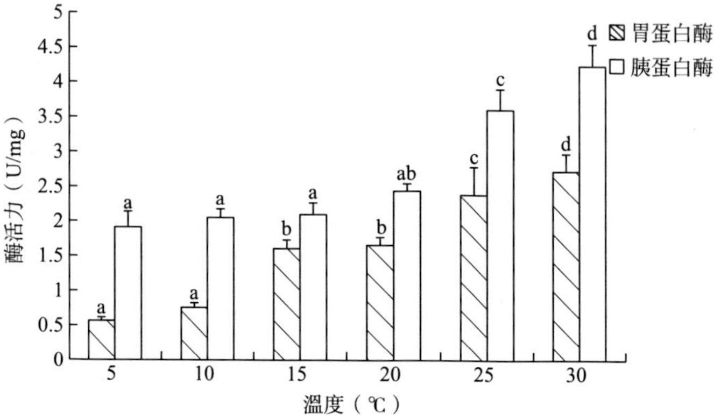

圖 5－16　溫度對口蝦蛄胃蛋白酶和胰蛋白酶活力的影響

如圖 5－17 所示，水溫為 30℃時，脂肪酶活力最高，為 76.98U/g；脂肪酶活力從高到低依次為 30℃、20℃、25℃、15℃、10℃、5℃，15℃和其他溫度組差異顯著（$P<0.05$），30℃、25℃和 20℃組差異不顯著（$P>0.05$）。

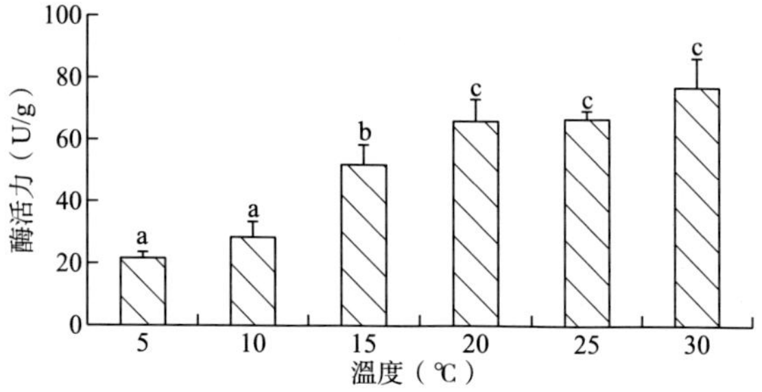

圖 5－17　溫度對口蝦蛄脂肪酶活力的影響

三、鹽度、溫度對口蝦蛄消化酶活力的影響

鹽度是甲殼類動物生活環境中的重要因素，許多研究結果表明鹽度會對消化酶活力產生影響。實驗表明，除纖維素酶外，澱粉酶、蛋白酶和脂肪酶活力均隨鹽度升高而增大，在某一鹽度出現峰值後，酶活力又隨鹽度的升高而呈下降趨勢。可見，鹽度對口蝦蛄的消化酶活力有顯著影響。有學者認為，鹽度是透過影響水生動物的生理狀態，如滲透壓的調節來影響其消化酶活性的（李希國等，2006）。外界鹽度改變，水生動物能主動將其體液滲透壓調節到正常範圍內，鹽度過低進行高滲調節，鹽度過高進行低滲調節；而滲透壓調節是需要

耗費能量的生理過程，外界鹽度過高或過低，滲透壓調節消耗的能量就越多，生長發育受其影響，消化吸收能力減弱，表現為消化酶活力降低（臧維玲等，2002；黃凱等，2004）。

口蝦蛄澱粉酶、胰蛋白酶活力在鹽度 30 時最高，纖維素酶、胃蛋白酶和脂肪酶活力在鹽度 27 時最高。本試驗認為，口蝦蛄攝食的最適鹽度為 27～30。口蝦蛄處在最適鹽度範圍內，用於滲透壓調節的能量少，口蝦蛄生長迅速，消化吸收能力強，消化酶活力達到最高。劉海映等（2012）研究發現口蝦蛄幼體最佳攝食鹽度為 27～33。廖永岩等（2007）在對中華虎頭蟹攝餌的研究中發現鹽度 25～35 為蟹攝餌適宜鹽度，鹽度 30 為最佳鹽度。上述試驗得出的最適鹽度與本研究得出的結果基本一致。

纖維素酶活力在達到最大後呈波動變化，可能是因為其對鹽度的一種適應能力。由試驗可以看出，鹽度對口蝦蛄的消化酶活力影響較大，因此在養殖中應注意鹽度的變化。蛋白酶、澱粉酶、纖維素酶及脂肪酶受溫度的影響不如鹽度那樣明顯，可能是因為試驗設置的溫度範圍較窄，5～30℃範圍處在消化酶的適宜作用溫度範圍之內。

學者對甲殼動物消化酶最適溫度的研究主要是測定消化酶活力最大時的反應溫度（祝堯榮等，2009；姜永華等，2009；沈文英等，2004；胡毅等，2006）。但酶活力的反應溫度只反映了機體內部消化酶的熱穩定性和溫度對酶活力的影響規律，並不能準確反映溫度對消化率的影響情況。沈文英等（2003）認為飼養溫度比反應溫度更顯著地影響消化酶活性。口蝦蛄屬於變溫動物，水溫對口蝦蛄所起的作用是整體性的，除了直接影響酶的活性外，還透過調節機體的代謝，影響營養物質及能量的利用效率，從而間接影響酶活性。在 5～30℃範圍內，隨著溫度的升高，口蝦蛄體內各種生化反應速度加快，致使呼吸和代謝加快，耗能增大，維持生命活動所需的能量增加，口蝦蛄的攝食量和消化率增加，消化酶的活力增大。梅文驤等（1993）、姜祖輝等（2000）等研究得出隨著溫度的升高，口蝦蛄的耗氧率、排氨率均增加。田相利等（2004）指出在適宜的溫度範圍內，溫度的升高能促進中國對蝦攝食量和消化率的增加。在整個實驗過程中投餵餌料為菲律賓蛤仔，口蝦蛄為肉食性，所以蛋白酶顯得特別重要。在低溫環境下蛋白酶的變化不大（$P>0.05$），但溫度升至 20℃以上，口蝦蛄的胃蛋白酶活力和胰蛋白酶活力均呈現較大的變化（$P<0.05$），口蝦蛄主要靠消耗體內蛋白質來滿足較大的能量需要。

在實際生產中，應根據環境溫度變化的特點，合理調整餌料配方，尤其是注意蛋白的添加量，改進投餵方式，提高營養物質的消化吸收能力，將取得最佳的經濟效益。

四、飢餓脅迫對口蝦蛄消化酶活力的影響

口蝦蛄會面臨食物分布不均、季節更替或環境變化等因素造成食物的缺乏，從而受到飢餓脅迫；在暫養及活體運輸過程中，常受到人為的飢餓脅迫。即使在養殖過程中，也會遭遇餌料缺乏，尤其是處於仔稚期的口蝦蛄，由於個體相對較小更容易受到飢餓的脅迫。仔稚期的口蝦蛄由於處於幼體發育的重要時期，其攝食階段是影響其存活率的關鍵時期。飢餓作為一種重要的環境脅迫因子，對其生長、攝食及消化等方面都會產生一定影響。本研究測定了飢餓脅迫下口蝦蛄仔蝦消化酶活力的變化，從而了解飢餓對口蝦蛄仔蝦消化生理的影響，為開展口蝦蛄的人工養殖及活體運輸等提供相關的理論依據。

如圖 5－18 所示，仔蝦澱粉酶和纖維素酶活力均隨著飢餓天數的增加呈現先增大後減小的趨勢，在飢餓 1d 時達到最高峰，分別為 0.515U/mg、0.37U/mg，分別是對照組的 1.27、1.52 倍（$P<0.05$）；隨著飢餓天數的增加，澱粉酶和纖維素酶活力又逐漸減小，飢餓 14d 時達到最小值，分別為 0.188U/mg、0.127U/mg，分別是對照組的 46.45%、52.05%（$P<0.05$）。飢餓 3d、5d 澱粉酶活力差異不顯著（$P>0.05$），從 3d 起，纖維素酶活力差異不顯著（$P>0.05$），其餘各組酶活力差異顯著（$P<0.05$）。

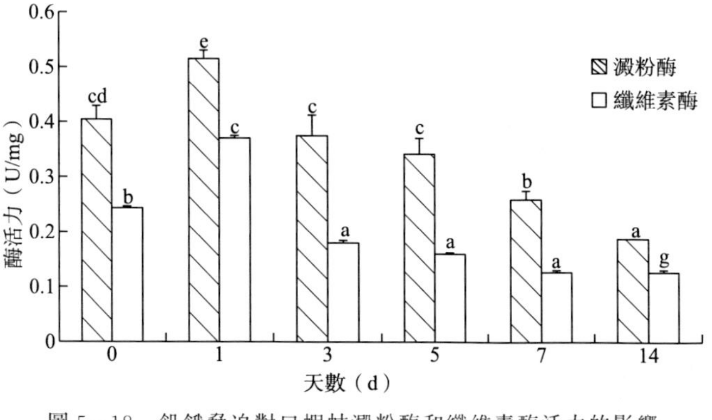

圖 5－18　飢餓脅迫對口蝦蛄澱粉酶和纖維素酶活力的影響

如圖 5－19 所示，胃蛋白酶和胰蛋白酶活力均隨著飢餓天數的增加呈現先增大後減小的趨勢，兩者趨勢又略有不同。胃蛋白酶活力在飢餓 3d 時達到最大值，為 6.556U/mg，是對照組的 1.16 倍（$P<0.05$），隨著飢餓天數的增加，胃蛋白酶活力顯著減小（$P<0.05$），在飢餓 14d 時達到最小值，為 0.911U/mg，是對照組的 16.16%（$P<0.05$）。胰蛋白酶活力在飢餓 1d 時達

到最高峰，為 10.921U/mg，略高於對照組（$P>0.05$），隨著飢餓天數的增加，胰蛋白酶活力逐漸減小，在飢餓 14d 時達到最小值，為 1.448U/mg，是對照組的 13.7%（$P<0.05$），飢餓 3d 和飢餓 5d 酶活力差異不顯著（$P>0.05$）。

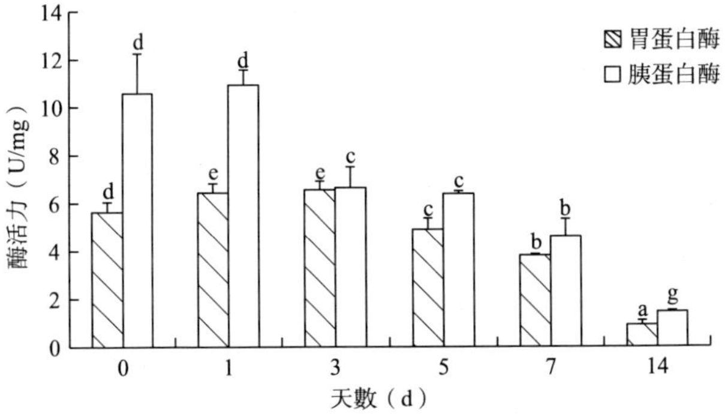

圖 5－19　飢餓脅迫對口蝦蛄胃蛋白酶和胰蛋白酶活力的影響

如圖 5－20 所示，脂肪酶活力隨著飢餓天數的增加也表現出先增大後減小的趨勢。脂肪酶活力在飢餓 1d 時達到最大值，為 71.55U/g，是對照組的 1.15 倍（$P<0.05$）；隨著飢餓天數的增加，脂肪酶酶活力逐漸減小，在飢餓 14d 時達到最小值，為 12.505U/mg，是對照組的 20.03%（$P<0.05$）；飢餓 3d 和飢餓 5d 酶活力差異不顯著（$P>0.05$）。

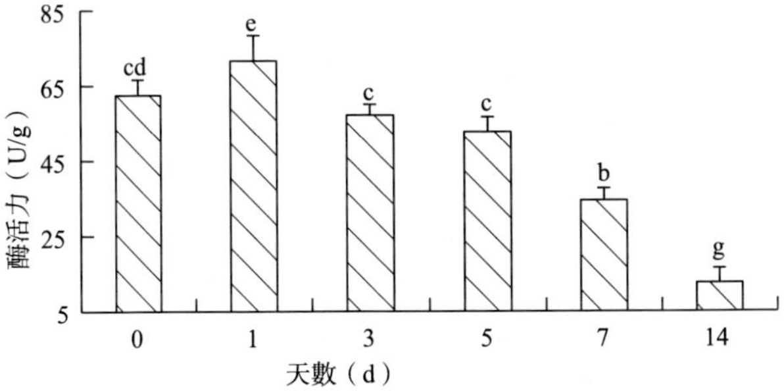

圖 5－20　飢餓脅迫對口蝦蛄脂肪酶活力的影響

可見，口蝦蛄仔蝦的消化酶活力均隨著飢餓時間的增加呈現先增大後減小的趨勢，這與凡納濱對蝦（孟慶武等，2006）、克氏原螯蝦（趙朝陽等，2010）的變化模型一致，反映了仔蝦在遭遇飢餓脅迫時所表現的一種自我調節機制。有學者認為甲殼動物在缺乏營養的狀態下會尋求更多的營養來滿足組織的能量需要（Arturo et al.，2006）。迫使口蝦蛄仔蝦不同程度地提高自身組織中的相關酶活力，吸收和利用消化道內殘餘的食物，以維持正常的生命活動，這是仔蝦在飢餓脅迫初期所表現的一種壓力反應。隨著飢餓時間的增加，口蝦蛄代謝減弱。口蝦蛄幼體飢餓時其代謝水準顯著降低，研究發現，飢餓 4d 後耗氧量和耗氧率顯著下降，代謝率下降了 74%（劉海映，2012），這是甲殼動物對停食的適應反應。短暫的脅迫反應過後，由於沒有受到外源食物的機械刺激，口蝦蛄仔蝦開始消耗自身儲存的能量物質，為適應這種變化，口蝦蛄體內各種生化反應速度減慢，致使呼吸和代謝減慢，耗能減小，維持生命活動所需的能量減小，消化酶分泌量下降。

甲殼動物處在飢餓狀態時其生理代謝會發生適應性變化，透過調整體內各種酶的活性來積極利用體內的儲存物質，維持基本生命活動。遭遇飢餓脅迫時，甲殼動物會先消耗自身的醣類物質，隨後是脂類，當醣類和脂類物質消耗完畢時，主要依靠消耗蛋白質來維持生命活動（周凡等，2013）。口蝦蛄在飢餓初期，消化酶活力均出現了不同程度的增大，澱粉酶、纖維素酶、胃蛋白酶、胰蛋白酶以及脂肪酶酶活力分別為對照組的 1.27、1.52、1.16、1.03、1.15 倍。可見，飢餓初期口蝦蛄主要依靠消耗醣類物質來適應飢餓脅迫。口蝦蛄仔蝦已經轉變為肉食性，蛋白質和脂肪是生命活動中重要的能量物質。仔蝦從 3d 開始，其纖維素酶活力變化不顯著（$P>0.05$），直至 14d，依舊變化不大，可見口蝦蛄仔蝦從 3d 起，纖維素酶活力就維持在平穩狀態，一方面說明其本身就含有少量的纖維素，另一方面也說明纖維素消耗完全。和其他幾種消化酶變化趨勢不同，胃蛋白酶活力增至 3d 時才開始降低，可見，蛋白質是口蝦蛄幼體最重要的能量來源。因此，在對口蝦蛄幼體暫養、活體運輸和養殖中，應選擇蛋白含量豐富的餌料。

五、餌料對口蝦蛄消化酶活力的影響

餌料對生長與發育有著重要影響。各國研究表明，餌料與甲殼動物幼體的營養積累和食物的消化吸收及消化酶活性的變化有直接關係。中國傳統的水產苗種培育餌料主要使用的是生物餌料，如微藻、輪蟲、鹵蟲幼體等，並輔以一些代用餌料（蛋黃、蝦片等）。研究得出餌料某些組分的變化會引起消化酶活力的變化，餌料中某種成分的增加，消化該成分的消化酶的活力也會增強，而其他消化酶的活力也會發生相應的變化（Gangadhara et al.，1997）。可透過研究不同餌料所引起的消化酶活性變化，探索口蝦蛄適應不同餌料條件下的生理生態學機制，為口蝦蛄人工餌料配製及投餵提供理論指導。

如表 5-2 所示，口蝦蛄幼體的變態率從高到低依次為 D、B、A、C、E。

表 5－2　不同餌料對口蝦蛄幼體的變態率的影響

餌料組	A	B	C	D	E
Ⅺ期幼蝦尾數	2	2	5	1	9
	3	2	2	0	8
	3	2	4	1	7
變態率（%）	73.3	80	63.3	93.3	20

如圖 5－21 所示，Ⅺ期幼體的澱粉酶活力從高到低依次為 E、A、B、D、C 組；E 組澱粉酶活力為 1.77U/mg，約為 A 組（1.04U/mg）的 1.7 倍，和其他各組差異顯著（$P<0.05$）；A、B、C、D 組之間差異不顯著（$P>0.05$）。仔蝦的澱粉酶活力從高到低依次為 E、A、B、C、D 組；E 組酶活力最大為 1.65U/mg，D 組酶活力最小為 0.398U/mg，差異顯著（$P<0.05$）；A、B、C 組之間差異不顯著（$P>0.05$）。Ⅺ期幼體的澱粉酶活力均高於仔蝦期的。

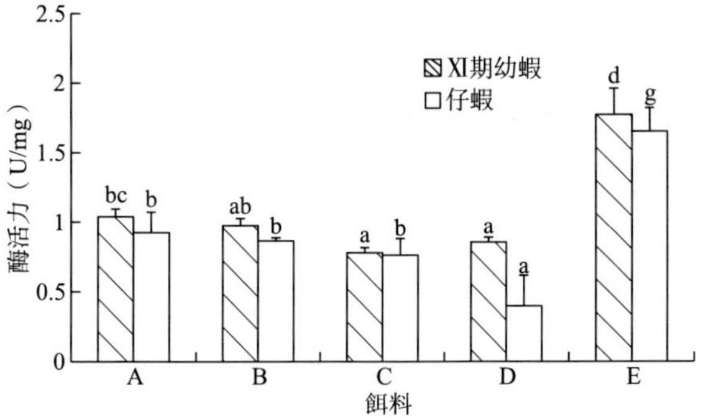

圖 5－21　不同餌料對口蝦蛄澱粉酶活力的影響

如圖 5－22 所示，Ⅺ期幼體的纖維素酶活力從高到低依次為 E、A、D、C、B 組；B、C、D 組之間差異不顯著（$P>0.05$），其餘各組之間差異顯著（$P<0.05$）。仔蝦的纖維素酶活力從高到低為 E、D、B、A、C 組；E 組的纖維素酶活力最高為 0.548U/mg，約為其餘各組酶活力的 1.5 倍；A、B、C、D 組差異不顯著（$P>0.05$）。Ⅺ期幼蝦的纖維素酶活力均高於仔蝦期的。

如圖 5－23 所示，D 組仔蝦的胃蛋白酶活力最高為 1.096U/mg，其次是 B、C、A 組，E 組酶活力最低為 0.45U/mg，D 組酶活力約是 E 組的 2.5 倍；D 組與其他各組差異顯著（$P<0.05$）。Ⅺ期幼蝦中，投餵 D 組餌料的胃蛋白酶活力最高為 1.03U/mg，其次是 C、B、A 組，E 組最低為 0.484U/mg；B、C、D 組之間差異不顯著（$P>0.05$），其餘各組之間差異顯著（$P<0.05$）。C、E 組Ⅺ期幼體的胃蛋白酶活力大於仔蝦期的，其餘均是Ⅺ期幼體的胃蛋白酶小於仔蝦期的。

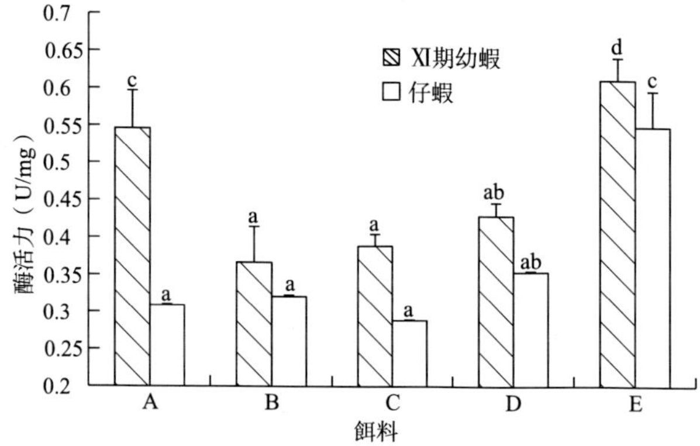

圖 5－22　不同餌料對口蝦蛄纖維素酶活力的影響

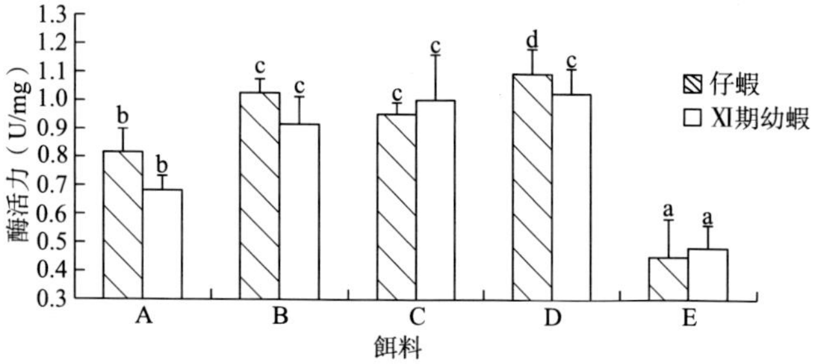

圖 5－23　不同餌料對口蝦蛄胃蛋白酶活力的影響

如圖 5－24 所示，胰蛋白酶活力高低依次為 D、B、C、A、E 組，D 組酶活力最大，分別為 2.33U/mg、2.87U/mg，與其他各組差異顯著（$P<0.05$）。仔蝦期 D 組的胰蛋白酶活力是 A 組的 3 倍多，約是 B、C 組的 1.5 倍，比 E 組高出近 5 倍；而 XI 期幼體 D 組的胰蛋白酶活力約為 A、C 組的 2 倍，比 E 組高出近 4 倍。

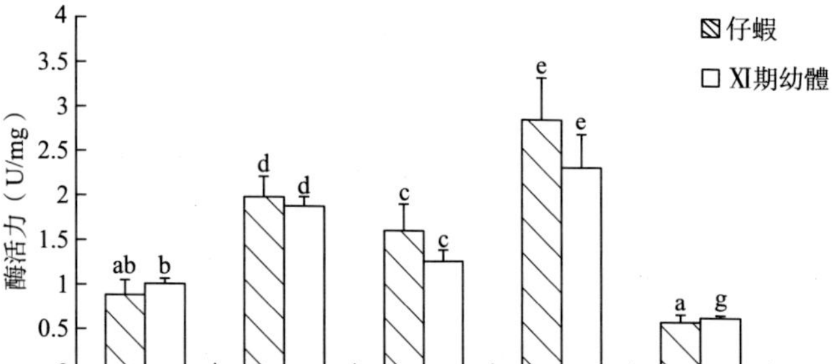

圖 5－24　不同餌料對口蝦蛄胰蛋白酶活力的影響

如圖 5－25 所示，Ⅺ期幼蝦和仔蝦的脂肪酶活力從高到低依次為 D、B、C、A、E 組。B、C 組之間差異不顯著（$P>0.05$），其餘各組之間差異顯著（$P<0.05$）。

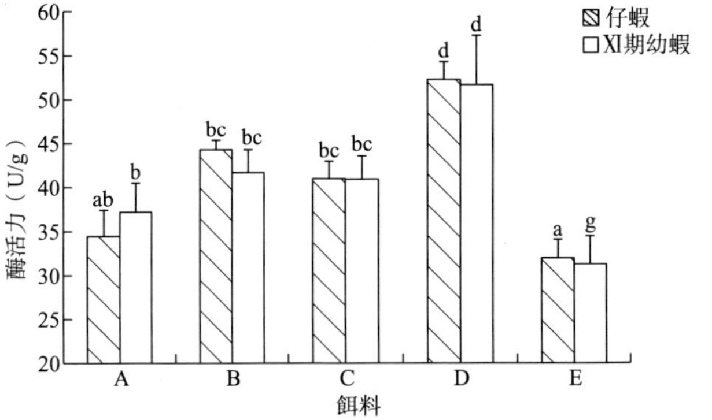

圖 5－25　不同餌料對口蝦蛄脂肪酶活力的影響

小球藻是魚蝦蟹等苗種直接或間接的生物餌料，具有生態分布廣、生長速度快、易於培養的特點。小球藻細胞內含有蛋白質、胺基酸、維他命、礦物質和多種生物活性物質，並富含 n-3 高度不飽和脂肪酸，尤其是 DHA 和 EPA（周華偉等，2005；嚴佳琦等，2011）。投餵小球藻組的醣類水解酶的酶活力最高，蛋白酶和脂肪酶活力最低，且變態率也是最低的。小球藻內含有豐富的多不飽和脂肪酸，可以提高幼體的存活率，但是由於其細胞壁較厚，口蝦蛄幼體攝食後容易消化不良，營養利用價值受到限制。攝食小球藻的口蝦蛄幼體表現出了較高的消化醣類的能力，而消耗蛋白質和脂肪的能力較弱，所攝取的營養和能量不能滿足幼體生長發育的需要。

鹵蟲無節幼體粗蛋白含量為 54.61%～59.92%（陳立新等，1996），Claus 等（1979）和黃旭雄等（2007）報導鹵蟲無節幼體的脂肪水準為其乾重的 20.84%～23.53%；除此之外，它還有多種維他命，其中包括維他命 C、維他命 B_1、維他命 B_2、葉酸以及生物素等，營養極其豐富（吳垠等，2003）。鹵蟲是魚蝦蟹良好的餌料，但是鹵蟲無節幼體體內所含的不飽和脂肪酸含量很低，所以可以在投餵前要對其進行營養強化，以提高餌料中不飽和脂肪酸的含量。海洋紅酵母粗蛋白含量約為 42.01%，粗脂肪約為 3.09%，總醣為 29.5%左右，必需胺基酸含量豐富、組成合理，並含有一定量維他命和微量元素；更為重要的是，它能合成和生產大量胡蘿蔔素和蝦青素（Bhosale et al.，2001；李紅等，2004；蔡詩慶等，2009）。有資料證實，海洋紅酵母能顯著提高幼苗的存活率、飼養效果，並能增強動物體的免疫功能，減少抗生素用量，是生態養殖的優良添加劑（楊世平等，2011）。用小球藻強化的鹵蟲組的消化酶活力和變態率都顯著高於小球藻組（$P<0.05$）。鹵蟲組和用小球藻強化的鹵蟲組，兩者的酶活力差異不顯著（$P>0.05$），小球藻強化的鹵蟲組略高於鹵蟲組，而小球藻強化的鹵蟲組變態率更高。用酵母強化的鹵蟲組，除了纖維素酶活力在Ⅺ期幼蝦時最低外，表現出較高的消化酶活力，鹵蟲對各消化酶的影響比較均衡，也表現出較高的變態率。消化酶活力受到餌料生化組成的影響發生促進誘導作用，實現了營養強化和不同餌料的營養互補。

糠蝦蛋白質含量接近於乾重的70%，脂肪量約占15%，具有生活週期短、生長快、易培養的特點，利用糠蝦作為餌料來源是很好的途徑（Stottrup et al.，1986）。投餵糠蝦組的幼體變態率最高，幼體消化酶除澱粉酶外均表現出較高的酶活力，其中，蛋白酶和脂肪酶活力最大。可見，糠蝦是口蝦蛄幼體最合適的餌料。消化酶對餌料中的營養物質有著明顯的適應性，這種特性可以作為餌料中各種營養物質消化吸收和利用的重要指標。

六、溫度脅迫對口蝦蛄免疫的影響

鹽度作為一種與滲透壓密切相關的環境因子，對甲殼動物生長、存活及免疫防禦影響顯著。在多雨或乾旱季節，中國沿海鹽度差異顯著，同時，在河口等處易出現急性低鹽狀況，這成為制約水產動物生長存活的重要因素，因此，研究鹽度脅迫對蝦類的損傷成為必然。而環境溫度是重要的外界因素之一，它直接影響變溫動物的新陳代謝、耗氧率、生長速度、蛻皮和存活等，還可透過影響鹽度、溶解氧、氨氮等其他環境參數間接產生影響（Moullac et al.，2000）。

如圖5－26所示，血藍蛋白濃度在水溫5℃、10℃時差異不顯著（$P>0.05$）；溫度15℃時血藍蛋白濃度達到最高峰，為149.33mg/mL，和其他各溫度組差異顯著（$P<0.05$）。之後隨著溫度的升高，血藍蛋白濃度逐漸降低。

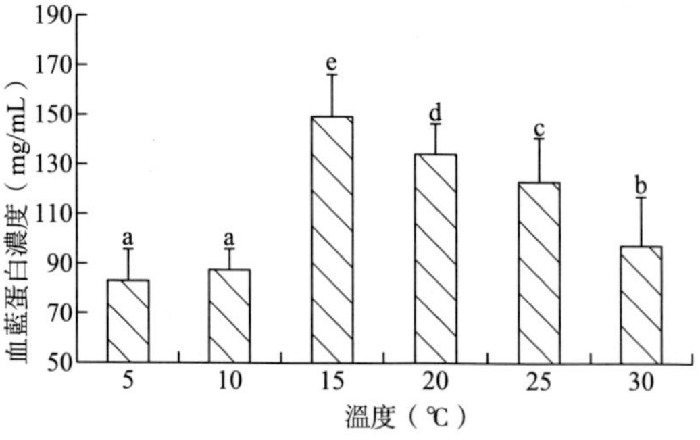

圖5－26　溫度對口蝦蛄血藍蛋白的影響

如圖 5-27 所示，血細胞個數隨著溫度的升高先增加，在溫度 15℃時達到最高峰，為 9.77×10^7 個/mL，顯著高於其他各溫度組個數（$P<0.05$）。之後隨著溫度的繼續升高，血細胞個數逐漸減小，在 30℃最低，為 3.38×10^7 個/mL，相對於 15℃時降低了 65.40%。10℃、25℃差異不顯著（$P>0.05$），其餘各溫度組差異顯著（$P<0.05$）。

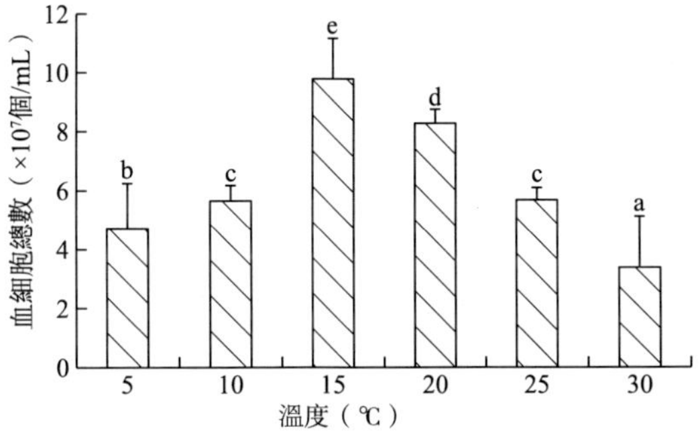

圖 5-27　溫度對口蝦蛄血細胞總數的影響

如圖 5-28 所示，酸性磷酸酶活力在水溫 5℃和 10℃時差異不顯著（$P>0.05$）；隨著溫度的升高，酶活力呈現先增大後減小的趨勢，在 25℃時達到最大值，為 22.07U/g，略高於 20℃組，兩溫度組差異不顯著（$P>0.05$）。

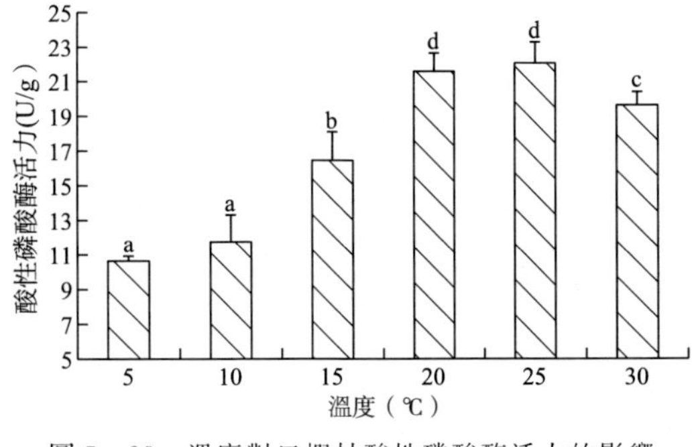

圖 5-28　溫度對口蝦蛄酸性磷酸酶活力的影響

如圖 5-29 所示，口蝦蛄鹼性磷酸酶活力隨溫度的升高呈現增大的趨勢，在 30℃時達到最大值，為 7.93 金氏單位* /g，各溫度組酶活力差異顯著（$P<0.05$）。

---

* 金氏單位是一種磷酸酶效能單位。1 金氏單位=7.14U/L。

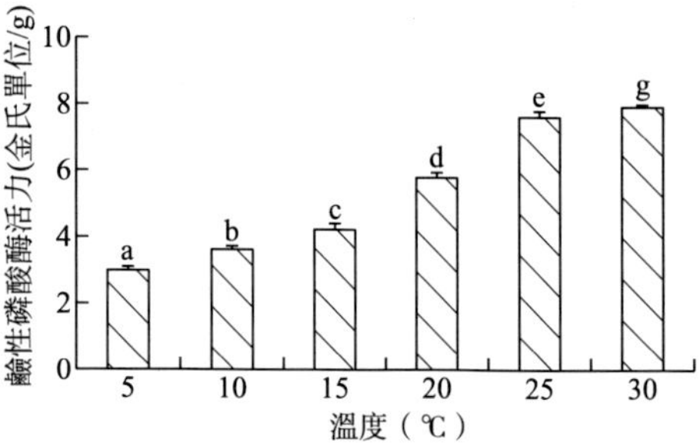

圖 5-29　溫度對口蝦蛄鹼性磷酸酶活力的影響

如圖 5-30 所示，過氧化氫酶活力隨著溫度的增大呈現上升的趨勢，至30℃時達到最大值，為 2.12×10^3 U/g；15℃和 20℃組、25℃和 30℃組差異不顯著（$P>0.05$）。

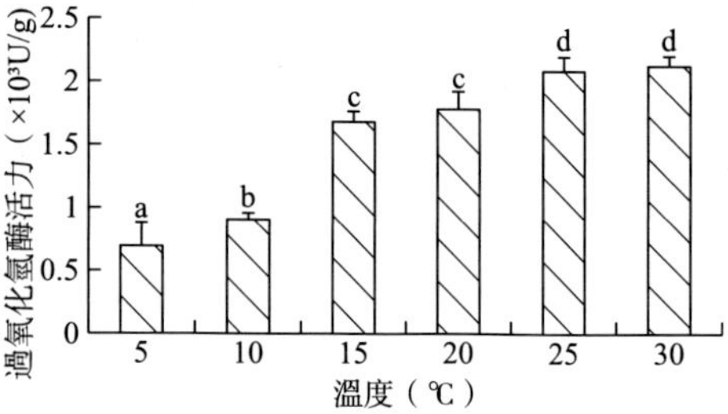

圖 5-30　溫度對口蝦蛄過氧化氫酶活力的影響

如圖 5-31 所示，溶菌酶活力在水溫 5℃、10℃差異不顯著（$P>0.05$）；隨著溫度的升高，酶活力呈現先增大後減小的趨勢，在 20℃時達到最大值，為 17.61U/mL，15℃、20℃、25℃、30℃組差異不顯著（$P>0.05$）。

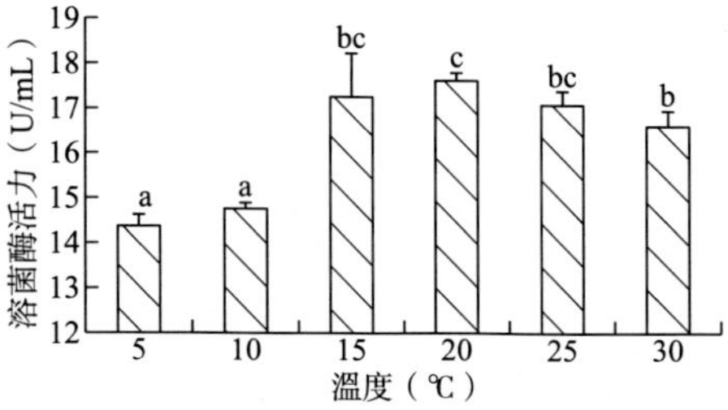

圖 5-31　溫度對口蝦蛄溶菌酶活力的影響

如圖 5-32 所示，過氧化物歧化酶活力在水溫 5℃和 10℃以及 15℃、20℃

和 25℃時差異不顯著（$P>0.05$），過氧化物歧化酶活力隨著溫度的增大呈現上升的趨勢，至 30℃達到最大值，為 3.25×10^3 U/g，顯著高於其餘各溫度組（$P<0.05$）。

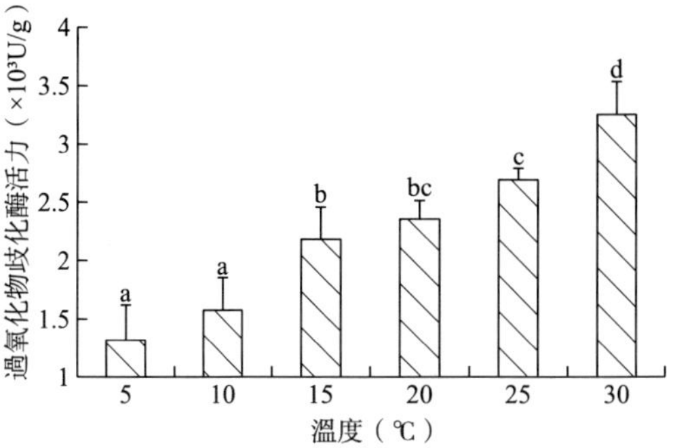

圖 5－32　溫度對口蝦蛄過氧化物歧化酶活力的影響

溫度能顯著影響口蝦蛄免疫機能。Moullac 等（2000）研究表明，在 24h 內水體溫度由 27℃下降到 18℃，細角濱對蝦血細胞數量明顯降低；水溫由 19℃降至 4℃時，測定龍蝦的血細胞數只有原來的 50%（Perazzolo et al.，2002）；羅氏沼蝦水體溫度為 27℃和 30℃時的血細胞總數顯著高於在 20℃和 33℃溫度下的數量（Cheng et al.，2000）。吳丹華等（2010）在對溫度脅迫對三疣梭子蟹的免疫因子的研究中得出 8℃下兩種群體蟹的血藍蛋白含量均高於 34℃脅迫組的含量。口蝦蛄在 15℃時 THC 和血藍蛋白濃度最高，偏離 15℃時 THC 隨著溫度的變化而逐漸降低。可見，甲殼動物 THC 和血藍蛋白都與溫度密切相關，超出適溫範圍，含量下降。

口蝦蛄屬於變溫動物，其機體內溫度會隨著水體溫度的升高而升高。已有研究表明，在 6～31℃範圍內，隨著溫度增加，口蝦蛄的耗氧率、排氨率均增加（廖永岩等，2007）；口蝦蛄的呼吸隨溫度的升高，耗氧量和耗氧率均呈上升趨勢，當溫度為 16～24℃，口蝦蛄的耗氧率受溫度影響不大，耗氧率變化較平穩（徐海龍等，2008）。溫度升高促進機體代謝加快，造血器官中的幹細胞的分裂速度加快，細胞活動加劇，細胞吞噬活力增強，免疫力增大。但是當溫度過高或過低時，也會對細胞免疫產生抑制作用，THC 下降，細胞吞噬活力減弱，免疫力降低，加大了對外界病菌的易感性。水體溫度的升高，水體中溶氧降低，血藍蛋白的亞基構象發生改變（潘魯青等，2008）。此外，水體溫度的升高，血淋巴 pH 隨之減小，降低了血藍蛋白與氧的結合性，導致口蝦蛄處在缺氧的環境，降低蝦的免疫反應。有學者認為斑節對蝦在缺氧條件下其血細胞對哈維氏弧菌的吞噬能力和清除能力均減弱；水中溶解氧的下降是造成蝦白斑症候群爆發的重要誘因之一（Cheng et al.，2002；王克行等，1998；管越強等，2008）。

七、鹽度脅迫對口蝦蛄免疫的影響

如圖 5－33 所示，隨著鹽度的逐步增加，血藍蛋白濃度先增大，在鹽度 30 達到最高峰，為 122.973mg/mL，隨後血藍蛋白濃度逐漸減小；21 鹽度組與 24 鹽度組、27 和 30 鹽度組差異不顯著（$P>0.05$），其他各鹽度組之間差異顯著（$P<0.05$）。

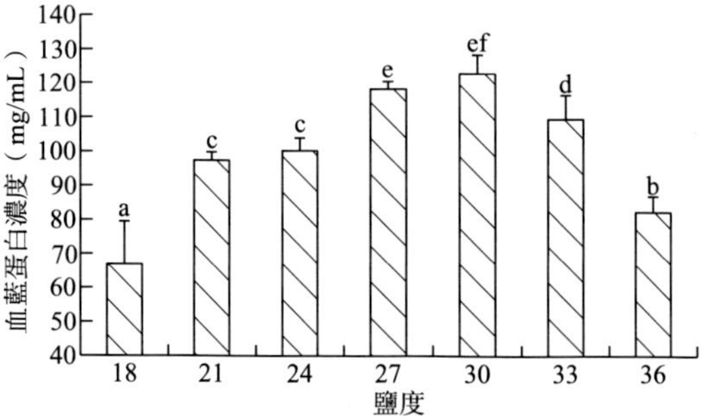

圖 5－33　鹽度對口蝦蛄血藍蛋白的影響

如圖 5－34 所示，隨著鹽度的逐步增加，血細胞總數先增大，在鹽度 30 達到最高峰，隨後血細胞總數逐漸減小。

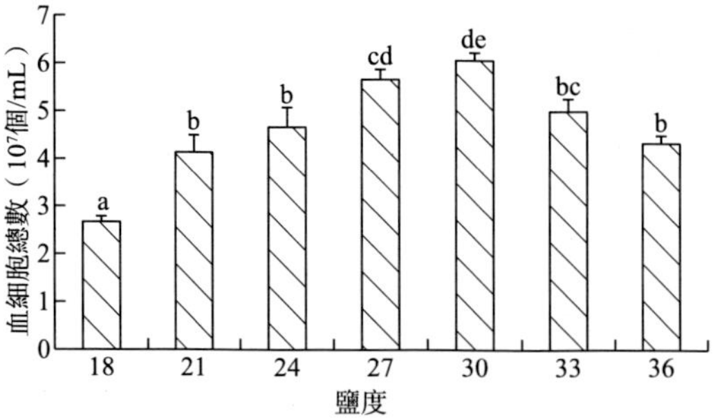

圖 5－34　鹽度對口蝦蛄血細胞總數的影響

如圖 5－35 所示，隨著鹽度的逐步增加，口蝦蛄酸性磷酸酶活力先增大，在鹽度 27 達到最高峰，為 24.759U/g，顯著高於其他鹽度組（$P<0.05$），隨後酶活力逐漸減小；18、21、33、36 鹽度組差異不顯著（$P>0.05$），其他各鹽度組之間差異顯著（$P<0.05$）。

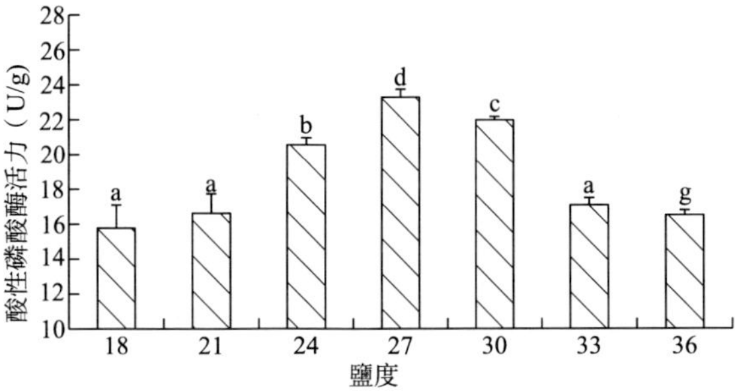

圖 5－35　鹽度對口蝦蛄酸性磷酸酶活力的影響

如圖 5－36 所示，隨著鹽度的逐步增加，口蝦蛄鹼性磷酸酶活力先增大，在鹽度 30 達到最高峰，為 12.487 金氏單位/g，顯著高於其他鹽度組（$P<0.05$），隨後鹼性磷酸酶活力逐漸減小；18、21 和 36 鹽度組以及 24、27 和 33 鹽度組之間差異不顯著（$P>0.05$），其他各鹽度組之間差異顯著（$P<0.05$）。

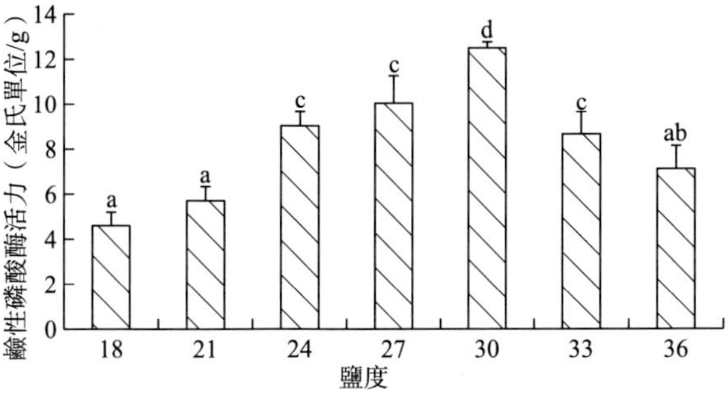

圖 5－36　鹽度對口蝦蛄鹼性磷酸酶活力的影響

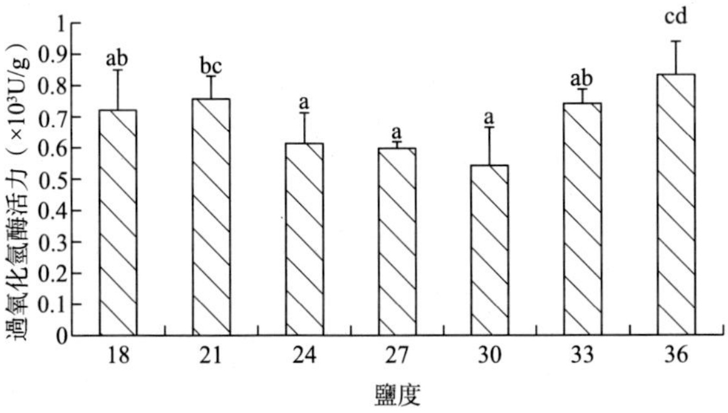

圖 5－37　鹽度對口蝦蛄過氧化氫酶活力的影響

如圖 5－37 所示，隨著鹽度的逐步增加，口蝦蛄過氧化氫酶活力先增大至鹽度 21 後開始逐漸減小。在鹽度 30 時達到最低值，為 0.542×10^3 U/g，三個鹽度組酶活力從小到大依次為 30、27、24；隨後過氧化氫酶活力逐漸增大，在鹽度 36 時達到最大值，為 0.833×10^3 U/g。

如圖 5－38 所示，隨著鹽度的逐步增加，口蝦蛄溶菌酶活力先減小，至鹽度 27 時達到最低值，為 15.70U/mL，略低於 30 鹽度組，兩組差異不顯著（$P>0.05$）；隨後溶菌酶活力逐漸增大。

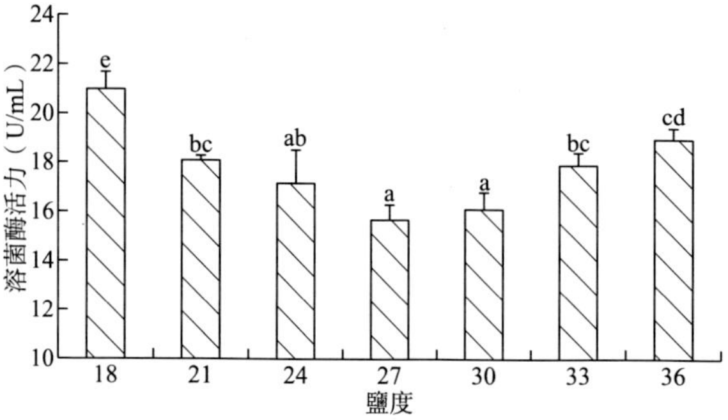

圖 5－38　鹽度對口蝦蛄溶菌酶活力的影響

如圖 5－39 所示，隨著鹽度的逐步增加，口蝦蛄過氧化物歧化酶活力先減小，至鹽度 30 時達到最低值，為 2.799×10^3 U/g，顯著低於其他各組的酶活力（$P<0.05$）；隨後溶菌酶活力逐漸增大，在鹽度 36 時達到最大值，為 4.923×10^3 U/g。24、27、33 鹽度組之間差異不顯著（$P>0.05$），其他各鹽度組之間差異顯著（$P<0.05$）。

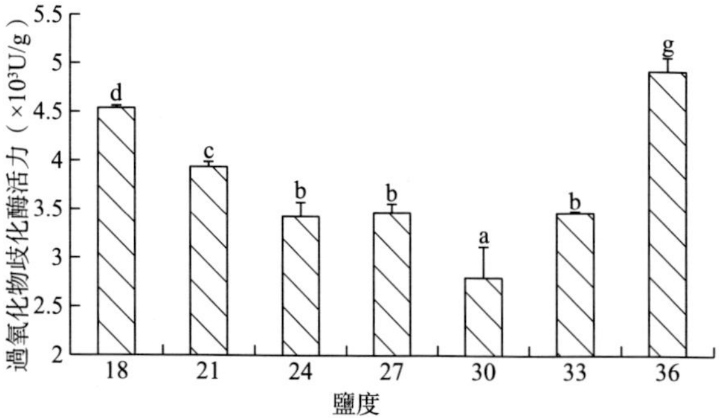

圖 5－39　鹽度對口蝦蛄過氧化物歧化酶活力的影響

鹽度的變化可影響血藍蛋白的合成與代謝，除載氧外，還具有酚氧化物酶活性、抗菌活性和抗病毒活性、凝集活性、轉運金屬離子、滲透壓調節等功能（潘魯青等，2008）。有學者認為甲殼動物血藍蛋白在不同鹽度下的合成代謝變化與其滲透調節過程密切相關，在高鹽度下血藍蛋白可裂解為游離胺基酸，維持血淋巴滲透壓平衡；鹽度發生改變時，血藍蛋白濃度不僅受滲透壓調節的影響，同時也和能量儲存和能量代謝有關。當水體鹽度過高或過低時，口蝦蛄進行滲透壓調節，機體為了維持滲透壓平衡而啟動糖異生機制，降解以血藍蛋白形式儲存在血液中的蛋白質作為能量的來源。所以，水體鹽度過高或過低時，口蝦蛄的血藍蛋白濃度較低。

水體鹽度改變使口蝦蛄體內滲透壓發生變化，造成了原來正常的生理機制的紊亂。磷酸酶是吞噬溶酶體重要的組成部分，ACP 和 AKP 的產生與血細胞吞噬和包囊作用相連繫。實驗中鹽度脅迫下 ACP、AKP 變化趨勢基本一致，表現為先升高後降低，分析這種變化趨勢可能是由於鹽度過高或過低造成的滲透壓調節，使口蝦蛄體內細胞吸水膨脹或失水縮小，細胞內與免疫相關的功能受到影響，磷酸酶活力降低，機體免疫力減弱。

實驗結果中各鹽度組口蝦蛄肌肉中 CAT、LZM 和 SOD 活力均不同，鹽度脅迫時，肌肉中酶活力升高，表明水體鹽度脅迫對口蝦蛄體內免疫酶活力影響顯著（$P<0.05$）。CAT 可以減少自由基對正常細胞的損傷，對細胞生理代謝過程中產生的活性氧起消除作用。LZM 是吞噬細胞殺菌的物質基礎，為鹼性蛋白質，具有機體防禦的功能，溶菌酶活性是衡量動物體非特異性免疫的一個重要指標（黃旭雄等，2007）。SOD 是生物體內一種重要抗氧化防禦酶，其基本功能是清除由代謝產生的活性氧，防止活性氧病變。有學者認為當甲殼動物機體受到輕度逆境脅迫時活性被誘導，而受重度逆境脅迫時其活性則被抑制（陳宇鋒等，2007）。研究表明口蝦蛄最適鹽度為 24～36（劉海映等，2006），所以，在受到正常範圍內的高鹽度或低鹽度脅迫時，口蝦蛄對能量的需要增加，尤其是鹽度突變導致的代謝加速，體內產生大量的活性氧自由基，會產生一種壓力和保護反應，誘導免疫酶活力以增強免疫力。

八、飢餓脅迫對口蝦蛄免疫的影響

飢餓是甲殼動物在自然水域生態系中經常面臨的一種生理脅迫現象，是影響正常生長、發育和生存的一個重要環境因子。飢餓對甲殼動物生理生態的影響研究受到各國學者的高度重視，飢餓可以影響甲殼動物代謝、行為、組織結構、酶活性、生長和機體組成成分等（溫小波等，2002；林小濤等，2004；Jones et al.，2000；Calado et al.，2008），還可影響免疫功能（田相利等，2004；Adriana et al.，2002；Verghese et al.，2008），嚴重時可引起動物神經內分泌功能紊亂，誘發各種疾病，甚至導致死亡，而有關飢餓脅迫對口蝦蛄免疫影響的研究尚未見報導。因此，筆者測定了飢餓脅迫下口蝦蛄成體的血細胞總數、血藍蛋白濃度以及主要溶酶體酶的活力，探討了口蝦蛄各種免疫因子在飢餓脅迫下生理生化特性及作用機制，對於口蝦蛄免疫防禦機制的深入研究和疾病預防具有重要的現實意義。

如圖 5－40 所示，隨著飢餓時間的增加，血藍蛋白濃度呈現減小的趨勢。飢餓對照組的血藍蛋白濃度最高，為 143.903mg/mL，飢餓 25d 後的血藍蛋白濃度最低，為 26.312mg/mL，後者是前者的血藍蛋白濃度的 18.28%。飢餓 5d 和飢餓 10d 差異不顯著（$P>0.05$），飢餓 15d 和飢餓 20d 差異不顯著（$P>0.05$），其餘各飢餓組差異顯著（$P<0.05$）。

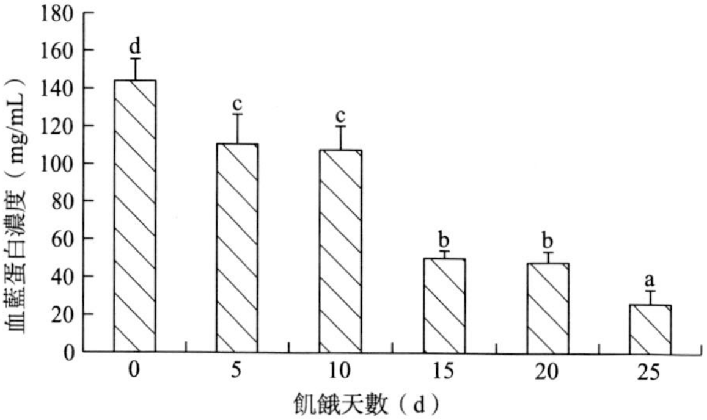

圖 5－40　飢餓脅迫對口蝦蛄血藍蛋白的影響

如圖 5－41 所示，隨著飢餓天數的增加，血細胞總數逐漸減小，在飢餓 25d 時達到最小值，為 2.33×10^7 個/mL，顯著低於其他飢餓組（$P<0.05$），飢餓 25d 的血細胞個數是對照組的 31.87%；飢餓 15d 和飢餓 20d 差異不顯著（$P>0.05$），其他各飢餓組之間差異顯著（$P<0.05$）。

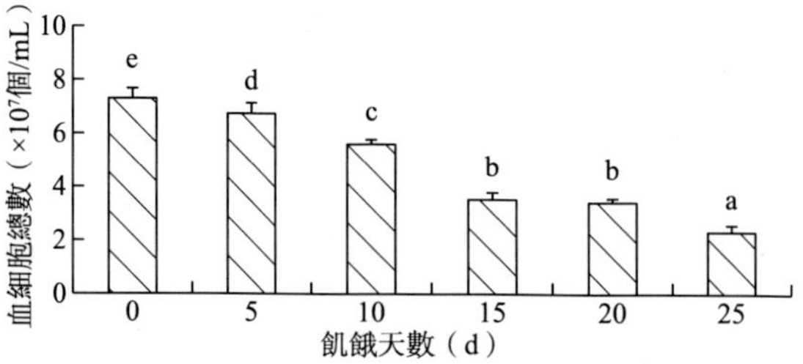

圖 5－41　飢餓脅迫對口蝦蛄血細胞總數的影響

如圖 5－42 所示，隨著飢餓時間的增加，口蝦蛄酸性磷酸酶活力呈現減小的趨勢，飢餓 25d 達到最小值，為 10.06U/g，飢餓 25d 的 ACP 活力是對照組的 47.2%；飢餓 5d 和飢餓 10d 酶活力差異不顯著（$P>0.05$），其他各飢餓組之間差異顯著（$P<0.05$）。

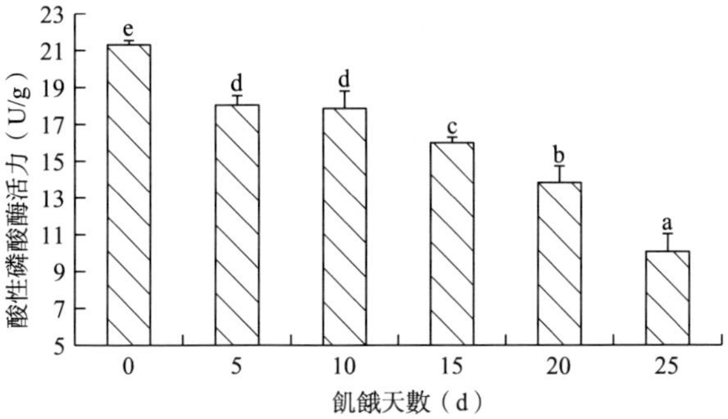

圖 5－42　飢餓脅迫對口蝦蛄酸性磷酸酶活力的影響

如圖 5－43 所示，隨著飢餓天數的增加，口蝦蛄鹼性磷酸酶活力呈現減小的趨勢，在飢餓 25d 達到最低值，為 7.411 金氏單位/g，飢餓 25d 的 AKP 活力是對照組的 40.39%；在飢餓 5d、10d、15d 鹼性磷酸酶活力相對穩定，差異不顯著（$P>0.05$），其餘各飢餓組差異顯著（$P<0.05$）。

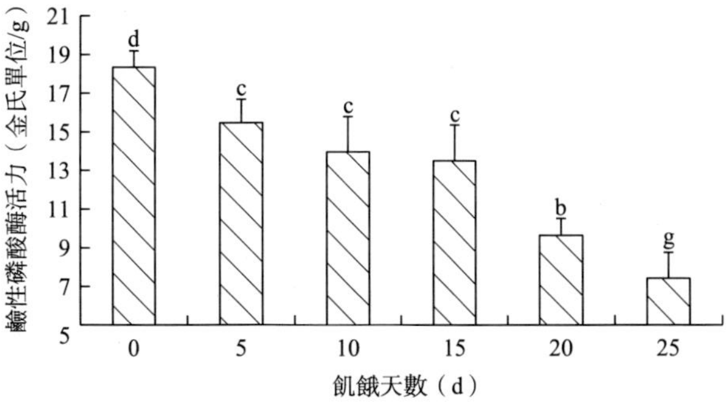

圖 5－43　飢餓脅迫對口蝦蛄鹼性磷酸酶活力的影響

如圖 5－44 所示，隨著飢餓天數的增加，口蝦蛄過氧化氫酶活力先顯著增大，至飢餓 5d 達到最高峰，為 1.058×10^{3} U/g，飢餓 10d 酶活力略低於飢餓 5d 的酶活力，差異不顯著（$P>0.05$）；隨後，口蝦蛄過氧化氫酶活力顯著減小，在飢餓 25d 達到最低值，為 0.261×10^{3} U/g（$P<0.05$），是飢餓 5d 酶活力的 24.67%。

如圖 5－45 所示，隨著飢餓天數的增加，口蝦蛄溶菌酶活力先顯著增大（$P<0.05$），至飢餓 10d 達到最高值，為 18.693U/ml；隨後，溶菌酶活力逐

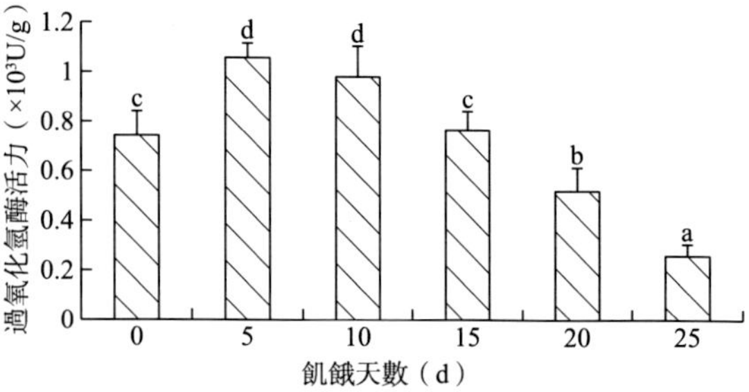

圖 5-44　飢餓脅迫對口蝦蛄過氧化氫酶活力的影響

漸減小，飢餓 25d 是飢餓 10d 酶活力的 68.17%。飢餓 10d、15d 和 20d 酶活力差異不顯著（$P>0.05$），飢餓對照組和飢餓 25d 酶活力差異不顯著（$P>0.05$）。

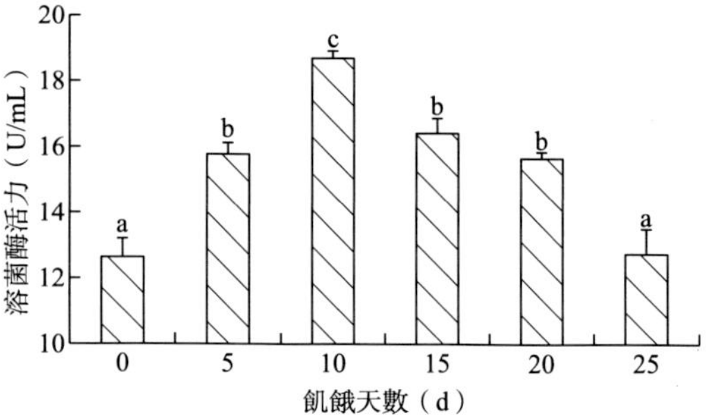

圖 5-45　飢餓脅迫對口蝦蛄溶菌酶活力的影響

如圖 5-46 所示，隨著飢餓時間的增加，口蝦蛄過氧化物歧化酶活力先顯著增大（$P<0.05$），至飢餓 10d 時達到最大值，為 5.188×10^3 U/g，顯著高於其他各組的酶活力（$P<0.05$）；隨後溶菌酶活力顯著減小，在飢餓 25d 時達到最小值，為 1.323×10^3 U/g，是飢餓 10d 酶活力的 25.50%。飢餓對照組和飢餓 20d 差異不顯著（$P>0.05$），其他各飢餓組之間差異顯著（$P<0.05$）。

營養物質是免疫系統發育及其功能的物質基礎，營養不良往往會影響機體的免疫機能。一般認為動物整體營養不良時，會引起淋巴組織萎縮、細胞免疫機能下降、體液免疫反應改變、補體 C3 下降等一系列免疫機能的改變（李德發，2001）。口蝦蛄在受到飢餓脅迫時，起初還能憑藉消耗自身儲存的營養物質調節代謝、免疫因子活性等來維持生理活動，但隨著飢餓脅迫時間的延長，體內儲存物質的損失率增大，免疫機能下降，體質逐漸虛弱，正常生理活動受

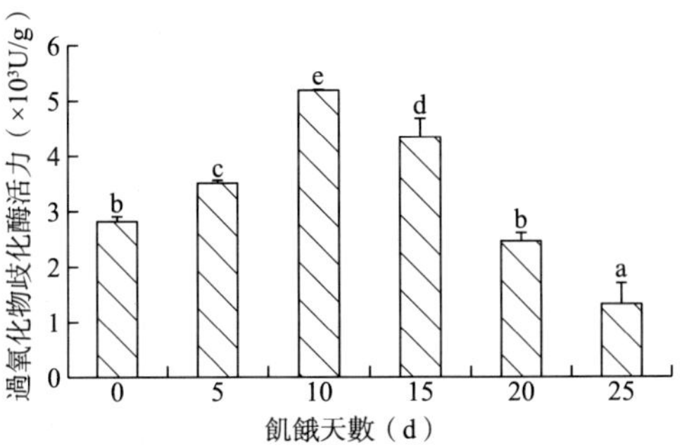

圖 5－46　飢餓脅迫對口蝦蛄過氧化物歧化酶活力的影響

到嚴重威脅，存活率會顯著下降。

九、結語

口蝦蛄的血細胞總數和血藍蛋白濃度隨著飢餓時間的延長呈現減小的趨勢，說明飢餓脅迫影響並降低了口蝦蛄的免疫機能。血細胞總量的變化直接反映出蝦類非特異性免疫能力的大小，在蝦類非特異性免疫中起著至關重要的作用。THC 低於正常水準時，抵禦病原的能力將大大降低（林小濤等，2004；Moullac et al.，2000）。飢餓脅迫 25d 口蝦蛄的 THC 比未受脅迫時下降了 44.52%，其免疫力顯著下降，易受病菌感染。血藍蛋白是一種多功能蛋白，它不僅具有輸氧功能，還參與能量的儲存、滲透壓的維持，並具有酚氧化物酶活性和抗菌的功能，被認為是一種重要的免疫因子（Silva et al.，2000；Lee et al.，2003）。隨著飢餓時間的增加，口蝦蛄血藍蛋白濃度顯著減小，血液的載氧能力顯著下降，在飢餓狀態下口蝦蛄體內的供氧不足，其代謝受到影響，機體的免疫機能減弱，易於繼發感染。

磷酸酶是機體體內重要的代謝調控酶，參與磷酸基團的轉移與鈣磷代謝，同時也是生物體內重要的解毒體系。隨著飢餓時間的延長，口蝦蛄磷酸酶活力呈現下降的趨勢，尤其在飢餓 10d 後，酶活力顯著降低，表明口蝦蛄在飢餓脅迫下其防禦能力以及抗病能力均受到顯著影響。

CAT 和 SOD 酶是蝦類的重要抗氧化酶，使自由基的形成和消除處於動態平衡，進而免除對生物體的傷害。短期飢餓脅迫使口蝦蛄處在短暫的壓力狀態，啟動體內的抗氧化酶機制，消除體內多餘的自由基，以增強機體抗氧化防禦系統；隨著飢餓時間的延長，對口蝦蛄飢餓脅迫已超過機體的適應能力，口蝦蛄自身抗氧化系統的功能造成傷害，進而造成體內自由基的積累和對細胞的損傷，降低了機體的適應能力和健康水準。

溶菌酶是非特異性免疫系統的重要成分，也是吞噬細胞殺菌的物質基礎，其活性的變化可作為評價甲殼動物免疫機能狀態的重要指標。由於飢餓脅迫，口蝦蛄長時間未攝取外源營養和能量，一直處於營養不良狀態，新陳代謝緩慢，出現對外界環境的不適應性，有害物質對於蝦體的威脅加強。口蝦蛄在飢餓初期，透過增大溶菌酶活力，增強機體內免疫機能來適應外界環境，加強自我保護。但隨著飢餓時間延長，其體內的營養狀況嚴重不足，酶活力顯著降低。

廖永岩等（2000）認為與其他十足目等甲殼動物一樣，口蝦蛄的免疫防禦為非特異性免疫。一般認為甲殼動物體液中不具有免疫球蛋白，缺乏抗體介導的免疫反應，然而它們卻能以不同的方式抵禦病原體的侵襲並能辨識異己物質，其免疫反應具有不同於脊椎動物的一些獨特的性質，主要包括血細胞的吞噬、包掩以及血淋巴中的一些酶或因子的殺菌、抗菌作用等，這些反應機制傳統上被分為細胞免疫和體液免疫（Adachi et al.，2006）。實際上在甲殼動物中兩者密切相關，如體液因子可在血細胞中合成並釋放出來，細胞反應又受體液因子的介導和影響等。因此，血細胞既是細胞免疫的承擔者，又是體液免疫因子的提供者（Johansson et al.，2000），在防禦反應中起著決定性的作用。血細胞數量（THC）在一定程度上反映了機體的免疫壓力能力或健康狀態。溶菌體酶作為體液免疫中重要的組成部分，也起到了重要的免疫防禦作用，包括磷酸酶、過氧化物酶、溶菌酶以及超氧化物歧化酶等。血藍蛋白是血淋巴蛋白中重要的一種可溶性蛋白，占血淋巴總蛋白的90％以上，是血淋巴中的含銅呼吸蛋白，許多學者研究認為，血藍蛋白可能是甲殼動物中一種新的重要免疫分子（Lee et al.，2003；Pless et al.，2003；Zhang et al.，2004）。

AKP和ACP在防禦機制中，直接參與磷酸基團的轉移和代謝，加速物質的攝取和轉運，與LZM一樣都是吞噬細胞殺菌的物質基礎，能形成水解酶體系，破壞和消除侵入體內的異物，達到機體防禦的功能（劉樹青等，1999；李長紅等，2008）。本研究中，口蝦蛄ACP活力在25℃時最高，AKP活力在30℃時最高，LZM活力在20℃時最高，隨著溫度的降低或升高均下降，這與在克氏原螯蝦（王天神等，2012）、凡納濱對蝦（景福濤等，2006）、鋸緣青蟹（丁小豐等，2010）等甲殼動物中測得的趨勢相似。口蝦蛄因水體溫度變化受到脅迫，產生壓力反應。在低溫或高溫環境中口蝦蛄新陳代謝強度紊亂，機體始終處於脅迫狀態，導致免疫適應不良，免疫酶活力處於較低的水準；相比之下在適宜的溫度範圍內具有較高的免疫水準。

參考文獻

蔡詩慶，胡超群，任春華，2009. 三株海洋酵母的生化營養成分分析\[J\]. 熱帶海洋學報，28（2）：62-65.

蔡雪峰，羅琳，李權，等，2000. 日本沼蝦血細胞的初步研究\[J\]. 水生生物學報，3：289-292.

陳立新，葛國昌，1996. 我國若干地區所產鹵蟲卵及幼蟲的主要營養成分\[J\]. 海洋通報，15（3）：19-27.

陳宇鋒，艾春香，林瓊武，等，2007. 鹽度脅迫對鋸緣青蟹血清及組織、器官中 PO 和 SOD 活性的影響\[J\]. 臺灣海峽，26（4）：569-575.

丁小豐，楊玉嬌，金珊，等，2010. 溫度變化對鋸緣青蟹免疫因子的脅迫影響\[J\]. 水產科學，29（1）：1-6.

管越強，俞志明，宋秀賢，2008. 主要環境因子對蝦類免疫反應及疾病發生的影響\[J\]. 海洋環境科學，27（5）：554-560.

杭小英，陳惠群，葉雪平，等，2007. 2 種蝦蛄血淋巴細胞的初步研究\[J\]. 浙江海洋學院學報（自然科學版），2：155-159.

胡毅，潘魯青，2006. 三疣梭子蟹消化酶的初步研究\[J\]. 中國海洋大學學報，36（4）：621-626.

黃凱，王武，盧潔，2004. 飼料中鈣、磷和水體鹽度對南美白對蝦幼蝦生長的影響\[J\]. 海洋科學，28（2）：21-26.

黃旭雄，2007. 鹵蟲的營養\[J\]. 水產科學，26（11）：628-631.

黃旭雄，周洪琪，2007. 甲殼動物免疫機能的衡量指標及科學評價\[J\]. 海洋科學，31（7）：90-96.

姜永華，顏素芬，2009. 反應溫度對中國龍蝦消化酶活力的影響\[J\]. 集美大學學報，14（1）：15-19.

姜祖輝，王俊，唐啟升，2000. 體重、溫度和飢餓對口蝦蛄呼吸和排泄的影響\[J\]. 海洋水產研究，21（3）：28-32.

景福濤，潘魯青，胡發文，2006. 凡納濱對蝦對溫度變化的免疫響應\[J\]. 中國海洋大學學報，36：40-44.

孔利佳，湯宏斌，2002. 實驗動物學\[M\]. 武漢：湖北科學技術出版社.

李德發，2001. 中國飼料大全\[M\]. 北京：中國農業出版社.

李紅，張坤生，2004. 紅酵母發酵生產 β-胡蘿蔔素\[J\]. 食品研究與開發，25（3）：58-60.

李希國，李加兒，區又君，2006. 鹽度對黃鰭鯛幼魚消化酶活性的影響及消化酶活性的晝夜變化\[J\]. 漁業科學進展，27（1）：40-45.

李長紅，金珊，2008. 三疣梭子蟹血淋巴免疫功能的初步研究\[J\]. 水產科學，27（4）：163-166.

廖永岩，吳蕾，蔡凱，等，2007. 鹽度和溫度對中華虎頭蟹（*Orithyia sinica*）存活和攝餌的影響\ [J\]. 生態學報，27 (2)：627-639.
廖永岩，周友廣，葉富良，2000. 斑節對蝦與黑斑口蝦蛄血相的比較研究\ [J\]. 中山大學學報，39：271-277.
林小濤，周小壯，于赫男，等，2004. 飢餓對南美白對蝦生化組成及補償生長的影響\ [J\]. 水產學報，28 (1)：47-53.
劉海映，王冬雪，姜玉聲，等，2012. 鹽度對口蝦蛄假溞狀幼體存活和攝食的影響\ [J\]. 大連海洋大學學報，27 (4)：311-314.
劉海映，徐海龍，林月嬌，2006. 鹽度對口蝦蛄存活和生長的影響\ [J\]. 大連水產學院學報，21 (2)：180-183.
劉樹青，江曉路，牟海津，等，1999. 免疫多糖對中國對蝦血清溶菌酶、磷酸酶和過氧化物酶的作用\ [J\]. 海洋與湖沼，30 (3)：278-283.
梅文驤，王春琳，徐善良，等，1993. 口蝦蛄（*Oratosquilla oratoria*）耗氧量、耗氧率及窒息點的初步研究\ [J\]. 浙江水產學院學報，12 (4)：249-256.
孟慶武，張秀梅，張沛東，2006. 飢餓對凡納濱對蝦仔蝦攝食行為和消化酶活力的影響\ [J\]. 海洋水產研究，27 (5)：44-50.
潘魯青，金彩霞，2008. 甲殼動物血藍蛋白研究進展\ [J\]. 水產學報，32 (3)：484-491.
沈文英，胡洪國，潘雅娟，2004. 溫度和 pH 值對南美白對蝦（*Penaeus vannmei*）消化酶活性的影響\ [J\]. 海洋與湖沼，35 (6)：543-548.
沈文英，壽建昕，金葉飛，2003. 銀鯽消化酶活性與 pH 的關係\ [J\]. 浙江農業學報，15 (1)：39-41.
宋林生，季延賓，蔡中華，等，2004. 溫度驟升對中華絨螯蟹（*Eriocheir sinensis*）幾種免疫化學指標的影響\ [J\]. 海洋與湖沼，35 (1)：75-77.
田相利，董雙林，王芳，2004. 不同溫度對中國對蝦生長及能量收支的影響\ [J\]. 應用生態學報，15 (4)：678-682.
王波，張錫烈，孫丕喜，1998. 口蝦蛄的生物學特徵及其人工育種生產技術\ [J\]. 黃渤海海洋，16 (2)：64-73.
王克行，馬甡，李曉甫，1998. 試論對蝦白斑病爆發的環境因子及防病措施\ [J\]. 中國水產，12：34-35.
王天神，周鑫，趙朝陽，等，2012. 不同溫度條件下克氏原螯蝦免疫酶活性變化\ [J\]. 江蘇農業科學，40 (12)：239-241.
溫小波，陳立僑，艾春香，等，2002. 中華絨螯蟹親蟹的飢餓代謝研究\ [J\]. 應用生態學報，13 (11)：1441-1444.
吳丹華，鄭萍萍，張玉玉，等，2010. 溫度脅迫對三疣梭子蟹血清中非特異性免疫因子的影響\ [J\]. 大連海洋大學學報，25 (4)：370-375.
吳立新，董雙林，姜志強，2004. 飢餓對甲殼動物生理生態學影響的研究進展\ [J\]. 應用生態學報，15 (4)：723-727.
吳垠，孫建明，周遵春，等，2003. 飼料蛋白質水準對中國對蝦生長和消化酶活性的影響

\ [J \ ]. 大連水產學院學報，18（4）：258-262.
徐海龍，劉海映，林月嬌，2008. 溫度和鹽度對口蝦蛄呼吸的影響 \ [J \ ]. 水產科學，27（9）：443-446.
嚴佳琦，黃旭雄，黃征征，等，2011. 營養方式對小球藻生長性能及營養價值的影響 \ [J \ ]. 漁業科學進展，32（4）：9.
楊世平，吳灶和，簡紀常，2011. 一株海洋紅酵母的營養組分分析 \ [J \ ]. 飼料工業，32（10）：52-54.
葉星，鄭清梅，白俊傑，等，2003. 短溝對蝦和斑節對蝦酚氧化酶原基因的克隆和序列分析 \ [J \ ]. 海洋與湖沼，34（5）：533-539.
于建平，1993. 日本對蝦血細胞分類、密度及組成 \ [J \ ]. 青島海洋大學學報，1：107-114.
臧維玲，戴習林，江敏，等，2002. 鹽度對日本對蝦生長與瞬時耗氧率的影響 \ [J \ ]. 上海水產大學學報，2：114-117.
趙朝陽，周鑫，邴旭文，等，2010. 飢餓對克氏原螯蝦親蝦消化酶活性及部分免疫指標的影響 \ [J \ ]. 大連水產學院學報，25（1）：85-87.
周凡，肖金星，陸靜，等，2013. 飢餓對莫桑比克草蝦幼蝦生存、肌肉組成、消化酶活力及免疫因子的影響 \ [J \ ]. 水產科技情報，40（2）：67-71.
周華偉，林煒鐵，陳濤，2005. 小球藻的異養培養及應用前景 \ [J \ ]. 胺基酸和生物資源，27（4）：69-73.
祝堯榮，壽建昕，沈文英，2009. 溫度對克氏原螯蝦消化酶活性的影響 \ [J \ ]. 浙江農業學報，21（3）：238-240.
Adachi K，Endo H，Watanabe T，et al.，2006. Hemocyanin in the exoskeleton of crustaceans enzymatic properties and immunolocalization \ [J \ ]. Pigment Cell Res，18（2）：136-143.
Adriana M A，Fernando L G，2002. Influence of molting and starvation on the synthesis of proteolytic enzymes in the midgut gland of the white shrimp *Penaeus vannamei* \ [J \ ]. Co-mp. Biochem. Physiol. Part B，133：383-394.
Arturo S P，Fernando G C，Adriana M A，et al.，2006. Usage of energy reserves in crustaceans during starvation：Status and future directions \ [J \ ]. Insect Biochem. Mol. Biol.，36：241-249.
Bhosale P，Sakaki RV，Nakanishi T，et al.，2001. Production of β-carotene by a *Rhodotorula glutinis* mutant in sea water medium \ [J \ ]. Bioresour. Technol.，76（1）：53-55.
Calado R，Dionisio G，Bartilotti C，et al.，2008. Importance of light and larval morphology in starvation resistance and feeding ability of newly hatched marine ornamental shrimps *Lysmata* spp.（Decapoda：Hippolytidae）\ [J \ ]. Aquaculture，283（1-4）：56-63.
Cheng W，Chen J C，2000. Effects of pH，temperature and salinity on immune parameters of the freshwater prawn *Macrobrachium rosenbergii* \ [J \ ]. Fish & Shellfish Immun.，

10 (4): 387-391.

ChengW, Liu C H, Hsu J P, et al., 2002. Effect of hypoxia on the immune response of giant freshwater prawn *Macrobrachium rosenbergii* and its susceptibility to pathogen *Enterococcus* \ [J \ ]. Fish and Shellfish Immun, 13: 351-365.

Claus C, Benijts F, Vandeputte G, et al., 1979. The biochemical composition of the larvae of two strains of *Artemia salina* reared on two different algal foods \ [J \ ]. J Exp Mar Biol Ecol, 36: 171-183.

Gangadhara B, Nandeesha M C, Varghese T J, et al., 1997. Effect of varying protein and lipid levels on the growth of Rohu, *Labeo rohita* \ [J \ ]. Asian Fish Sci, 10 (2): 139-147.

Hennig OL, Andreatta ER, 1998. Effect of temperature in an intensive nursery system for *Penaeus paulensis* \ [J \ ]. Aquaculture, 164 : 167-172.

Johansson M W, Keyser P, Sritunyalucksana K, et al., 2000. Crustacean haemocytes and haemato-poiesis \ [J \ ]. Aquaculture, 191 (1-3): 45-52.

Jones P L, Obst J H, 2000. Effects of Starvation and Subsequent Refeeding on the Size and Nutrient Content of the Hepatopancreas of *Cherax destructor* (Decapoda: Parastacidae) \ [J \ ]. J. Crustac Biol., 20 (3): 431-441.

Ko C F, Chiou T T, Vaseeharan B, et al., 2007. Cloning and characterisation of a prophenoloxidase from the haemocytes of mud crab *Scylla serrata* \ [J \ ]. Developmental & Comparative Immunology, 31 (1): 12-2.

Kumar, S, Tamura, et al., 2001. M. MEGA2: molecular evolutionary genetics analysis software \ [J \ ]. Bioinformatics, 17 (12): 1244-1245.

Lai C Y, Cheng W, Kuo C M, 2005. Molecular cloning and characterisation of prophenoloxidase from haemocytes of the white shrimp, *Litopenaeus vannamei* \ [J \ ]. Fish Shellfish Immunol, 18 (5): 417-430.

Lee S Y, Lee B L, S K, 2003. Processing of an antibacterial peptide from hemocyanin of the freshwater crayfish *Pacifastacus leniusculus* \ [J \ ]. J Biol Chem, 278: 7927-7933.

Moullac L G, Haffner P, 2000. Environmental factors affecting immune responses in Crustacea \ [J \ ]. Aquaculture, 191: 121-131.

Perazzolo L M, Gargioni R, Ogliari P, et al., 2002. Evaluation of some Hemato-immunological Parameters in the shrimp *Farfantepenaeus paulensis* Submitted to environmental and Physiological stress [J] . Aquaeulture, 214: 19-33.

Pless D D, Aguilar M B, Falcon A, et al., 2003. Latent phenoloxidase activity and N-terminal amino acid sequence of hemocyanin from *Bathynomus giganteus*, a primitive crustacean \ [J \ ]. Arc Biochem Biophys, 409: 402-410.

Silva P I J, Daffres S, Bulet P, 2000. Isolation and characterization of gomesin, an 18-residue cysteine-rich defense peptide from the spider *Acanthoscurria gomesiana* hemocytes with sequence similarities to horseshoe crab antimicrobial peptides of the tachyplesin family

\ [J \ ]. J Biol Chem, 275: 33464-33470.

Sritunyalucksana K, Cerenius L, Sderhll K, 1999. Molecular cloning and characterization of prophenoloxidase in the black tiger shrimp, *Penaeus monodon* \ [J \ ]. Developmental & Comparative Immunology, 23 (3): 179-186.

Stottrup J G, Richardson K, Kirkegaard E, et al. , 1986. The cultivation of *Acartia tonsa* Dana for use as a live food source formarine fish larvae \ [J \ ]. Aquaculture, 52: 87-96.

Verghese B, Radhakrishnan E V, Padhi A, 2008. Effect of moulting, eyestalk ablation, starvation and transportation on the immune response of the Indian spiny lobster, *Panulirus homarus* \ [J \ ]. Aquaculture Research, 39 (9): 1009-1013.

Wang Y C, Chang P S, Chen H Y, 2006. Tissue distribution of prophenoloxidase transcript in the Pacific white shrimp *Litopenaeus vannamei* \ [J \ ]. Fish & Shellfish Immunology, 20 (3): 414-418.

Winston G W, 1991. Oxidants and antioxidants in aquatic animals \ [J \ ]. Comp Biochem Physiol, 100C: 173-176.

Zhang X B, Huang C H, Qin Q W, 2004. Antiviral properties of hemocyanin isolated from *Penaeus monodon* \ [J \ ]. Antiviral Res, 61: 93-99.

第六章

口蝦蛄行爲學特徵

第一節　口蝦蛄的光反應行為

光照是普遍存在的生態環境因子，能直接或間接地影響生物的攝食、存活和生長等。蝦蟹類生物因具有複眼結構而對光環境更為敏感，蝦蟹類對光照環境因子具有複雜的響應機制，這種影響既有種屬特異性，也因個體發育的不同階段而有所差異（Herberholz et al.，2003）。

大多數蝦蟹感光器官的組成和發育程度有關係，也與光強有密切的關係。本節從光照週期和光照強度兩個方面分別研究了其對口蝦蛄Ⅺ期假溞狀幼體和Ⅰ期仔蝦蛄的趨光性、光反應節律性、攝食和生長等的影響，並初步研究了光照強度和光色對口蝦蛄誘集的影響。從而為口蝦蛄的人工養殖提供一些光照方面的理論支撐，為科學指導生產、創造更高經濟效益奠定基礎。

本研究在恆溫 24℃的智慧培養箱內進行，容器為白色塑膠槽（長 280mm×寬 220mm×高 110mm），每個塑膠槽內加入 3L 沙濾海水，放入 10 尾Ⅺ假溞狀幼體或 5 尾Ⅰ期仔蝦蛄。透過改變並排燈管的個數來調整光照強度（最小光強 609lx，最大光強 8940lx）進行分析。共設置 5 個光週期：白天光照 12h，晚上黑暗 12h；白天黑暗 12h，晚上光照 12h；光照 24h；黑暗 24h；自然光照組（光照 14h，黑暗 10h）。攝食行為的研究於晚 7：00 開始，每個塑膠槽投餵鮮活糠蝦 30 尾，次日早上開燈前，記錄攝食量及實驗對象死亡數。用吸管吸出殘餌與糞便，換水入 1/3 新鮮海水。之後每 12h 重複上述操作，每次投餵大小一致等量的糠蝦。持續 72 小時，共投餵 5 次糠蝦，計算其攝食量。

一、口蝦蛄的趨光性

口蝦蛄Ⅺ期假溞狀幼體有明顯的趨光特性，而Ⅰ期仔蝦蛄的趨光性不明顯。這一現象在繁育實驗過程中也有記錄，假溞狀幼體具有明顯的趨光行為，而在變態為仔蝦蛄後即營穴居生活，趨光特性也隨之消失。這種差異與Ⅺ期假溞狀幼體和Ⅰ期仔蝦蛄的複眼光感受器的結構有關係，顯微鏡下觀察兩個發育階段的個體，其複眼內的視色素數量存在明顯不同，從而對光照強度的敏感性也不同。

二、口蝦蛄光反應的節律性

人工養殖環境中，自然光照情況下，口蝦蛄成蝦的活動具有明顯的晝夜規律。統計 24h 內洞穴中口蝦蛄的個數，發現大多數口蝦蛄具有夜間在洞穴外活動的特點。觀察其游泳行為，在夜晚 23：00 至次日 6：00 之間，行為較為活躍。攝食方面，在 18：00 至次日 6：00 之間是攝食行為的高峰期，尤以 19：00至 22：00 攝食活動更為集中。在運動行為方面，夜晚 23：00 至次日 6：00 之間的行為較為活躍。在清潔行為方面，高峰期發生在 23：00 至次日 7：00 之間。

三、口蝦蛄光反應的誘集行為

研究顯示，口蝦蛄Ⅺ期假溞狀幼體在光強小於 5 130lx 時，沒有明顯的趨集現象。在光強達到 5 130lx 後，隨光照強度的增大，Ⅺ期假溞狀幼體的出現頻率也逐漸增大，當光強達到 8 940lx 時，區域內出現Ⅺ期假溞狀幼體的頻率最大，為 76.67%。而對於口蝦蛄Ⅰ期仔蝦蛄，在光照強度 609～8 940lx，光場範圍內均未出現明顯的趨集變化特徵（圖 6－1）。

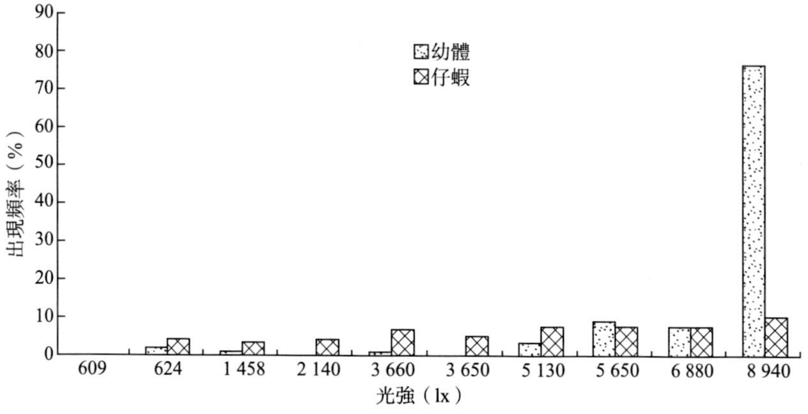

圖 6－1　光照強度對口蝦蛄誘集行為的影響

四、光照週期對口蝦蛄攝食行為的影響

透過觀察口蝦蛄Ⅺ期假溞狀幼體在不同光照週期環境的攝食量可見（圖 6－2)：自然光照組（光照 14h，黑暗 10h）的個體 24h 平均攝食量最高，乾重為 1.93mg；黑暗情況下攝食量為 1.8mg；白天黑暗 12h、晚上光照 12h 的攝食量為 1.52mg；24h 光照下的攝食量為 1.4mg；正常光照時（光照 12h，黑暗

12h）最低，乾重為 1.27mg。經檢驗，各組的攝食量差異不顯著（$P>0.05$）；但絕對攝食量結果顯示，光照 14h，黑暗 10h 是口蝦蛄Ⅺ期假溞狀幼體最適宜的攝食光照週期條件。過長或過短的光照時間，均不利於Ⅺ期假溞狀幼體攝食。

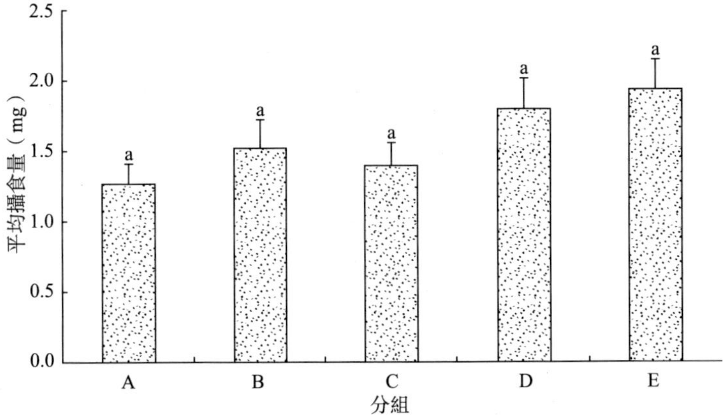

圖 6－2　不同光照週期中Ⅺ期假溞狀幼體 24h 平均攝食量

A. 正常光照　B. 白天黑暗 12h，晚上光照 12h　C. 全光照　D. 全黑暗　E. 自然光照

不同光照週期環境對Ⅰ期仔蝦蛄攝食量的影響如圖 6－3 所示。與Ⅺ期假溞狀幼體攝食結果相似，自然光照組（E：9.69mg）和全黑暗組（D：9.76mg）的個體 24h 平均攝食量最高；另外，全光照（C：8.72mg）、正常光照（光照 12h，黑暗 12h）時（A：7.28mg）以及白天黑暗 12h、晚上光照 12h 時（B：7.23mg）的攝食率較低。結果表明仔蝦蛄更適應自然光或低光照環境。

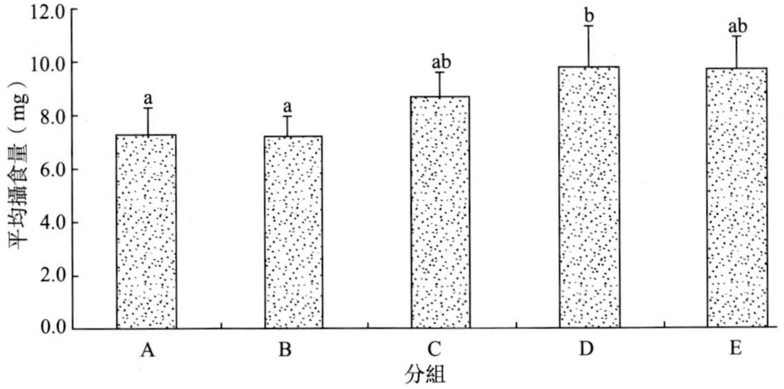

圖 6－3　不同光照週期中Ⅰ期仔蝦蛄 24h 平均攝食量

A. 正常光照　B. 白天黑暗 12h，晚上光照 12h　C. 全光照　D. 全黑暗　E. 自然光照

五、光照強度對口蝦蛄攝食行為的影響

為了分析光照強度對口蝦蛄攝食行為的影響，設置了 1 880lx、3 900lx、5 950lx、213lx 和無光照 5 個光照組，採用白天 12h（早 7：00 至晚 7：00）光照（光源為白色節能燈），夜間黑暗的光照週期持續 72h。投餵鮮活糠蝦，記錄攝食量及幼體死亡數。精確秤量 50 尾活糠蝦的質量，得到其個體平均體重，用於計算幼體的平均攝食量。

不同光照強度對口蝦蛄Ⅺ期假溞狀幼體攝食的影響如圖 6 - 4 所示。各組間差異不顯著（$P>0.05$），但光照強度 1 880lx 個體 12h 平均攝食量最高（1.36mg），其次為光照強度 3 900lx（1.11mg）、光照強度 5 950lx（1.07mg）和光照強度 213lx（1.01mg），無光照時最低（0.47mg）。幼體白天和無光照 12h 平均攝食量均低於夜晚 12h 平均攝食量。光照 213lx 時幼體白天 12h 平均攝食量為 1.03mg，高於夜晚 12h 平均攝食量。

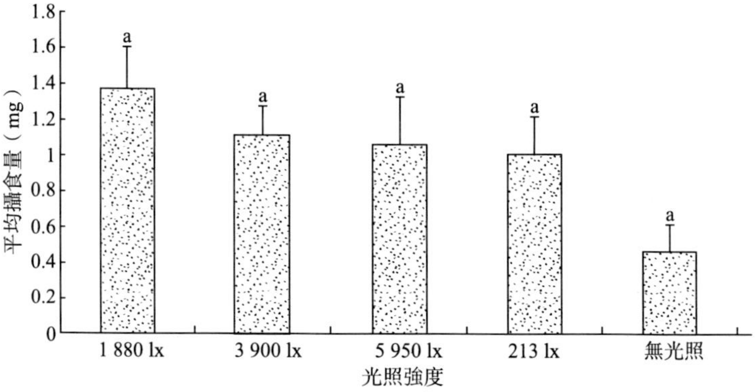

圖 6 - 4　不同光強中口蝦蛄Ⅺ期假溞狀幼體 12h 平均攝食量

不同光照強度對口蝦蛄Ⅰ期仔蝦蛄攝食的影響如圖 6 - 5 所示。光照強度 1 880lx 個體 24h 平均攝食量最高（16.77mg），其次為無光照組（16.49mg）、光照強度 213lx（15.78mg）和光照強度 3 900lx（15.35mg），最高光照強度 5 950lx下攝食量最低為 14.78mg。各組差異不顯著（$P>0.05$），但仔蝦蛄在弱光及無光下攝食量較高。白天 12h 平均攝食量各組差異也不顯著（$P>0.05$）。

光照強度對蝦蟹攝食的影響，這種影響因種而異，也因個體的發育階段不同而有所差異。實驗結果表明，光照強度過強或過弱均影響口蝦蛄幼體的攝食。Ⅺ期假溞狀幼體在光照強度為 1 880lx 的條件下攝食率最高，隨著光照強度的增加或減小，其平均攝食量逐漸降低；而Ⅰ期仔蝦蛄在各組光照強度條件下攝食率沒有太大差異，這與口蝦蛄不同生長階段的複眼發育有關。研究顯

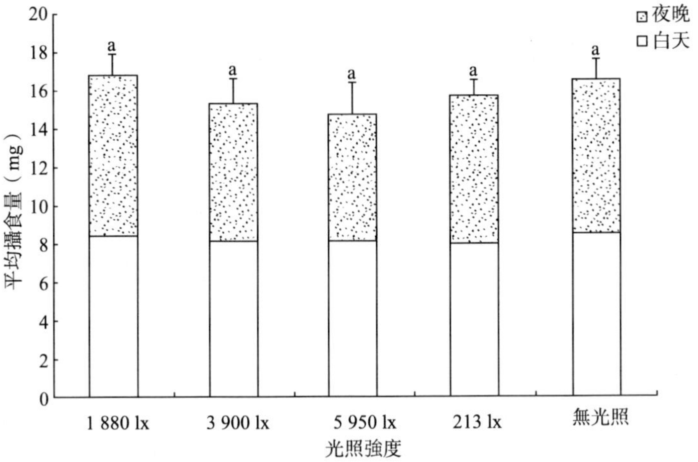

圖 6－5　不同光強中 I 期仔蝦蛄平均攝食量

示，蝦蟹幼體階段的攝食主要是靠複眼來完成的，隨著幼體的不斷發育，其複眼發育和分辨能力是不斷增強的。

六、口蝦蛄對不同光色的響應行為

光色對蝦蟹類個體生長的影響也是多方面的。有研究顯示，中國對蝦（*Fenneropenaeus chinensis*）在白熾燈照射條件下的生長速度快於其他顏色光照條件下的生長速度（王芳和宋傳民，2006）。光色不僅影響中國對蝦的生長，還影響中國對蝦稚蝦蛋白酶、澱粉酶和脂肪酶活力（劉偉和王芳，2011），藍光照射下中國對蝦代謝耗能較高、生存狀態較差，進而影響其生長。光色的影響不僅在中國對蝦有所體現，在蝦蛄類也存在。淺水和深水區生活的三棘定蝦蛄（*Haptosquilla trispinosa*）其光感受器的光譜敏感性不同，棲息於淺水區的個體對波長大於 600nm 的光較敏感；而長波光易被海水吸收，棲息深度大於 10m 的個體則對波長小於 550nm 的光更敏感（Gehrke，2010）。

口蝦蛄的光色選擇實驗中，各光色區域光源為單色 LED 燈，採用 JJY1 型分光計（浙江光學儀器製造有限公司）測量光波長。單色光光強和波長如表 6－1 所示。

表 6－1　單色光波長與光強

項目	藍光	綠光	黃光	紅光	白光
水上光強（lx）	970	990	970	990	990
波長（nm）	446～493	502～579	586～600	620～644	440～637

實驗顯示（圖 6－6），口蝦蛄Ⅺ期假溞狀幼體在白光區域出現頻率最高，為 35.71％；紅光區域出現的頻率最低，為 7.15％，顯著低於其他光照組（$P<0.05$）。Ⅰ期仔蝦蛄存在類似的結果，經 12h 暗適應並停食 12h 後，在白光區域出現頻率最高，為 27.14％；紅光區域出現的頻率最低，為 3.58％，顯著低於其他光照組（$P<0.05$）。

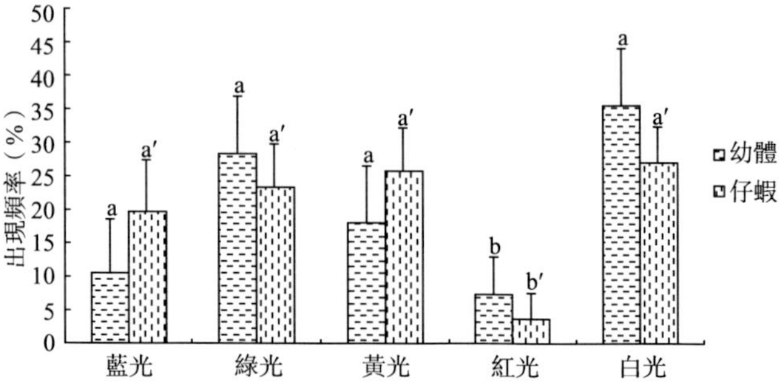

圖 6－6　光色對口蝦蛄Ⅺ期假溞狀幼體和Ⅰ期仔蝦蛄誘集的影響

口蝦蛄Ⅺ期假溞狀幼體紅光區域中 24h 平均攝食量最高，為 1.60mg（乾重）；綠光區域中個體 24h 平均攝食量最低，為 1.12mg，各組差異不顯著（$P>0.05$）。藍光、綠光、黃光、紅光和白光區域中白天 12h 平均攝食量分別為 0.27mg、0.27mg、0.27mg、0.43mg 和 0.21mg，均低於夜晚 12h 平均攝食量，各組幼體晝夜攝食量差異極顯著（$P<0.01$）（圖 6－7）。

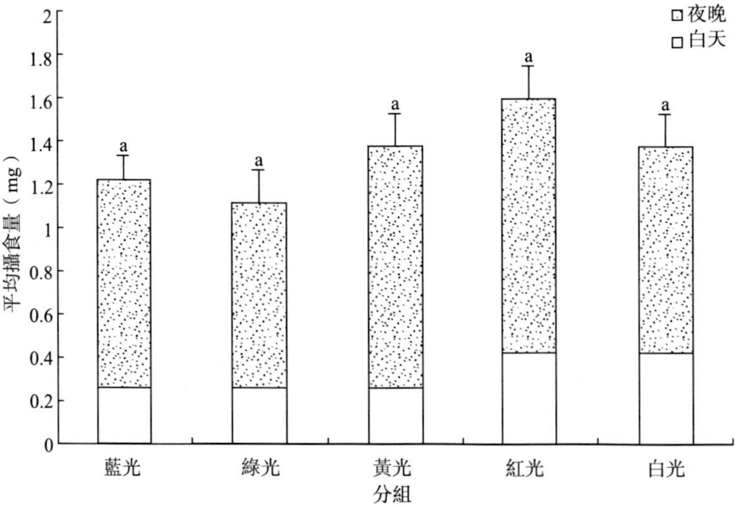

圖 6－7　不同光色中口蝦蛄Ⅺ期假溞狀幼體平均攝食量

光色對Ⅰ期仔蝦蛄的攝食如圖 6－8 所示，綠光區域中仔蝦蛄個體 24h 平均攝食量最高，為 9.70mg（乾重）；黃光區域中個體 24h 平均攝食量最低，為 6.66mg。黃光和綠光中幼體攝食量差異顯著（$P<0.05$），其他各組間差異不顯著（$P>0.05$）。藍光、綠光、黃光、紅光和白光組中幼體白天 12h 平均攝食量分別為 3.81mg、4.32mg、3.12mg、3.68mg 和 4.05mg，均低於夜晚 12h 平均攝食量，但差異不顯著（$P>0.05$）。

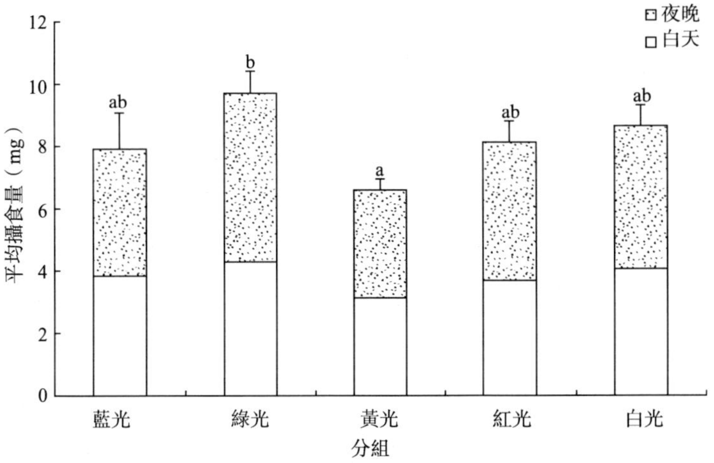

圖 6－8　不同光色區域口蝦蛄Ⅰ期仔蝦蛄平均攝食量

口蝦蛄Ⅺ期假溞狀幼體和Ⅰ期仔蝦蛄均表現出迴避紅光的特性。這與多數蝦蟹類動物的行為存在明顯不同，推測原因為其感光系統的生理結構和功能存在差異。蝦蛄類擁有甲殼動物中最複雜的感光系統，迄今在其複眼中所鑑定的感光細胞數目和視蛋白類型要遠多於十足目的蝦蟹類。假溞狀幼體變態為仔蝦蛄後，對光強的趨光性雖然有所改變，但對不同顏色光的反應卻又相似，可能是Ⅺ期假溞狀幼體的感光系統已發育至與仔蝦蛄相近階段。

口蝦蛄Ⅺ期假溞狀幼體在各顏色光照中的日攝食總量無顯著差異，而無光照的夜晚攝食量卻顯著高於有燈光照射的白天，表明Ⅺ期假溞狀幼體已具有晝夜攝食節律，而其攝食活動可能已開始藉助化學感受器。然而，Ⅰ期仔蝦蛄日攝食量僅綠光與黃光組對比差異顯著，其他各光色組中攝食量無明顯差異，表明Ⅰ期仔蝦蛄顏色視覺系統已有發育。各組仔蝦蛄白天與夜晚攝食量差異不顯著，無明顯的晝夜攝食節律，可能是容器中無底質的試驗條件影響了攝食行為。

第二節　口蝦蛄的穴居行為

口蝦蛄為穴居生活，每個個體都擁有獨立的洞穴。口蝦蛄洞穴不但提供了隱蔽和攝食空間，並在蛻皮期間保護自身不受攻擊傷害。Hamano 等於 1980 年代開始研究了口蝦蛄對人工洞穴的選擇（Hamano and Matsuura，1984，1986，1987；Hamano，1990），研究發現人工育苗的關鍵在於提供合適的洞穴，沒有合適的洞穴親蝦蛄就不會產卵。同時，人工洞穴的不同直徑、長短等因素都影響著口蝦蛄的選擇。其他穴居性甲殼類的研究集中在潮間帶生物，因其廣泛分布且生物量巨大以便於研究。國際上，對典型的掘穴性十足目對蝦科的 *Penaeus duorarum*（Fuss and Charles，1964）、方蟹科的厚蟹屬動物（Katrak et al.，2008）、沙蟹科的招潮蟹屬動物（Glauco et al.，2013）、沙蟹屬動物（Chan et al.，2006）和螻蛄蝦科動物（Coelho et al.，2000；Candisani，et al.，2001；Shagnika et al.，2017）的研究較多；在中國，主要研究了克氏原螯蝦的掘穴行為（董方勇等，2008）。另一類終生掘穴性大型海洋底棲生物為口足目動物，由於其分布於潮下帶及深海區域，研究報告較少，僅見採用水下實地澆注實驗對地中海 *Squilla mantis*（Atkinson et al.，2010；Mead and Minshall，2012）和日本石狩灣口蝦蛄 *Oratosquilla oratoria*（Hamano et al.，1994）洞穴形態的報告。本節專門針對具有重要經濟作用的口蝦蛄行為學特徵進行了系統性的研究報告，為漁業開發和未來人工養殖提供技術資料。

一、口蝦蛄穴居行為

口蝦蛄挖掘洞穴時，開始先用各個顎足一起配合挖掘，將沙礫或者泥送至胸部和腹部，然後搧動游泳肢產生水流，順著水流將泥沙排到身體後部。洞穴挖到一定深度，可以容納口蝦蛄身體後，其會鑽入洞穴，頭面面向洞穴外部，開始將洞穴內部的泥沙用幾個顎足整理成團狀，抱出洞穴外部進行拋棄，最終完成洞穴的挖掘。

口蝦蛄穴居時常常將洞口縮小到僅能將小觸角和眼伸出洞外，以觀察外界的動靜，若遇外來侵擾，牠先用小觸角警告侵略者，然後就迅速調轉頭尾，用尾扇進行自衛。

口蝦蛄屬於領域性生物，牠們的洞穴範圍內就是其所屬領地，在養殖中投放人工洞穴時，盡量使洞穴之間的距離相等，並一個洞穴對應一隻口蝦蛄，可以有效避免相互間的打鬥行為。

二、人工洞穴選擇性

在實驗室模擬環境下，研究了不同口徑人工洞穴口蝦蛄成蝦入穴率的差異。6 個實驗組中，入穴率最高的是直徑為 12cm 的實驗組為（46.6±9.58)%，直徑為 10cm 的實驗組次之為（40±5.77)%，直徑為 3cm 的實驗組的入穴率最低為（13.3±0.01)%。平均入穴率則是直徑為 10cm 的實驗組最高為（6.44±0.97)%，直徑為 12cm 的實驗組次之為（5.83±0.61)%，最低的為直徑為 3cm 的實驗組只有（2.04±0.84)%。同時觀察發現，口蝦蛄夜晚的入穴率要低於白天，尤其在 23：00 至次日 6：00 之間，口蝦蛄比較活躍，從洞穴中出來活動，這與口蝦蛄的晝伏夜出的生活節律有關。

三、口蝦蛄洞穴形態參數

口蝦蛄變態為仔蝦時便開始掘穴生活，因成蝦生活在離岸深水區域，還未見對自然底質上的洞穴形態的報導，我們透過觀察排水後的口蝦蛄圈養池塘中洞穴的形態，發現洞穴呈 U 形，其自然洞穴長度大約是其全長的 4～6 倍；洞穴有 2 個大小不同的孔，一端漏斗型直徑 3～14cm，另一端口孔小直徑為 0.5～3cm；洞穴深度在軟泥底可達 8～20cm，U 形彎曲處直徑最大。

另外，筆者在模擬條件下對仔蝦的掘穴特徵進行了初步研究。採用環氧樹脂澆鑄法對Ⅰ期仔蝦的洞穴進行了觀察，並統計了人工洞穴對口蝦蛄存活率的影響。結果顯示：平均體長為 22mm 的Ⅰ期仔蝦的洞穴長度為（47.2±15.8）mm（n=20），高度為（19.2±6.0）mm（n=20），長度略等於體長的 2 倍，高度略小於體長；存活率方面，有無人工洞穴均出現了不同程度的死亡，但在相同密度的情況下，有人工洞穴時的口蝦蛄存活率為（92.2±5.02)%（n=5），而無人工洞穴時口蝦蛄存活率為（73.3±5.96)%（n=5）。

第三節　口蝦蛄游泳行為研究

游泳能力對水生動物的生存具有重要意義，直接影響其躲避敵害和不適環境（He，2014）、尋找和捕捉食物（Fisher and Wilson，2004）、繁殖行為以及分布（Wilson，2005）等，評價水生動物游泳能力的指標主要包括游泳速度和可持續游泳時間。關於魚類的研究表明，游泳行為和游泳能力對於漁具的選擇性和捕撈效率至關重要（Winger and He，1999；Amornpiyakrit and Arimoto，2008）。關於口蝦蛄游泳的研究可為其漁具漁法的改良提供理論依據，進而提高捕撈的選擇性和效率，使漁業資源得到更好的保護和利用。本節主要測定了口蝦蛄不同生長時期的日常游泳能力。

口蝦蛄游泳能力極強，在出洞生活和掠食時才顯示出其游泳習性。游動時，主要依靠腹部游泳肢激烈地擺動划水和尾扇強有力的拍打產生向前的推力，並能利用慣性在水中滑行。

我們研究測量了口蝦蛄不同生長時期的日常游泳速度。將口蝦蛄成蝦、口蝦蛄假溞狀幼體、口蝦蛄仔蝦分別放於各自實驗容器中。在容器正上方架設攝影頭、攝影機，分別對其進行錄影，然後計算其游泳速度。口蝦蛄假溞狀幼體、仔蝦、成蝦日常游泳速度分別為 2.456cm/s、2.175cm/s 和 4.635cm/s；日常游泳速度的變化範圍分別為 1.5～3.5cm/s、1～3.5cm/s、3～6cm/s。口蝦蛄在不同生長時期其日常游泳速度差異極顯著，不同生長時期其日常游泳速度波動較大，成蝦的波動最大。而假溞狀幼體與仔蝦之間的日常游泳速度沒有顯著性差異。同時觀察發現，口蝦蛄假溞狀幼體要比仔蝦的運動頻率高，比仔蝦活躍，而最不活躍的就是口蝦蛄的成蝦。

第四節　口蝦蛄打鬥捕食行為

一、打鬥捕食行為特徵

口蝦蛄是凶猛的甲殼動物，被稱為海洋裡的「拳擊手」，具有較強的打鬥捕食能力。對於不同的生物，牠有著不同的打鬥和捕食方法，口蝦蛄的打鬥和捕食行為主要依靠其第 2 顎足及其強大的爆發力。

在遇到魚蝦類時，口蝦蛄先是把身體前半段舉起，末端長著六根尖刺的第 2 顎足張開，樣子像螳螂，然後跳起來用第 2 顎足刺殺對方，隨後使用第 3、4、5 顎足合作，將食物撕碎吞下。第 2 顎足外形酷似兩把利劍，劍刃上排列鋒利的棘刺。同時，口蝦蛄善於伏擊，出擊快如閃電，理論上牠能在人類眨眼的瞬間進行 10 次攻擊，獵物一旦進入伏擊圈，還沒反應就被刺穿。

遇到硬殼貝類或螃蟹等時，口蝦蛄使用第 2 顎足猛彈對方，敲碎其外殼，第 1 顎足清理食物，第 3、4、5 顎足配合將食物傳送入口中。第 2 顎足異常堅硬和發達，配合強健的肌肉，可以在 1/50 秒內，以 80 千米的時速揮出「重錘」，對目標造成 1 500 牛的衝擊力，加速度堪比手槍子彈，使得其破壞力驚人。同時，攻擊過程能夠產生空泡，這些氣泡的破裂會產生力量，並作用到獵物身體上，有人稱之為氣穴現象對於沙蠶等身體柔軟的動物，口蝦蛄會直接用第 3、4、5 顎足抱住，再放入口中，有時還會直接吞食。口蝦蛄不僅可以用前足攻擊，還可以把身體蜷起來用尾肢來保護自己免受打擊。人們在口蝦蛄尾部內發現了特殊的可以消減能量的紋理，可以防止被捶打出裂縫，並最終從撞擊中消散大量的能量以避免受傷，並且這種紋理在口蝦蛄的其他關節處也有。口蝦蛄演化出的這種獨特的身體減震結構，被稱為夾板結構。

二、同類間的打鬥

本節將 2 隻口蝦蛄放入一個較小的空間中進行觀察，最初將 2 隻口蝦蛄盡量隔離開，不讓其之間有相互交流；然後取消隔離，一隻侵入另一隻的領地，則會表現出打鬥或者逃避行為。

我們將打鬥行為分為 5 個層次：逃離（－1）、相遇（0）、逼近（1）、恐嚇（2）、攻擊（3）。當牠們相遇時為 0，在經過觸角的交流後，會出現兩種情況：一種向著正方向發展，另一種則向負方向發展。

透過觀察發現，當打開隔板時，一隻口蝦蛄會向另外一隻靠近（也可能同時靠近），然後牠們透過第 1 觸角相互接觸，進行資訊交流，接觸時間大約為 1s。然後會出現兩種結果：其中一隻自行向後退，選擇遠離；另一種是，一隻發起攻擊，被攻擊的口蝦蛄迅速逃離。在這個封閉的環境下，打鬥過後的 2 隻口蝦蛄可能再次相遇，但是相遇時不會表現出打鬥現象，而是失敗的口蝦蛄迅速逃離。打鬥現象的發生，只是在口蝦蛄第一次相遇時發生。

同時發現，不同性別（一雄一雌）之間，並沒有發生打鬥行為。不同體長之間，基本為體長大的攻擊體長小的。性別方面，雄性打鬥的次數要比雌性打鬥次數多。勝利者組是發生打鬥頻率最多的組，也是打鬥行為觀察最突出的一組。勝利者在首次勝利之後更具有攻擊性，侵略性更強。

Coelho 等（2001）研究發現龍蝦是一種社會性動物，其透過競爭來建立社會優勢等級制度。我們的研究發現，口蝦蛄也有類似的行為。影響社會優勢等級確立的有本質因素和外在因素。本質因素包括個體所具有的本質因素，包括大小、性別、生殖地位和成敗歷史。打鬥能力的勇猛程度跟其身體的大小、螯肢強壯程度都有一定關係。一般來說，身體較大的在格鬥中占有一定優勢。外在因素包括化學通訊和競爭模式等。

第五節　口蝦蛄清潔行為

清潔行為是生物中常見的清除身體表面汙垢的行為。甲殼類十足目因其多樣化的分類單位和棲息環境，對其清潔行為學的研究較多。例如，真蝦類（caridean shrimps）（Hart，2005）、短尾次目類（brachyuran crabs）（Pearson and Olla，1977；Martin and Felgenhauer，1986）、小龍蝦（crayfishes）（Horner et al.，2008）等。真蝦類清潔主要利用第 1 顎足，第 1、2、5 游泳足，主要被清潔的部位為鰓部（Buaer，1979，1998，1999，2013）。本節進行了口蝦蛄清潔行為特徵研究，記錄其清潔時間、清潔部位以及清潔所用的附肢，並對附肢的形態進行了詳細觀察。

一、清潔行為特徵

我們觀察到用於清潔的附肢有第 1 顎足（M1）、第 3 顎足（M3）、第 4 顎足（M4）、第 5 顎足（M5）。透過觀察統計，使用最多的是第 1 顎足的指節，其指節只用來進行清潔，並沒有進行過攝食等其他行為。清潔方式主要分為三種：刷、刮、勾。刮的動作，主要是 M1 的指節；刷和勾的動作，主要是使用 M3、M4、M5，包括對游泳肢和鰓的刷勾清潔。每次的清潔行為之後，都會用 M1 來刮洗清潔所用的附肢。例如，在使用 M3、M4、M5 清潔完游泳肢後，口蝦蛄會用 M2 將頭部撐起來，對 M3、M4、M5 再進行清潔，確保清潔附肢的相對乾淨。

口蝦蛄主要清潔的部位有觸角、眼睛、顎足之間、步足、鰓、游泳肢和尾節。清潔各部位的時間沒有顯著性差異。清潔最多和持續時間最長的部位是鰓和游泳足，然後是顎足。觀察統計發現，其主要是清潔生長有剛毛的部位，而其他部位相對較少。

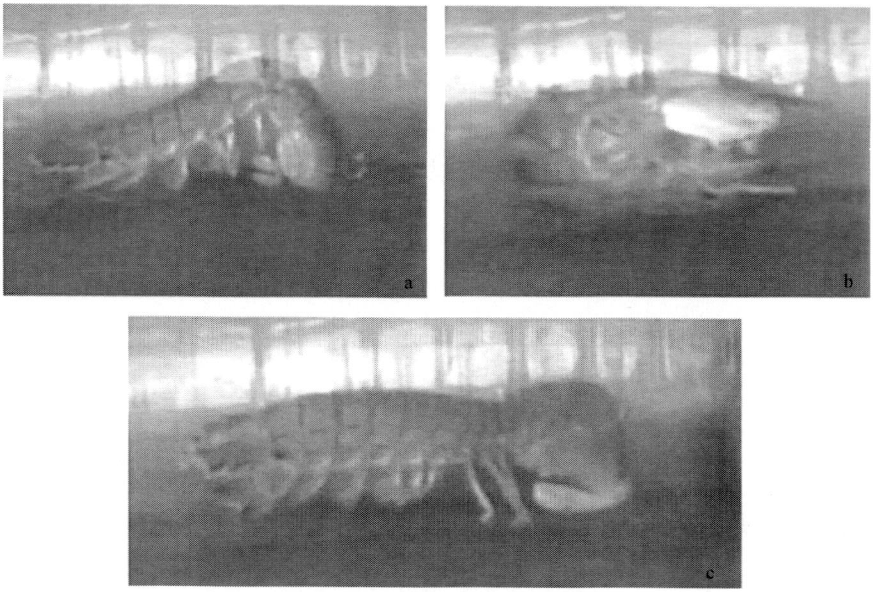

圖 6－9　口蝦蛄三種清潔姿勢

人工洞穴中口蝦蛄進行清潔時，身體有三種姿勢：第一種姿勢是「弓形」，身體腹部弓起，M1 伸到步足下方，用 M1 的指節對步足及腹部進行清潔（圖 6－9a）；第二種是「C 形」，將身體蜷縮，主要用 M3、M4、M5 對鰓和游泳足進行清潔，姿勢有時也用於清潔尾節（圖 6－9b）；第三種姿勢是

「直形」，身體伸直，用 M2 的掌節和腕節將頭部支撐起來，然後使用 M1 對其他顎足進行清潔（圖 6－9c）。

口蝦蛄生活的環境、水流大小、有無敵害等情況，都影響其清潔行為的時間長短。觀察統計發現，其大約 58％的時間在進行清潔行為。口蝦蛄在 0：00 至 6：00 清潔行為時間較長，在 3：00 時清潔最活躍。口蝦蛄從 18：00 開始，清潔行為時間開始加長；從 6：00 開始，清潔行為時間開始變短。這個時間段與口蝦蛄喜夜間活動相一致。

二、口蝦蛄清潔附肢剛毛形態

口蝦蛄在甲殼綱動物的十足類動物中許多方面是獨一無二的，牠們的附肢及附肢上的剛毛也有較大的差別。所有的剛毛都有其存在的意義，都有它們各自的作用，都是物種演化的結果。我們透過觀察，口蝦蛄剛毛的結構總體來說比較簡單，基本分為簡單狀、鋸齒狀、螺旋狀、扁帶狀、梳子狀、羽狀。

（1）第 1 觸角（A1）　總體呈螺旋狀，在末端部有簡單狀毛（圖 6－10 至圖 6－13）。

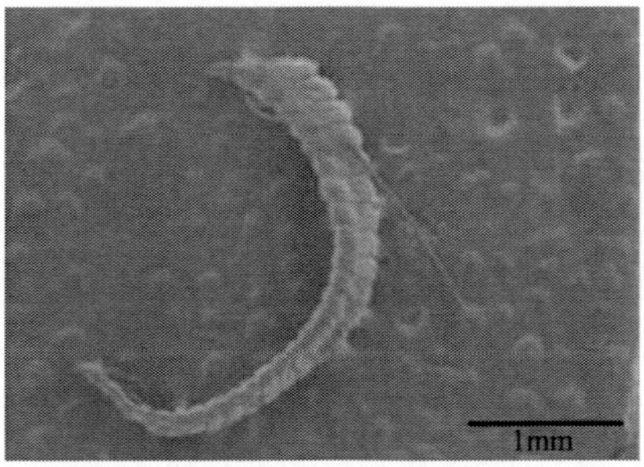

圖 6－10　第 1 觸角

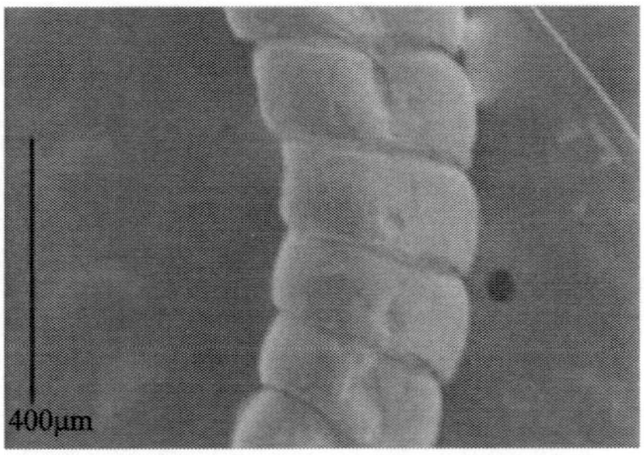

圖 6－11　第 1 觸角中段

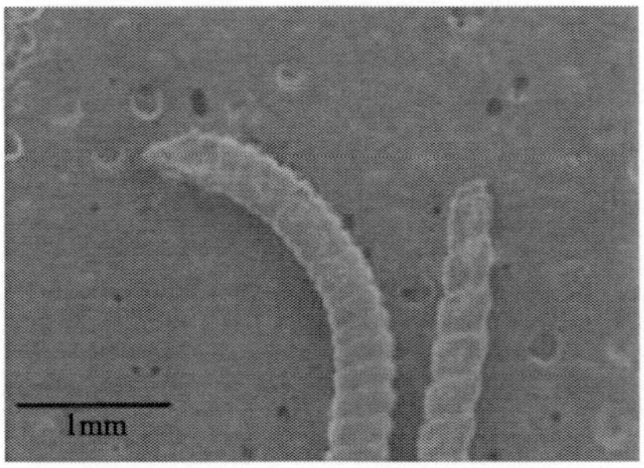

圖 6－12　第 1 觸角處頂端

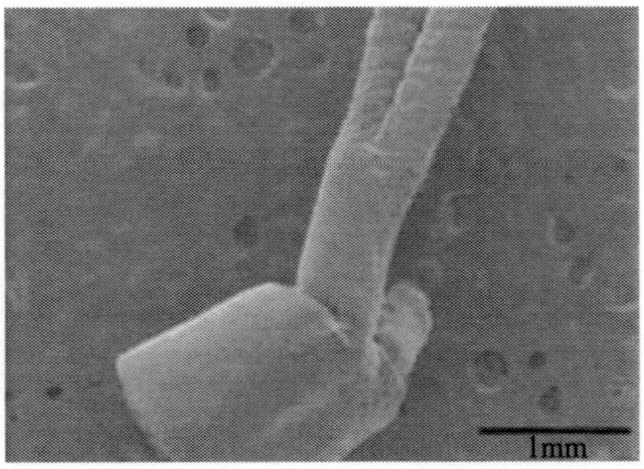

圖 6－13　第 1 觸角底端

（2）第 2 觸角（A2） 外肢處有剛毛，大多數是簡單狀，在末端分布比較密集而且比較有層次，中間區域呈現扁帶狀（圖 6 - 14、圖 6 - 15）。

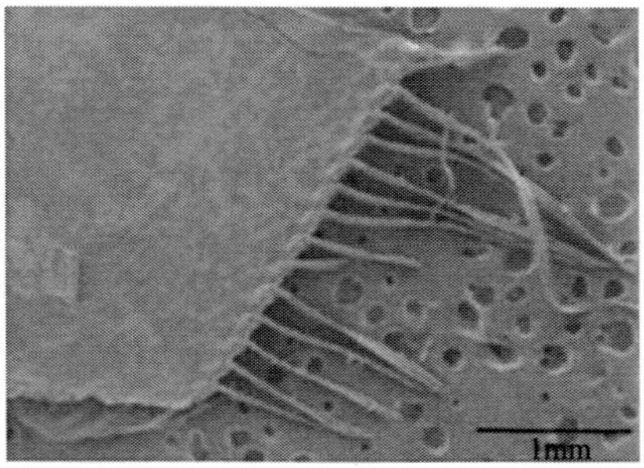

圖 6 - 14 第 2 觸角外肢中部

圖 6 - 15 第 2 觸角外肢邊緣

（3）第 1 顎足（M1） 在其指節處分布有梳子狀及簡單狀剛毛。簡單狀剛毛主要分布在鉤狀結構外側並比較密集。長節處剛毛，呈一簇一簇地分開分布，每簇是 10 根左右。腕節處有扁帶狀剛毛（圖 6 - 16 至圖 6 - 20）。

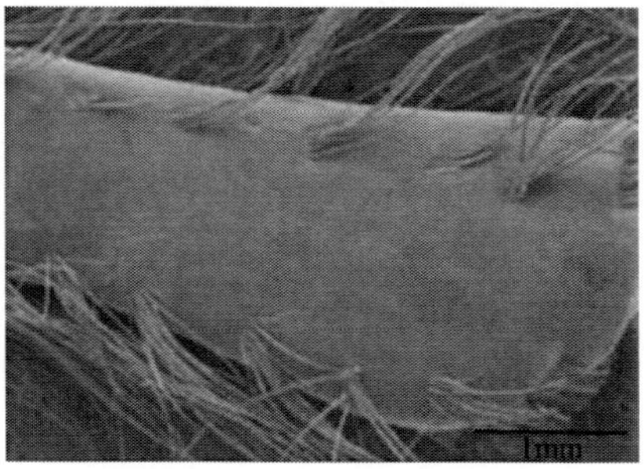

圖 6 - 16 第 1 顎足腕節

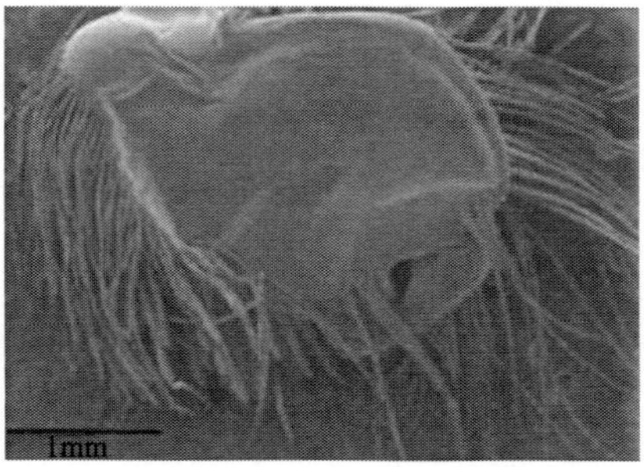

圖 6 - 17 第 1 顎足掌節

圖 6 - 18 第 1 顎足梳狀剛毛

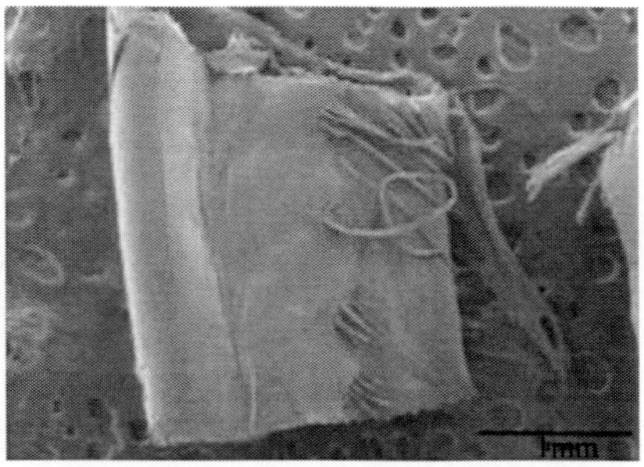

圖 6 - 19 第 1 顎足長節

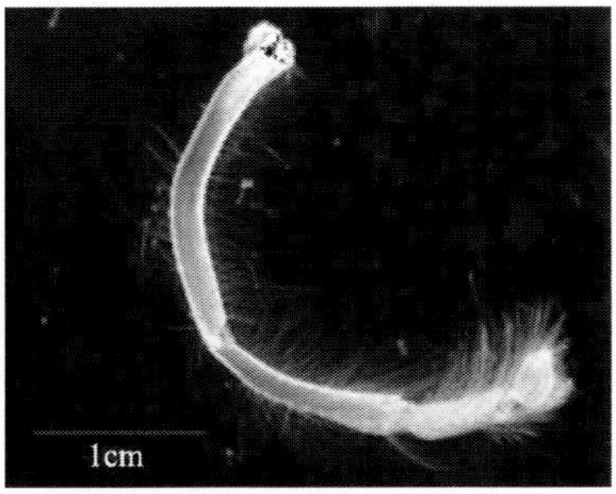

圖 6－20　第 1 顎足

（4）第 3 顎足（M3）　指節處有鋸齒狀結構。簡單狀剛毛主要分布在鉤狀結構外側並比較密集。在指節有鋸齒結構一側，有一簇一簇簡單狀剛毛分布（圖 6－21 至圖 6－25）。

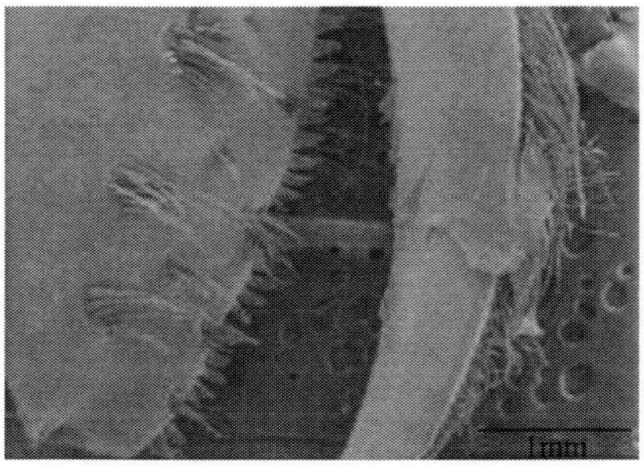

圖 6－21　第 3 顎足掌節與指節

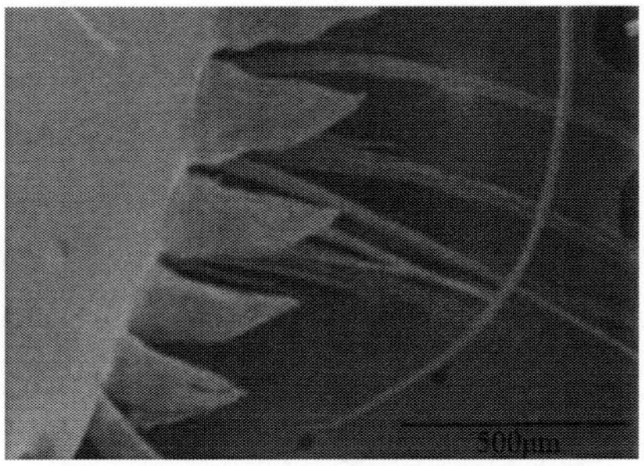

圖 6－22　第 3 顎足掌節處鋸齒狀突起

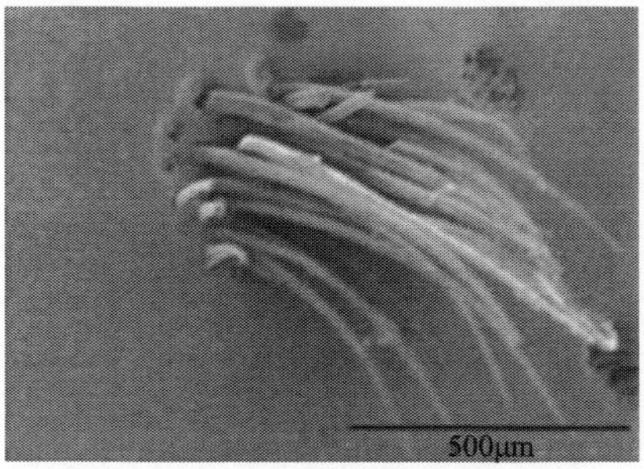

圖 6－23　第 3 顎足掌節簡單狀剛毛

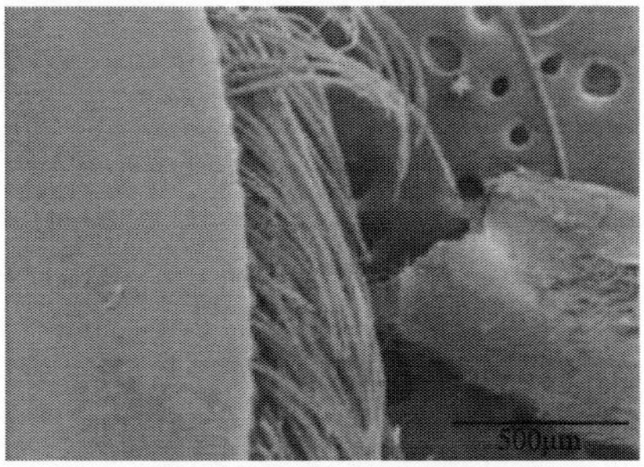

圖 6－24　第 3 顎足指節邊緣

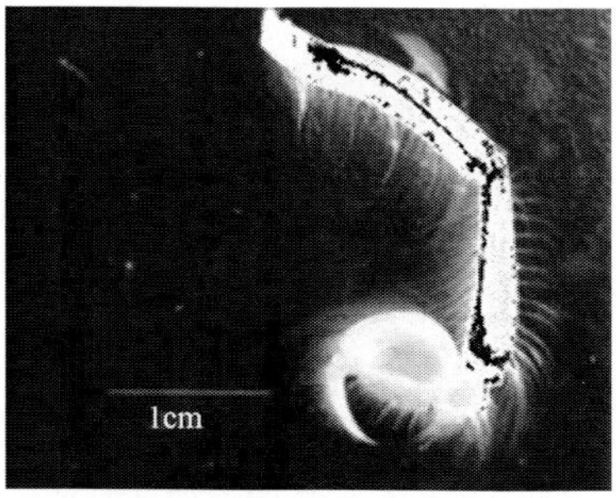

圖 6－25　第 3 顎足

（5）第 4 顎足（M4）　附肢密布剛毛，結構基本一致。指節處有鋸齒狀結構，有大有小，小的同 M3 基本相同，大的比 M3 的要長，同時在其周圍分布著簡單狀剛毛。鉤狀結構外側分布較密集的簡單狀剛毛。長節處剛毛呈簇狀分布

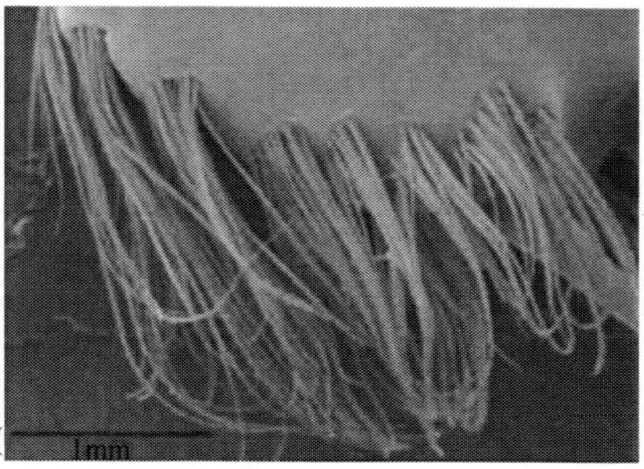

圖 6－26　第 4 顎足掌節

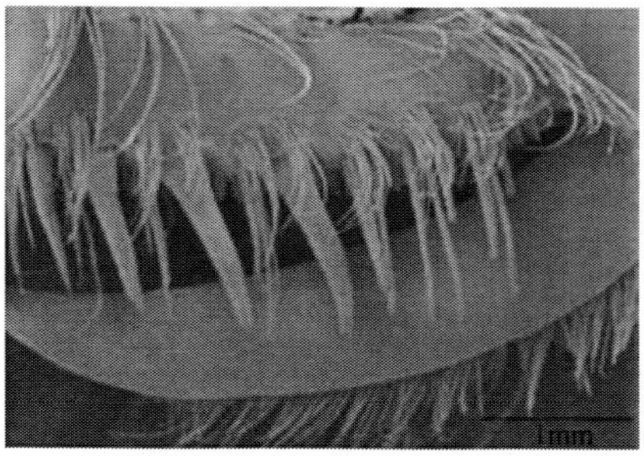

圖 6－27　第 4 顎足指節

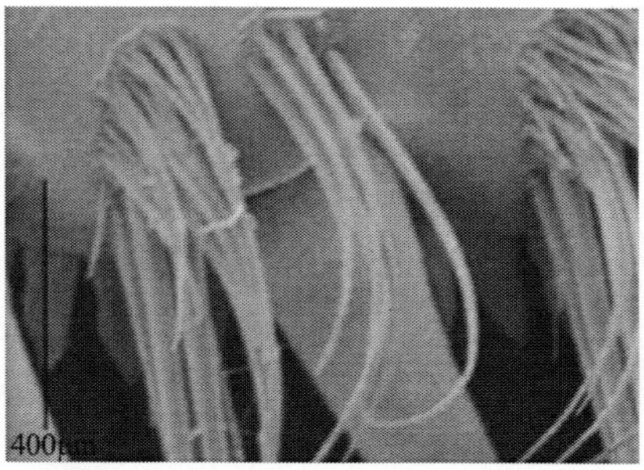

圖 6－28　第 4 顎足掌節鋸齒狀突起

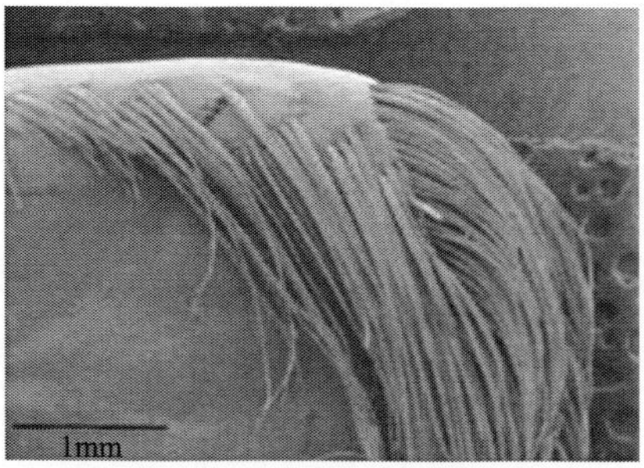

圖 6－29　第 4 顎足腕節

圖 6－30　第 4 顎足

（6）第 5 顎足（M5）　跟 M4 基本相同，剛毛基本呈鉤狀，主要鉤狀結構比 M4 要大（圖 6－31 至圖 6－33）。

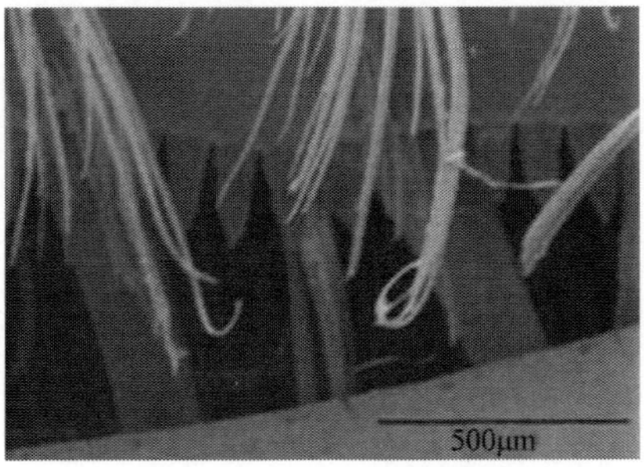

圖 6－31　第 5 顎足指節

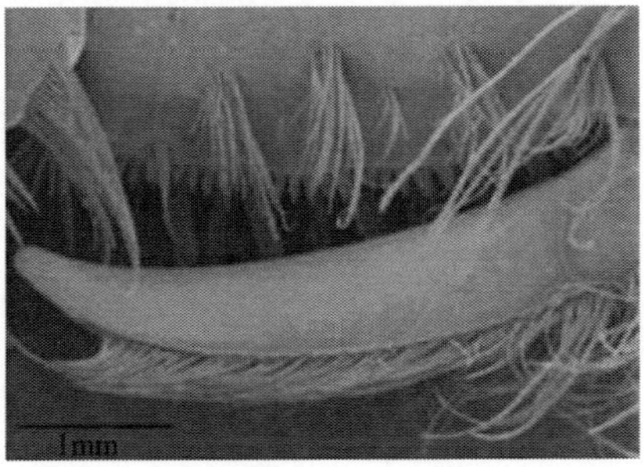

圖 6－32　第 5 顎足掌節指節鋸齒狀突起

圖 6－33　第 5 顎足

（7）游泳足　此處的剛毛主要呈現羽狀結構並且排列比較緊密（圖 6－34、圖 6－35）。

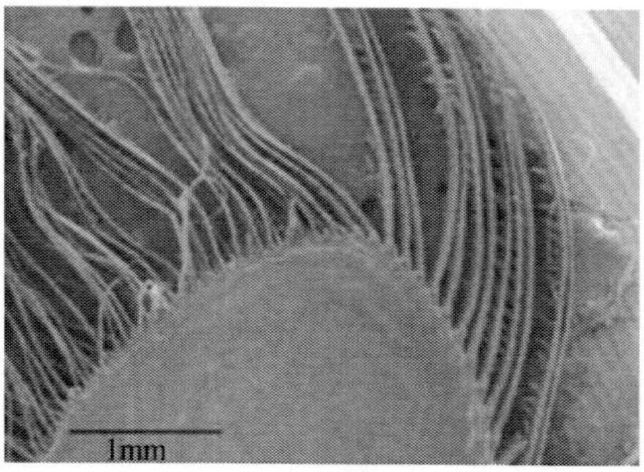

圖 6－34　游泳足末端

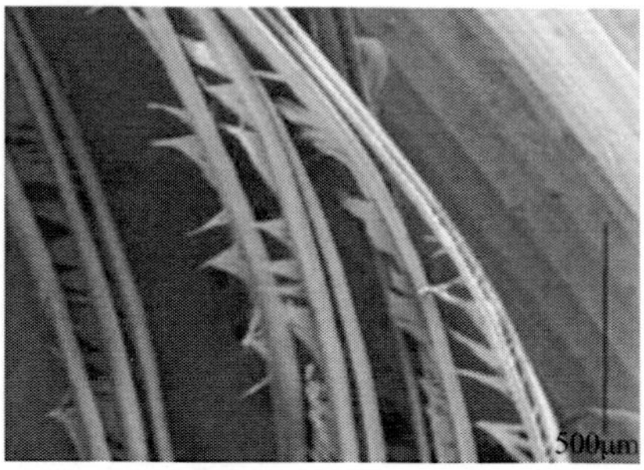

圖 6－35　游泳足

（8）步足　主要是簡單狀剛毛，較有層級並密集（圖 6－36、圖 6－37）。

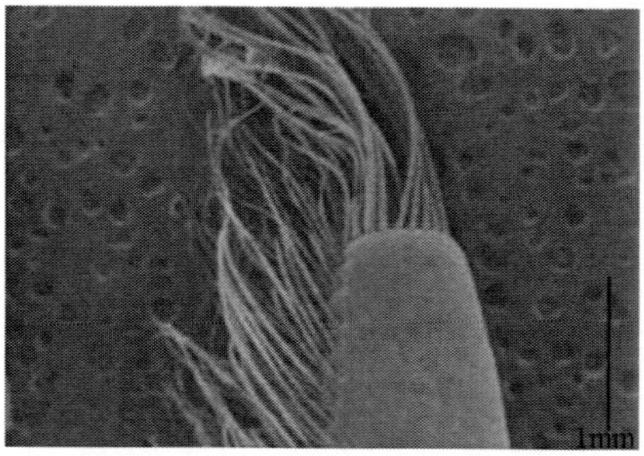

圖 6－36　第 1 步足末端

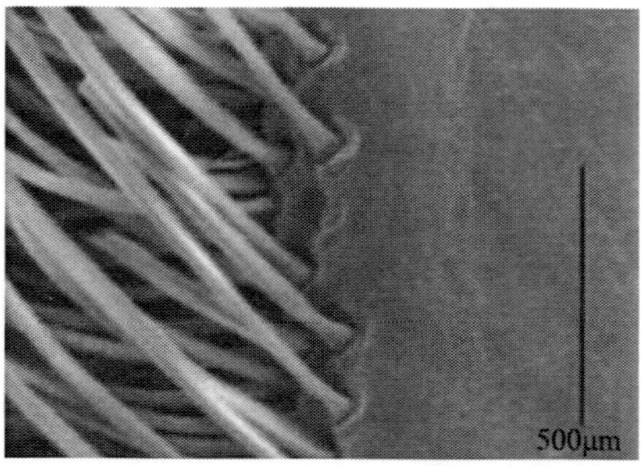

圖 6－37　步足簡單狀剛毛

（9）鰓　呈現管狀結構。在鰓的末端也長有簡單狀剛毛（圖 6－38、圖 6－39）。

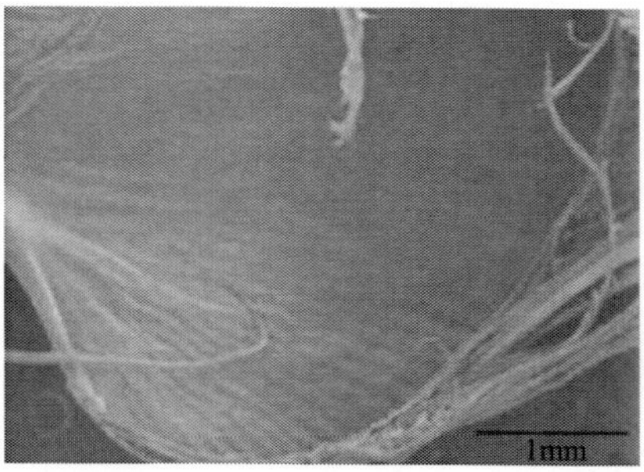

圖 6－38　鰓

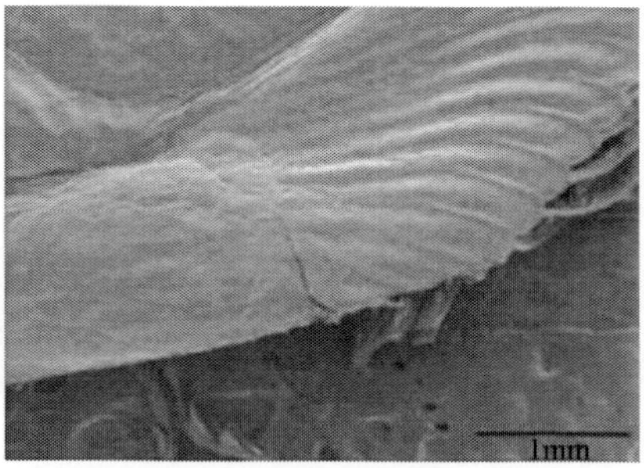

圖 6－39　鰓局部

（10）尾節　尾節處剛毛主要是羽狀結構（圖 6－40）。

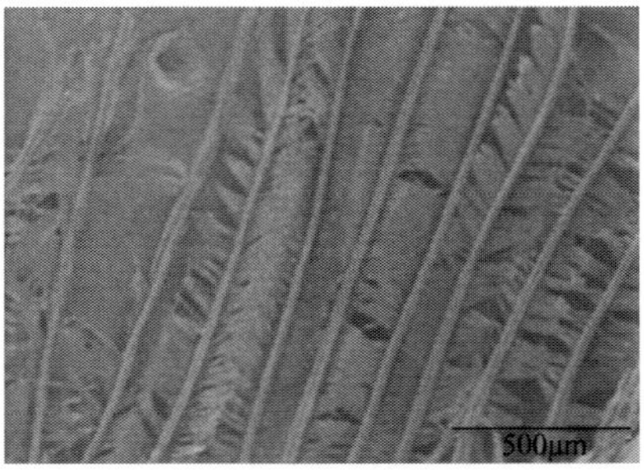

圖 6－40　尾節剛毛

第六節　口蝦蛄繁殖行為

一、口蝦蛄的交配

口足類的求偶和交配行為非常多變，8 科口足類動物（蝦蛄科、猛蝦蛄科、琴蝦蛄科、矮蝦蛄科、齒指蝦蛄科、假蝦蛄科、原指蝦蛄科和大指蝦蛄科）在求偶行為的最後階段的爬上和交配動作是顯著相似的。典型的求偶行為的最後階段是雙方頭、尾節和腹節的接觸行為（利用觸角的快速擺動），透過雌蝦蛄或者雄蝦蛄在對方身體下面擺動頭部完成，這時雄蝦蛄會爬上雌蝦蛄，這通常從雄蝦蛄的尾部開始，但是雄蝦蛄可能從從頭到尾的任意位置抓住雌蝦蛄的背部，這時雄蝦蛄用第 3 到第 5 顎足抓緊雌蝦蛄。如果雄蝦蛄在靠後的位置，牠轉過身來抓住雌蝦蛄的尾部然後向前移動。一旦雄蝦蛄到達雌蝦蛄的胸部，就會用顎足的指節抓住頭胸甲的下緣，並用第 2 顎足穩定牠的位置。同時，雄蝦蛄用牠的第 1 顎足去刮擦雌蝦蛄頭胸甲前部和額角，這時雄蝦蛄試圖將雌蝦蛄轉向面對面，使胸腹部合在一起。如果雌雄蝦蛄的位置不正確，雄蝦蛄會從另一側移動雌蝦蛄並重新爬上。當雄蝦蛄成功地將露出的交接肢接近雌蝦蛄的生殖孔後，透過一次胸腹部的快速推擠完成插入。之後，雄蝦蛄透過持續數秒的一系列的交配性插入將精莢射入雌蝦蛄的納精囊中。雄蝦蛄完成交配後，雌蝦蛄開始掙扎著離開，交配結束。在一些種類中，重複交配可能在幾分鐘後發生（Caldwell，1972）。

日本學者 Hamano（1988）對口蝦蛄的繁殖行為進行了詳細的室內觀察，發現口蝦蛄的交配時雌雄口蝦蛄先是用觸角相互接觸，隨後相互追逐游泳，接下來用觸角互相撫摸，雄性口蝦蛄還會游到雌性口蝦蛄腹下，用附肢來接觸雌性口蝦蛄的腹部和尾部，透過不斷接觸熟悉以後，雄性口蝦蛄會蜷曲身體，將雌性口蝦蛄翻過來，用第 3 對步足內側的細長交接棒，把精子排入雌性口蝦蛄的納精囊內。

二、口蝦蛄產卵及抱卵行為

典型具抱卵習性物種屬甲殼動物綱十足目中被稱為爬行亞目和腹胚亞目的動物。淡水物種較少，包括美國小龍蝦、河蟹等。海洋十足目甲殼動物包括異尾下目、短尾下目、真蝦下目和猬蝦下目等眾多物種。另一類抱卵習性海洋甲殼動物為口足目物種。口蝦蛄的抱卵就是把卵抱在腹前保護的行為，以提高孵化率。

口蝦蛄一年內產卵期比較集中，繁殖週期為每年產卵 1 次。中國北部海域，口蝦蛄性成熟期始於 3 月，性腺指數自 6 月達到最大值，7 月開始下降，至 9 月繁殖期結束（劉海映等，2013）。在浙江北部海區，口蝦蛄繁殖特徵包括：性成熟期 3—5 月，產卵期為 6—7 月。一年性成熟一次，在浙江北部海區，卵巢成熟係數 4 月最高（徐善良等，1996）；鄰域同屬物種黑斑口蝦蛄的繁殖期為 4—8 月，繁殖盛期為 5—6 月（王春琳，2001）。

關於口蝦蛄的產卵及抱卵行為的室內觀察還未見正式研究報導。透過觀察發現，在產卵季節，口蝦蛄仰臥產卵時臥於洞穴中，頭部和尾部稍微抬起，用第 6、7、8 胸肢支撐洞壁，有時也用第 2 顎足和尾扇支撐，除腹肢外全身幾乎不動，將卵排至第 6 胸節腹面。產卵過程需 4h 左右，一直保持仰臥姿勢直到快產完時身體慢慢傾斜。產後雌蝦蛄身體伸直，抱卵於身下。

口蝦蛄產出的卵團為黃色，呈不定型團狀，像團在一起的細小網片，黏性大，用第 3、4、5 顎足抱著，並間歇性地用除第 2 顎足以外的所有顎足交替提升、折疊、翻動卵團，產生水流，使每個卵粒獲得足夠的溶解氧。大約 3d 以後，卵團被整理成簇狀，並一直保持這種形狀，其黏性逐漸減小。

我們對其卵的清潔行為進行觀察。我們發現口蝦蛄在抱卵期間，其附肢的作用主要是對卵進行清潔，這個過程幾乎是不間斷的。從其將卵排出體外開始，一直持續著對卵的清潔梳理。牠用第 3、4、5 顎足的鉤形指節將卵勾起，接著用腕節使卵向前翻滾。第 1 顎足的作用主要是支撐卵，防止水流或其他顎足運動使卵脫離。同時觀察發現，在其抱卵期間，對其自身的清潔行為減少。

三、口蝦蛄孵化行為

雌口蝦蛄孵卵期間，親蝦大多數時間進行孵卵護理，很少攝食或出洞，只有在被其他口蝦蛄搶占洞穴時，才抱著卵團出洞，再尋找其他合適的地方。口蝦蛄在幼體孵出前幾天，忽視對卵塊的照料，棄卵於洞穴，但稍有驚動，會馬上抱卵，很少離洞。

口蝦蛄抱卵後期，卵團散開呈粒狀，平鋪於洞穴底部時，親蝦在洞內來回游動，同時低下頭用第 3、4、5 顎足攪動堆在一起的卵粒，使其散開，並透過腹足的擺動，產生水流使卵粒漂浮起來。1～2d 幼體便突破卵膜。

本實驗在平均水溫為 21.35℃的情況下，經過 15d 左右，積溫達 91.35℃（以 15.26℃為胚胎發育的生物學零度），便孵化出口蝦蛄幼體。剛產的卵徑為 0.634 7mm×0.671mm，隨著胚胎發育，色素區越來越明顯，並逐漸看到紅色的複眼，各器官輪廓也逐漸清晰可見，待到快孵化出來時，卵徑達到 0.677 5mm×0.689 5mm。

參考文獻

董方勇，謝文星，謝山，等，2008. 克氏原螯蝦洞穴的生態特徵及其對水利工程安全影響的初步研究．水生生物學報，32（6）：168-170.

劉海映，谷德賢，姜玉聲，等，2013. 口蝦蛄繁殖週期及生殖細胞發育的研究 \ [J \]. 大連海洋大學學報，28（3）：4-9.

劉偉，王芳，2011. 光色對中國明對蝦（*Fenneropenaeus chinensis*）稚蝦耗氧率晝夜變化節律的影響 \ [J \]. 海洋湖沼通報，3：27-31.

王春琳，2001. 黑斑口蝦蛄的繁殖生物學研究 \ [D \]. 杭州：浙江大學．

王芳，宋傳民，2006. 光照對中國對蝦稚蝦 3 種消化酶活力的影響 \ [J \]. 中國水產科學，13（6）：1028-1032.

徐善良，王春琳，梅文驤，等，1996. 浙江北部海區口蝦蛄繁殖和攝食習性的初步研究 \ [J \]. 浙江海洋學院學報：自然科學版，1：30-36.

Amornpiyakrit T，2007. Muscle physiology in escape response of kuruma shrimp \ [J \]. Am. fish. soc. symp，49：587-599.

Atkinson R，Froglia C，Arneri E，et al.，1997. Observations on the burrows and burrowing behaviour of *Squilla mantis*（L.）（Crustacea：Stomatopoda）. P. S. Z. N. \ [J \]. Marine Ecology，18（4）：337-359.

Bauer R T，1979. Antifouling adaptations of marine shrimp（Decapoda：Caridea）：gill cleaning mechanisms and grooming of brooded embryos \ [J \]. Zoological Journal of the Linnean Society，65（4）：281-303.

Bauer R T，1998. Gill-Cleaning Mechanisms of the Crayfish *Procambarus clarkii*（Astacidea：Cambaridae）：Experimental Testing of Setobranch Function \ [J \]. Invertebrate Biology，117（2）：129-143.

Bauer R T，1999. Gill-cleaning mechanisms of a dendrobranchiate shrimp，*Rimapenaeus similis*（Decapoda，Penaeidae）：Description and experimental testing of function \ [J \]. Journal of Morphology，242（2）：125-139.

Bauer R T，2013. Adaptive modification of appendages for grooming（cleaning，antifouling）and reproduction in the Crustacea [M] //Watling L，Thiel M. The Natural History of the Crustacea. Oxford University Press，New York：327-364.

Candisani L C, Sumida P Y G, et al., 2001. Pires-Vanin, Burrow morphology and mating behaviour of the thalassinidean shrimp *Upogebia noronhensis* \ [J \ ]. Journal of the Marine Biological Association of the Uk, 81 (5): 799-803.

Chan B, Chan K, et al., 2006, Burrow Architecture of the Ghost Crab *Ocypode ceratophthalma* on a Sandy Shore in Hong Kong \ [J \ ]. Hydrobiologia, 560 (1): 43-49.

Coelho V, Rodrigues N, SÉ D A R, et al., 2001. Trophic behaviour and functional morphology of the feeding appendages of the laomediid shrimp *Axianassa australis* (Crustacea: Decapoda: Thalassinidea) \ [J \ ]. Journal of the Marine Biological Association of the Uk, 81 (3): 441-454.

Coelho V R, Cooper R A, et al., 2000. Burrow morphology and behavior of the mud shrimp *Upogebia omissa* (Decapoda: Thalassinidea: Upogebiidae) \ [J \ ]. Marine Ecology Progress, 200: 229-240.

Cronin T W, Caldwell R L, et al., 2001. Sensory adaptation. Tunable colour vision in a mantis shrimp \ [J \ ]. Nature, 411 (6837): 547-548.

Fisher R, Wilson S K, 2004. Maximum sustainable swimming speeds of late-stage larvae of nine species of reef fishes \ [J \ ]. Journal of Experimental Marine Biology & Ecology, 312 (1): 171-186.

Fuss C M, 1964. Observations on Burrowing Behavior of the Pink Shrimp, *Penaeus duorarum* Burkenroad \ [J \ ]. Bulletin of Marine Science, 14 (1): 62-73.

Gehrke P, 2010. Influence of light intensity and wavelength on phototactic behaviour of larval silver perch *Bidyanus bidyanus* and golden perch *Macquana ambigua* and the effectiveness of light traps \ [J \ ]. Journal of Fish Biology, 44 (5): 741-751.

Glauco B O, et al., 2013. Burrow morphology of *Uca uruguayensis* and *Uca leptodactylus* (Decapoda: Ocypodidae) from a subtropical mangrove forest in the western Atlantic \ [J \ ]. Integrative Zoology, 8 (3): 307-314.

Hamano T, 1988. Mating behavior of *Oratosquilla oratoria* \ [J \ ]. Crust. Biol: 239-244.

Hamano T, 1990. Growth of the stomatopod crustacean *Oratosquilla oratoria* in Hakate Bay \ [J \ ]. Nippon Suisan Gakkaishi, 56: 15-29.

Hamano T, Matsuura S, 1984. Egg laying and egg mass nursing behaviour in the Japanese mantis shrimp \ [J \ ]. Nippon Suisan Gakkaishi, 50: 1969-1973.

Hamano T, Matsuura S, 1986. Food habits of the Japanese mantis shrimp in the benthic community of Hakata Bay \ [J \ ]. Nippon Suisan Gakkaishi, 52: 787-794.

Hamano T, Matsuura S, 1987. Egg size, duration of incubation, and larval development of the Japanese mantis shrimp in the laboratory \ [J \ ]. Nippon Suisan Gakkaishi, 53: 23-39.

Hamano T, Torisawa M, Mitsuhashi M, et al., 1994. Burrow of a stomatopod crustacean *Oratosquilla oratorio* (De Haan, 1844) in Ishikari Bay, Japan \ [J \ ]. Crustacean Research, 23: 5-11.

Hart R C, 2005. Remarkable Shrimps: Adaptations and Natural History of the Carideans \ [J \ ]. African Journal of Aquatic Science, 30 (2): 211-212.

He P, 2014. Swimming behaviour of winter flounder (*Pleuronectes americanus*) on natural fishing grounds as observed by an underwater video camera \ [J \ ]. Applied Mechanics & Materials, 640 (3): 851-857.

Herberholz J, Sen et al. , 2003. Parallel changes in agonistic and non-agonistic behaviors during dominance hierarchy formation in crayfish \ [J \ ]. J Comp Physiol A, 189: 321-325.

Horner A J, Schmidt M, Edwards D H, et al. , 2008. Role of the olfactory pathway in agonistic behavior of crayfish, *Procambarus clarkii* \ [J \ ]. Invertebrate Neuroscience, 8 (1): 11-18.

Katrak G, Dittmann S, Seuront L, 2008. Spatial variation in burrow morphology of the mud shore crab *Helograpsus haswellianus* (Brachyura, Grapsidae) in South Australian saltmarshes \ [J \ ]. Marine & Freshwater Research, 59 (10): 100-107.

Martin J W, Felgenhauer B E, 1986. Grooming behaviour and the morphology of grooming appendages in the endemic South American crab genus *Aegla* (Decapoda, Anomura, Aeglidae) \ [J \ ]. Journal of Zoology, 209 (2): 213-224.

Pearson W H, Olla B L, 1977. Chemoreception in the blue crab, *Callinectes sapidus* \ [J \ ]. Biological Bulletin, 153 (2): 665-669.

Shagnika D, Li-Chun T, Lan W, et al. , 2017. Burrow characteristics of the mud shrimp *Austinogebia edulis*, an ecological engineer causing sediment modification of a tidal flat \ [J \ ]. Plos One, 12 (12): 329.

Wilson R S, 2005. Temperature influences the coercive mating and swimming performance of male eastern mosquito fish \ [J \ ]. Animal Behaviour, 70 (6): 1387-1394.

Winger P D, He P, Walsh S J, 1999. Swimming endurance of American plaice (*Hippoglossoides platessoides*) and its role in fish capture \ [J \ ]. Ices Journal of Marine Science, 56 (3): 252-265.

第七章

口蝦蛄資源分布特徵

第一節　口蝦蛄資源分布

口蝦蛄為廣溫廣鹽種類，穴居於泥沙質海底，在中國沿海均有分布（王波等，1998），主要棲息於水深 60m 以內的淺海海域（金顯仕等，2006；黃宗國，2008；李鵬程等，2021）。口蝦蛄是中國近海漁業重要的捕撈對象之一，特別是在黃渤海，由於中國對蝦、小黃魚（*Pseudosciaena polyactis*）、帶魚（*Trichiurus lepturus*）等漁業資源嚴重衰退，口蝦蛄作為主捕對象的地位愈加明顯。近年來，中國的蝦蛄捕撈產量一直在 20 萬 t 左右波動，已經成為近岸海洋捕撈漁獲的重要組成部分，而口蝦蛄作為北方海域唯一的蝦蛄種類，對北方近海，尤其渤海海域的漁業生產具有重要的支撐意義。

一、渤海海域口蝦蛄資源狀況

渤海是由遼東灣、渤海灣、萊州灣、中央海盆及渤海海峽組成，平均水深 18m，入海的主要河流有黃河、遼河、灤河和海河等。陸地徑流為渤海帶來了充裕的營養鹽，為孕育豐富的漁業資源提供了必要條件。

（一）遼東灣

遼東灣位於渤海的北側，是從河北省大清河口到遼東半島南端老鐵山角以北的海域，是中國緯度最高的海灣，有遼河、大凌河、小凌河等注入。該海域曾以盛產中國對蝦、毛蚶（*Scapharca subcrenata*）、文蛤（*Meretrix meretrix*）等聞名。

在遼東灣海域，無論是春季（5 月）還是秋季（10 月）口蝦蛄資源都占據著重要地位。漁業資源調查顯示，兩個季節分別擷取海產動物 39 種和 42 種，個體數 8 821 尾和 20 066 尾，重量 166.75kg 和 184.02kg；其中，口蝦蛄的個體數生態密度（Number of Ecological Density，NED）為 1 400 尾/km^2 和 2 570尾/km^2，生物量生態密度（Biomass of Ecological Density，BED）為 21.49kg/km^2 和 42.59kg/km^2。以 NED 計，口蝦蛄分別排在兩個時間全部種類的第三位和第四位，均排在有漁業經濟價值種類的第一位；以 BED 計，則分別排在全部種類的第四位和第二位，仍均排在有漁業經濟價值種類的第一位。對比兩個季節的資源量，秋季的口蝦蛄明顯多於春季。從海域分布上看，春季時口蝦蛄較多分布於遠岸區域，而在秋季時以分布於近岸為主，如圖 7－1 至圖 7－4 所示。

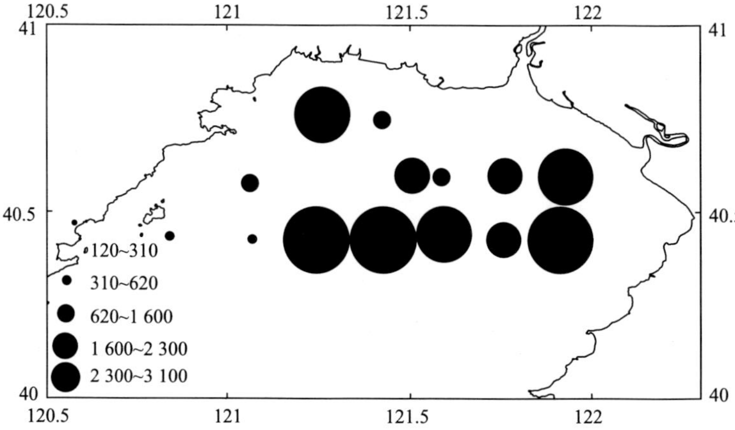

圖 7－1　遼東灣海域 2010 年 5 月口蝦蛄豐度（尾/km²）

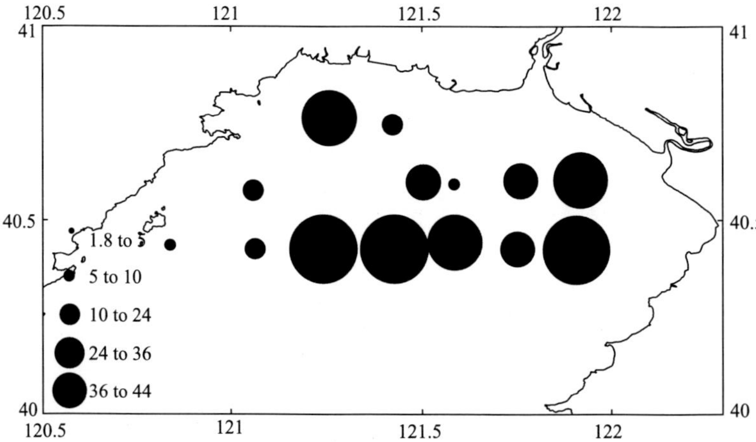

圖 7－2　遼東灣海域 2010 年 5 月口蝦蛄生物量（kg/km²）

從月份序列看（劉修澤等，2014c），口蝦蛄生物量從高到低依次為 8 月、9 月、6 月、11 月，平均尾數從高到低依次為 8 月、9 月、11 月、6 月。四個月間，口蝦蛄群體生物量變化趨勢與平均尾數季節變化趨勢不一致，主要是 11 月有大量當年生幼體的出現。

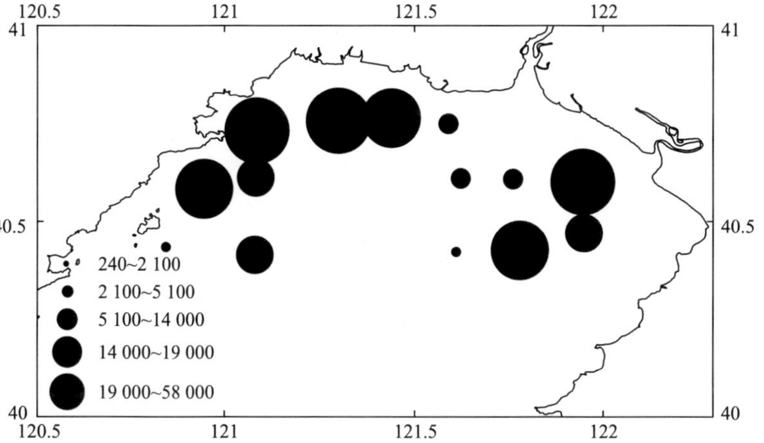

圖 7－3　遼東灣海域 2010 年 10 月口蝦蛄豐度（尾/km²）

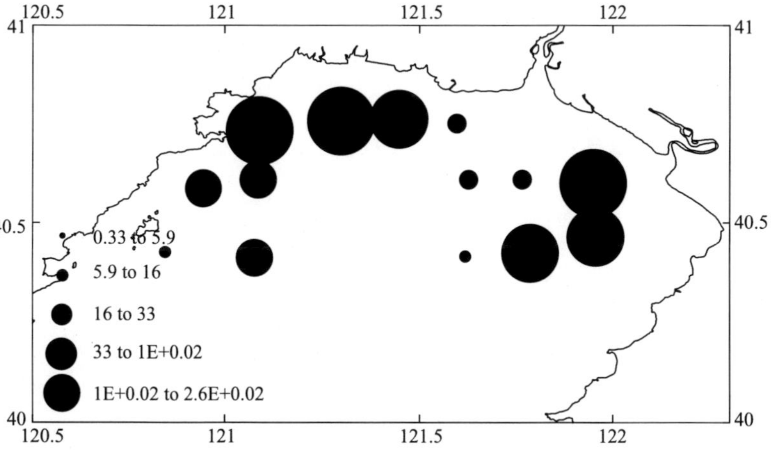

圖 7－4　遼東灣海域 2010 年 10 月口蝦蛄生物量（kg/km²）

（二）渤海灣

渤海灣位於渤海西部，北起河北省樂亭縣大清河口，南至山東省黃河口，有薊運河、海河等河流注入。灣內海域浮游生物和底棲生物種類眾多、生物量豐富，尤其河口附近，是魚蝦洄游、索餌、產卵的重要場所，也是渤海魚類、甲殼類、貝類等漁業資源的重要產地。

渤海灣口蝦蛄具有明顯的季節特性。2009 年 5 月、8 月、10 月和 12 月，天津沿海口蝦蛄的資源密度分別為 699.94kg/km²、1 725.86kg/km²、

779.94kg/km^{2}和143.99kg/km^2，平均資源密度為837.43kg/km^2。8月口蝦蛄的資源密度最大，12月密度最低。2014年和2015年的資源調查顯示了類似的結果。其中，2014年8月，口蝦蛄出現頻率87.5%，占總漁獲重量的46.41%，占總漁獲尾數的36.89%。2014年10月，口蝦蛄出現頻率100%，占總漁獲重量的44.43%，占總漁獲尾數的37.87%。2015年1月，口蝦蛄出現頻率62.5%，平均個體密度為0.02萬尾/km^2，平均生物量密度為0.006t/km^2，占總漁獲重量的5.88%，占總漁獲尾數的1.87%。2015年6月，口蝦蛄出現頻率100%，平均個體密度為1.12萬尾/km^2，平均生物量密度為0.38t/km^2，占總漁獲重量的55.28%，占總漁獲尾數的43.30%。

2009年、2014年和2015年天津海域口蝦蛄資源量總體表現為：夏季（8月）最大，其次為秋季（10月）和春季（5—6月），冬季（12月至翌年1月）最少。對比2009年資源密度情況，2014—2015年口蝦蛄明顯減少，以兩個年度4次調查的平均值計算，重量密度減少了43.9%，如表7-1所示，說明渤海灣天津海域口蝦蛄資源呈現出衰退的趨勢。

表7-1　2009年與2014—2015年天津沿海口蝦蛄資源量對比情況（t/km^2）

年分	春季	夏季	秋季	冬季
2009	0.70	1.73	0.78	0.14
2014—2015	0.38	1.06	0.64	0.006

（三）萊州灣

萊州灣位於渤海南部，是從山東省黃河口至龍口一線以南的海域，也是受黃河徑流影響最大的海灣。黃河帶來的大量陸源營養鹽，使萊州灣成為中國重要的漁場之一。

2011年5月至2012年4月，以底拖網採樣方式對萊州灣水域口蝦蛄資源進行調查。2011年5月平均網獲尾數為196.41尾/h、平均網獲生物量為2.68kg/h，6月為145.83尾/h、2.23kg/h，7月為677.44尾/h、11.50kg/h，8月為803.11尾/h、12.81kg/h，9月為581.56尾/h、9.55kg/h，11月為130.12尾/h、2.56kg/h；2012年3月為10.89尾/h、0.16kg/h，4月為11.15尾/h、0.18kg/h。對比各月的數據，7—9月口蝦蛄的資源量最大，3—4月資源量最小。從資源分布情況看，5—7月口蝦蛄主要分布在黃河口、龍口等近岸區域，此階段正值產卵期，產卵結束後，口蝦蛄向深水區域移動，並在深水區域進行越冬（吳強等，2015）。

遼東灣、渤海灣、萊州灣口蝦蛄資源分布具有共同的特點，即夏季資源量比較大，且多分布於近岸區域，冬季低溫期資源量相對較少，主要分布於深水區。渤海海域從5月開始，淺水區水溫快速升高，餌料生物大量繁衍，口蝦蛄向淺水區移動、索餌，積累營養物質，為繁殖做準備。秋冬季隨著水溫降低，口蝦蛄向深水區移動，以便能夠順利越冬。

二、渤海海域口蝦蛄生物學特徵

（一）遼東灣

2012 年 6—11 月，在遼東灣海域底拖網調查時，擷取口蝦蛄的體長範圍為 26.0～182.0mm。其中，6 月口蝦蛄體長範圍為 38.0～165.0mm、平均值為 107.31mm，8 月口蝦蛄體長範圍為 26.0～160.0mm、平均值為 109.03mm，9 月口蝦蛄體長範圍為 38.0～170.0mm、平均值為 104.29mm，11 月口蝦蛄體長範圍為 41.0～182.0mm、平均值為 98.04mm。9 月體長最大，而 11 月因為有大量幼體補充到群體中，平均體長減小（劉修澤等，2014c）。

（二）渤海灣

2014 年 8 月至 2015 年 6 月，在渤海灣天津海域採用底拖網擷取的口蝦蛄。體長範圍為 46.0～170.0mm，平均體長為 111.45mm；體重範圍為 2.85～64.92g，平均體重為 21.54g。2014 年 8 月、10 月和 2015 年 1 月、6 月口蝦蛄的雌雄比例依次為 1.14、1.18、1.59 和 1.45。

2014 年 8 月，口蝦蛄的體長範圍為 59.0～161.0mm，平均體長為 112.02mm，優勢體長為 120.0～130.0mm，所占比例為 19.44%；口蝦蛄體重範圍為 3.08～58.57g，平均體重為 23.33g，優勢體重為 20.0～30.0g，所占比例為 26.85%。2014 年 10 月，口蝦蛄的體長範圍為 57.0～170.0mm，平均體長為 116.08mm，優勢體長為 90.0～100.0mm，所占比例為 15.58%；口蝦蛄體重範圍為 2.85～64.92g，平均體重為 24.34g，優勢體重為 10.0～20.0g，所占比例為 35.50%。2015 年 1 月，口蝦蛄的體長範圍為 59～162mm，平均體長為 102.65mm，優勢體長為 100.0～110.0mm，所占比例為 20.00%；口蝦蛄體重範圍為 2.94～53.10g，平均體重為 23.16g，優勢體重為 46.0～170.0g，所占比例為 26.67%。2015 年 6 月，口蝦蛄的體長範圍為 46.0～148.0mm，平均體長為 106.92mm，優勢體長為 100.0～110.0mm，所占比例為 25.81%；口蝦蛄體重範圍為 3.92～42.40g，平均體重為 17.42g，優勢體重為 10.0～20.0g，所占比例為 56.16%。

對比不同時間的口蝦蛄體長組成，可以看出春季存在一個體長峰值；夏季的體長組成表現為一高一低兩個峰值，其中高峰值為春季體長峰值的延續，低峰值由當年的口蝦蛄補充群體組成，伴隨著補充群體的逐漸增加以及剩餘群體的自然死亡和捕撈死亡，兩個峰值的差距逐漸減小；秋季時，呈現補充群體和剩餘群體兩個優勢組；進入冬季，兩個優勢體長組混合在一起形成一個優勢體長組。

（三）萊州灣

2011 年 5 月至 2012 年 4 月，在萊州灣底拖網擷取口蝦蛄的體長範圍為 41.0～171.0mm。對比調查期間的平均體長，5 月的最小，此後逐步增加，7 月達最大值，11 月下降至與 5 月相當；體重範圍為 0.3～68.0g，平均體重以 5 月最低，11 月最高。將口蝦蛄按 30mm 間距分成 5 個體長組，結果顯示，2011 年 5—7 月，體長在 90mm 以下個體的比例減小，90mm 以上個體的比例上升；此後從 8 月至翌年 4 月，90mm 以下個體的比例緩步提高，90mm 以上個體的比例逐漸下降。將口蝦蛄按 10g 間距分成 5～7 個體重組，結果顯示，萊州灣口蝦蛄以 20g 以下占主導地位，在各月份中所占比例均不低於 60%。2011 年 10 月，30g 以上個體的比例最高，占總個體數的 30%左右，6 月、8 月、11 月下降至 20%左右，其他月份僅在 10%（吳強等，2015）。

三、口蝦蛄假溞狀幼體的資源分布

維持海域中豐富的口蝦蛄資源，需要有大量的幼體補充。口蝦蛄為抱卵孵化，初孵幼體經過Ⅺ期假溞狀幼體後變態為仔蝦蛄，開始營底棲生活。

2015—2016 年期間，每年的 5 月、6 月、7 月、8 月和 10 月在渤海灣對口蝦蛄假溞狀幼體資源進行調查，結果顯示幼體平均密度為 0.095 尾/m²，其中 5 月和 10 月均未採集到幼體。2015 年共採集口蝦蛄假溞狀幼體 2 354 尾，平均密度為 0.120 尾/m²，其中 8 月的資源量最大（0.097～1.465 尾/m²，平均密度為 0.478 尾/m²），其次為 7 月（0.001～0.223 尾/m²，平均密度為 0.049 尾/m²），而 6 月最低（0.001～0.216 尾/m²，平均密度為 0.044 尾/m²）。2016 年共採集口蝦蛄假溞狀幼體 2 383 尾，平均密度為 0.068 尾/m²，其中 6 月的資源量最大（0～0.978 尾/m²，平均密度為 0.169 尾/m²），其次為 8 月（0～0.201 尾 m²，平均密度為 0.067 尾/m²），而 7 月最低（0～0.003 尾 m²，平均密度為 0.001 尾/m²），如表 7－2 所示。

表 7－2　2015 年和 2016 年渤海灣口蝦蛄假溞狀幼體的密度分布

月份	尾數（個/網）		密度（個/m²）	
	2015 年	2016 年	2015 年	2016 年
5	0	0	0	0
6	764	1 887	0.044	0.169
7	717	11	0.049	0.001
8	873	485	0.478	0.067
10	0	0	0	0

口蝦蛄假溞狀幼體大量出現的時間為 6—8 月，表現出明顯的季節差異，

這主要是受繁殖季節因素的影響，並與環境、食物、敵害等諸多條件有關。同一海區不同位置口蝦蛄假溞狀幼體密度差異受口蝦蛄親體資源密度（生物量）以及海流等海域水文條件的影響。不同海區口蝦蛄資源量的變化因海區環境及地理位置而異，如萊州灣（吳強等，2015）、遼東灣（劉修澤等，2014c）、渤海灣（谷德賢等，2011）口蝦蛄 8 月資源量最大，而海州灣（許莉莉等，2017）5 月口蝦蛄資源量最大。

四、口蝦蛄資源的生態優勢度

在高強度的海洋捕撈壓力和惡劣的海洋環境等因素共同影響下，中國近海海洋漁業資源呈現逐年下降的趨勢。當大黃魚、小黃魚、帶魚、烏賊等漁業資源不能形成漁汛的情況下，口蝦蛄成為重要的漁業目標種類，而且口蝦蛄的市場價格也呈現上漲趨勢，對穩定漁民經濟收入起到了重要作用。近年來中國近海漁業資源調查數據表明，渤海灣海域口蝦蛄最高資源密度達到 5.14 萬尾/km^2、生物量達到 1 700kg/km^2（谷德賢等，2011），浙江南部近岸海域生物量最高達到 926kg/km^2（潘國良等，2013）。但口蝦蛄資源量總體呈現下降的趨勢未有改變，這與口蝦蛄作為當前主要的漁業捕撈種類正承受高強度的捕撈壓力有著直接的關係。

相對重要性指數（Index of Relative Importance，IRI）是評價生物在生物群落中生態優勢度的一項重要指標，其綜合考慮了被研究物種的個體數、生物量以及調查中出現的頻率等資訊，以此來判斷漁業資源生物群落中的優勢物種相對更客觀，其計算公式（Pinkas et al.，1971）如下：

$$IRI = (N + W) \times F$$

式中，N 為某一物種尾數占調查中擷取資源生物總尾數的百分比（%）；W 為該物種質量占調查中擷取資源生物總質量的百分比（%）；F 為該物種出現的站位數占調查總站位數的百分比（%）。

劃定標準：$IRI \geq 1\ 000$ 時為優勢種，$1\ 000 > IRI \geq 100$ 時為重要種，$100 > IRI \geq 10$ 時為常見種，$10 > IRI \geq 1$ 時為一般種，$IRI < 1$ 時為少有種。

（一）渤海海域

1. 遼東灣

2006 年 7 月下旬至 8 月上旬、11 月下旬至 12 月上旬，2007 年 4 月中下旬和 10 月上中旬，遼東灣口蝦蛄的 IRI 分別為 1 067、1 352、521 和 861，排在對應時間漁獲生物種類的第 3、2、4 和 3 位，分別達到了優勢種、重要種、優勢種和優勢種的水準（劉修澤等，2014a）。2010 年 6 月和 8 月，遼東灣長興島附近海域口蝦蛄均達到優勢種水準，對應的 IRI 分別為 3 665 和 2 929，均排在擷取資源生物的第 2 位（劉修澤等，2011）。

2. 萊州灣

2015年8月對萊州灣漁業資源進行調查，口蝦蛄在調查擷取的55種漁業資源種類（魚類33種，蝦蟹類19種，頭足類3種）中，*IRI* 數值為4 378，為第1優勢種。2016年8月的調查中，口蝦蛄在51種漁業資源種類（魚類29種，甲殼類19種，頭足類3種）中排在第2位，*IRI* 指數為2 301，為第2優勢種（姜俊楠，2017）。2010—2019年夏季萊州灣大型甲殼類動物群落中，口蝦蛄一直處於群落的第1或第2優勢種位置（李凡等，2021）。

（二）黃海海域

1. 黃海北部海域

2007年5月和10月，黃海北部大連灣海域口蝦蛄均為優勢種，重量占甲殼類的29.58%和6.14%（劉修澤等，2014b）。2014—2017年8月，在黃海北部採用底拖網的方式對漁業資源結構組成進行調查，4年的調查分別擷取漁業資源生物23種、32種、37種和40種，口蝦蛄的 *IRI* 分別為1 117、4 227、1 502和2 041，均屬於優勢種範疇，排位依次為第7位、第1位、第5位和第4位。

2. 青島近海

2004年5月（春季）和10月（秋季）對青島近海漁業資源群落結構特徵進行了研究（任一平等，2005）。春季口蝦蛄優勢度較高，位列第2位，占總漁獲重量的13.7%，僅低於赤鼻稜鯷（*Thryssa kammalensis*）（19.0%），個體數占8.1%，也是僅低於赤鼻稜鯷（9.5%）。秋季位列第3位，占總漁獲量的8.5%，低於日本槍烏賊（*Loligo japonica*）（15.3%）和短蛸（12.4%），口蝦蛄個體數占5.1%，僅低於日本槍烏賊（17.7%），與赤鼻稜鯷並列第2位。

3. 山東半島南部近岸海域

2006年7月（夏季）、12月（冬季）和2007年4月（春季）、11月（秋季）共擷取漁業資源生物72種，口蝦蛄在夏季、春季和秋季的漁獲量中（重量密度，kg/h）分別排在第2、1和2位。2006年7月的口蝦蛄優勢度較高，占總漁獲重量的10.1%，僅次於鷹爪蝦（*Trachypenaeus curvirostris*）的15.6%，個體數占總漁獲尾數6.6%，低於鷹爪蝦（26.2%）、日本鯷（12.3%），排在第3位；2007年4月口蝦蛄占總漁獲重量的16.2%，個體數占總漁獲尾數的6.6%，低於方氏雲鳚（*Enedrias fangi*）（19.1%）、雙斑蟳（*Charybdis bimaculata*）（11.7%），排在第3位；2007年11月口蝦蛄占總漁獲重量的12.2%，僅次於劍尖槍烏賊（*Uroteuthis edulis*）的20.1%，個體數占總漁獲尾數的3.0%，低於細巧仿對蝦（*Parapenaeopsis tenella*）（77.0%）、劍尖槍烏賊（7.7%）、鷹爪蝦（5.7%），排在第4位（李濤等，2011）。

2015年8月，在山東半島南部開展的漁業資源調查，共擷取漁業生物37

種，其中魚類 25 種、蝦蟹類 7 種、頭足類 5 種；口蝦蛄（*IRI* 為 719）與鮐（*Scomber japonicus*）（*IRI* 為 608）、小黃魚（*IRI* 為 350）、綠鰭魚（*Chelidonichthys kumu*）（*IRI* 為 343）、日本槍烏賊（*IRI* 為 310）為重要種，相對重要性指數低於鯷（*IRI* 為 9 963）和戴氏赤蝦（*Metapenaeopsis dalei*）（*IRI* 為 4 226）2 種優勢種。2016 年 8 月，山東半島南部漁業資源調查共擷取漁業生物 35 種，其中魚類 23 種、甲殼類 8 種、頭足類 4 種；口蝦蛄與戴氏赤蝦、鯷同為優勢種，*IRI* 指數分別為 1 062、5 527 和 3 093（姜俊楠，2017）。

（三）東海海域

根據 2008 年 5 月（春季）、8 月（夏季）、11 月（秋季）和 2009 年 2 月（冬季）在東海（127°00′E 以西，26°00′—33°00′N）桁桿拖蝦網所獲得的口足類調查資料，以某一種類 4 個季節漁獲量占總漁獲量百分比高於 10%的種類為優勢種的標準，口蝦蛄被判定為優勢種。口蝦蛄在每個季節的口足類總漁獲量中所占比例均遠遠高於其他各種類，而且口蝦蛄在 4 個季節的調查中具有相對較為集中的生物量高發區，口蝦蛄的出現頻率高達 86.5%（盧占暉等，2013）。

2010 年 5 月（春季）、8 月（夏季）、11 月（秋季）和 2011 年 2 月（冬季）對岱衢洋進行底拖網漁業資源調查。4 個季節的調查中均有口蝦蛄出現，而且在春、秋季為優勢種，*IRI* 為 1 220 和 3 182，分別排第 6 位和第 4 位；夏季、冬季雖不是優勢種但也相對重要，*IRI* 值為 598 和 111（張洪亮等，2012）。

2011 年 2 月（冬季）、5 月（春季）、8 月（夏季）和 11 月（秋季）對岱衢洋採用定置刺網進行漁業資源調查時，口蝦蛄均有被擷取，並均為優勢種，在 4 個季節的優勢種排序分別是第 3 位、第 2 位、第 2 位和第 1 位（張洪亮等，2013）。

（四）南海海域

根據 2006 年 8 月（夏季）、2006 年 10 月（秋季）、2006 年 12 月（冬季）和 2007 年 4 月（春季）在珠江口附近海區的底拖網調查資料，調查海域甲殼類動物 *IRI* 大於 100 的有 11 種，口蝦蛄的為 520，僅低於周氏新對蝦（*Metapenaeus joyneri*）的 2 114，排在第 2 位（黃梓榮等，2009）。

2006 年 10 月（秋季）、2007 年 1—2 月（冬季）、2007 年 5 月（春季）和 2007 年 8 月（夏季）在南海北部陸架區進行了甲殼類種類和資源密度分布的調查。調查發現該海區共有甲殼類 99 種，口蝦蛄出現頻率為 27.78%；漁獲重量為 136.20kg，占總漁獲量的 11.58%；漁獲尾數 9 030 尾，占總漁獲尾數的 8.51%；*IRI* 為 557.85，排在第 1 位，*IRI* 值是第 2 位黑斑口蝦蛄（85）的 6.56 倍（黃梓榮等，2009）。

2013 年 2 月（冬季）、5 月（春季）、8 月（夏季）和 11 月（秋季）對南海柘林灣海域進行拖網調查，共擷取甲殼類 53 種，口蝦蛄在 4 個季節的 *IRI*

分別為 2 490、1 805、6 666 和 1 283，為全年優勢種（王文杰等，2018）。

根據中國近海海域漁業資源調查的數據資料可以看出，在漁業資源整體衰退的情況下，口蝦蛄在漁業資源中所占的比例逐漸增加，現已成為中國沿海重要的捕撈對象，基於 *IRI* 的相對定量分析，口蝦蛄處於優勢種或重要種地位，如表 7 - 3 所示。

表 7 - 3　中國近海漁業資源中口蝦蛄的地位

海域	區域	類群	年分	月分	地位
渤海	遼東灣	漁業資源種類	2006	7—8	優勢種
			2006	11—12	優勢種
			2007	4	重要種
			2007	10	重要種
			2010	5—6	優勢種
			2010	8	優勢種
			2010	10	優勢種
	渤海灣	漁業資源種類	2014	8、10	優勢種
			2015	1、6	優勢種
	萊州灣及渤海灣南部	漁業資源種類	2015	8	優勢種
			2016	8	優勢種
黃海	黃海北部	甲殼類	2007	5	優勢種
			2007	10	優勢種
		漁業資源種類	2014	8	優勢種
			2015	8	優勢種
			2016	8	優勢種
			2017	8	優勢種
	青島近海	漁業資源種類	2004	5	優勢種
			2004	10	優勢種
	山東半島南部	漁業資源種類	2006	7	優勢種
			2006	12	—
			2007	4	優勢種
			2007	11	優勢種
	山東近海	漁業資源種類	2015	8	重要種
			2016	8	優勢種
	煙威漁場	漁業資源種類	2015	8	優勢種
			2016	8	優勢種

（續）

海域	區域	類群	年份	月份	地位
東海	岱衢洋	甲殼類	2010	5	優勢種
			2010	8	重要種
			2010	11	優勢種
			2011	2	重要種
	岱衢洋	甲殼類	2011	2	優勢種
			2011	5	優勢種
			2011	8	優勢種
			2011	11	優勢種
	東海主要漁場	口足類	2008	5	優勢種
			2008	8	優勢種
			2008	11	優勢種
			2009	2	優勢種
南海	珠江口	甲殼類	2006	8	優勢種
			2006	10	
			2006	12	
			2007	4	
	南海北部陸架區	甲殼類	2006	10	優勢種
			2007	1－2	
			2007	5	
			2007	8	
	柘林灣	甲殼類	2013	2	優勢種
			2013	5	優勢種
			2013	8	優勢種
			2013	11	優勢種

綜上，在漁業資源整體衰退的情況下，口蝦蛄已成為中國渤海、黃海、東海和南海的重要漁業種類。對比年際間的資源量數據，可以看出口蝦蛄資源有減少的趨勢。例如，渤海灣口蝦蛄資源密度從 2009 年的平均 837kg/km^2（谷德賢等，2011）減少到 2015 年的 522kg/km^2，下降了近 38%。口蝦蛄對維持海域生物群落結構的穩定和漁業生產的可持續發展具有重要作用，其資源的合理開發利用及保護需引起相關部門的重視，以避免出現資源嚴重衰退，甚至無法修復的悲劇。

第二節　環境因子對口蝦蛄資源分布的影響

海洋是地球上重要的生態系統，海洋環境是影響海洋生物資源分布的重要因素。口蝦蛄作為近海重要的漁獲種類之一，其資源分布同樣受到溫度、鹽度、水深、底質條件等環境因子的影響。查明環境因子與口蝦蛄資源分布的關係，對口蝦蛄資源的合理利用和科學保護具有重要的意義。

一、水溫

水溫是重要的水文要素之一，其隨光照與氣溫的變化而變化。水生生物的生長、發育需要適宜的水溫條件。口蝦蛄為常年定居型種群，季節性遷移距離不大，冬季會向深水區移動，營越冬生活（吳耀泉等，1990）；越冬期過後，進入性腺發育和成熟階段（鄧景耀，程濟生，1992；王春琳，1999）；口蝦蛄通常 1 年即可達到性成熟（徐善良等，1996；王波等，1998）。有研究發現，口蝦蛄生長最適溫度為 20～27℃（王波等，1998；王春琳，1999）。在低溫季節（秋季、春季）萊州灣口蝦蛄資源分布與海表溫度呈極顯著正相關（$P<0.01$），高溫季節（夏季）呈顯著負相關（$P<0.05$）（吳強等，2015）。遼東灣口蝦蛄資源分布與底溫無顯著相關，但資源密度高的海域的底溫平均值要高於調查區域的平均值，即表現出相對高溫的特點（劉修澤等，2014）。對天津海域口蝦蛄資源分布進行調查時也發現，水溫是對口蝦蛄資源分布影響最大的環境因子，水溫較低的冬季，口蝦蛄資源密度相對較小，隨著水溫升高，資源量逐漸增大。基於廣義線性模型分析發現，2014 年和 2015 年的 5－10 月渤海灣海水溫度對口蝦蛄的豐度、生物量都具有極顯著影響（徐海龍等，2022）。在池塘養殖條件下，水溫在 21.5℃時，口蝦蛄的瞬時增長率和瞬時增重率均為最高（張年國等，2022）。

相比口蝦蛄成體，口蝦蛄假溞狀幼體對海水溫度的反應更加敏感。在15～18℃時，渤海灣口蝦蛄假溞狀幼體密度隨著表層水溫的增加而增加；在 23～27℃時，表現為幼體密度與水溫呈負相關關係。

口蝦蛄為變溫動物，水溫的變化直接影響著口蝦蛄的生理代謝活動，這可能是造成較低水溫海域口蝦蛄資源密度相對較小的原因之一。水溫不僅受光照和氣溫的影響，還與地理位置有關，這種關係間接地表現為地理位置不同的海區，口蝦蛄的繁殖期不一致。例如，日本東京灣（大富潤等，1988）口蝦蛄的產卵期為 4－8 月；日本博多灣（Hamano et al.，1987）的口蝦蛄產卵期為 4－9 月，其中高峰期為 6 月。大連皮口海域口蝦蛄的繁殖期在 5－9 月（薛梅等，2016）。

二、鹽度

鹽度是海水的一個重要理化指標。生活在海洋中的動物透過改變滲透壓來適應海水鹽度的變化。當鹽度超出適應範圍，會破壞生物體內離子平衡，影響生物的生長發育。有研究發現，口蝦蛄生長最適鹽度為 23～27（王波等，1998；王春琳，1999）。海洋調查發現，6 月遼東灣口蝦蛄相對生物量與底鹽呈顯著負相關關係，8 月、9 月和 11 月口蝦蛄資源分布與底鹽無顯著相關關係；且高生物量區域的底鹽平均值接近於鹽度 23～27，低於調查海域的平均值（劉修澤等，2014）。萊州灣口蝦蛄個體數密度與鹽度的 Pearson 相關性居第 2 高，僅次於水溫。其中，口蝦蛄個體數密度與海水鹽度於 2011 年 9 月呈極顯著正相關（$P<0.01$），2011 年 5 月至 2012 年 4 月期間的其他月份相關性均不顯著（吳強等，2015）。基於廣義線性模型分析發現，2014 年和 2015 年的 5—10 月渤海灣海水鹽度對口蝦蛄的豐度、生物量都具有極顯著或顯著影響（徐海龍等，2022）。

三、溶解氧

溶解氧是評價水質的一個重要指標，也是生物維持正常生存、生長所必需的理化因子。對萊州灣口蝦蛄的時空分布與溶解氧的關係進行分析時發現，口蝦蛄個體數密度與溶解氧的相關性不顯著（吳強等，2015）。分析原因是，在正常的條件下，自然海區中的溶解氧含量都是在 5mg/L 以上，完全可以滿足口蝦蛄正常生存需要，所以口蝦蛄的分布與溶解氧含量未表現出明顯的相關性。基於廣義線性模型分析發現，2014 年和 2015 年的 5—10 月渤海灣海水溶解氧對口蝦蛄的豐度、生物量都具有極顯著影響（徐海龍等，2022）。

四、水深

水深與海水溫度和鹽度存在關係，這種關係在近海尤為明顯。往往淺水區域的水溫受到氣溫影響較大，淺水區域的鹽度受陸地徑流影響大。有研究表明，口蝦蛄主要分布在 60m 以淺的海域（金顯仕等，2006；黃宗國，2008；李鵬程等，2021）。在對遼東灣口蝦蛄分布與水深的關係進行 Pearson 相關分析時發現，僅 2012 年 6 月口蝦蛄相對生物量與水深呈現顯著負相關關係，2012 年 8 月、9 月和 11 月口蝦蛄資源分布與水深均無顯著相關。從生物量高值區域平均水深隨時間變化來看，6—11 月，生物量高值分布逐漸由淺水區向深水區移動。從月份來看，6 月時口蝦蛄平均生物量最高值分布在水深 15m 以淺範圍內；8 月和 9 月時分布在水深 15～20m 範圍內，11 月時分布在水深 20～30m 範圍內（劉修澤等，2014）。對萊州灣口蝦蛄的時空分布與水深的關係分析發現，2011 年 9 月口蝦蛄個體密度與水深呈極顯著正相關（$P<0.01$），2012 年 3 月呈顯著正相關（$P<0.05$），其他月份的相關性均不顯著（吳強等，2015）。基於廣義線性模型分析發現，2014 年和 2015 年的 5－10 月渤海灣水深對口蝦蛄的生物量具有極顯著影響（徐海龍等，2022）。

遼東灣、渤海灣和萊州灣海域口蝦蛄分布與水深的關係存在一定差異，可能與 3 個灣區的水深以及其他環境因子差異有關。口蝦蛄屬於短距離遷徙的生物，其分布隨著水溫的變化而變化，當北方地區由夏季進入秋季，海水水溫逐漸降低，口蝦蛄將由淺水區域向深水區域移動，準備營越冬生活。

在監測渤海灣天津海域口蝦蛄幼體時發現，水深對假溞狀幼體、幼蝦蛄的密度影響顯著。水深對假溞狀幼體密度的影響主要表現在 11.5m 以淺，在 5.0～7.0m 時水深對假溞狀幼體密度的影響表現為負相關，在 10.5m 時達到最大值。水深對幼蝦蛄的影響表現為，隨水深增加（5～11m），資源密度逐漸增多；當水深為 11.5～20m，水深對幼蝦密度影響不顯著（谷德賢等，2018）。

五、底質

底質是海域生態系統的重要組成部分，尤其是底棲生物生存所依賴的重要條件。口蝦蛄為典型的底棲穴居生活動物。對遼東灣口蝦蛄分布與底質的關係進行分析時，發現口蝦蛄在不同的底質條件下，資源量存在一定差異。2010 年 5 月，在遼東灣遠岸區域粒徑較大的海底（圖 7－5），口蝦蛄的資源量較大；2010 年 10 月，在遼東灣近岸區域（河口區）底質粒徑較大的海底（圖 7－6），口蝦蛄的資源量較大。2012 年 6－11 月，遼東灣泥沙底、砂泥底、石礫底和黏泥底條件下口蝦蛄生物量的平均值分別為 3.25kg/h、2.41kg/h、0.27kg/h 和 3.71kg/h（劉修澤等，2014c）。數據顯示，黏泥底海域的口蝦蛄平均生物量最高，其次為泥沙底，石礫底對應的平均生物量值最低。由此可見，口蝦蛄更喜歡棲息在泥質含量居多的泥沙、黏泥底質的海域條件。只有在夏季海域中口蝦蛄資源量增大時，由於餌料、棲息空間競爭等原因，才有個體暫時性地棲息於礫石底質條件下。

六、浮游生物

浮游生物是海域中生物群落的重要成員，浮游植物既是濾食性動物、動物幼體的直接餌料，也是光合作用的直接參與者，對吸收二氧化碳、減輕海水酸化、增加氧氣含量有重要作用。浮游動物是以浮游植物、碎屑為食的小型動物，也是濾食性動物以及動物幼體的餌料。對萊州灣口蝦蛄的時空分布

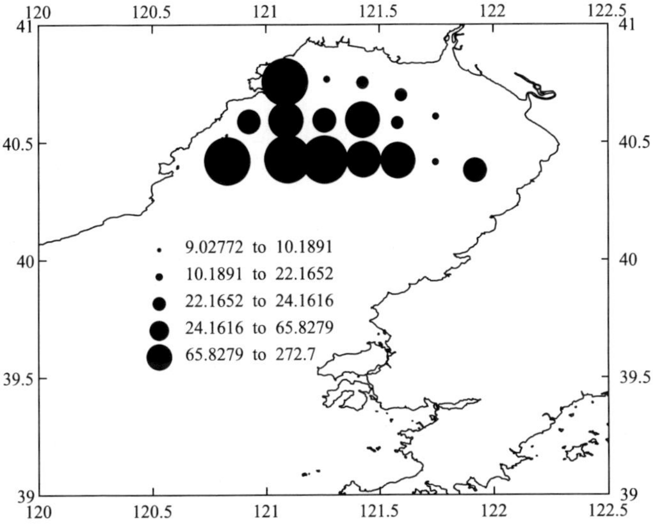

圖 7-5　2010 年 5 月遼東灣底質粒度分布（mm）

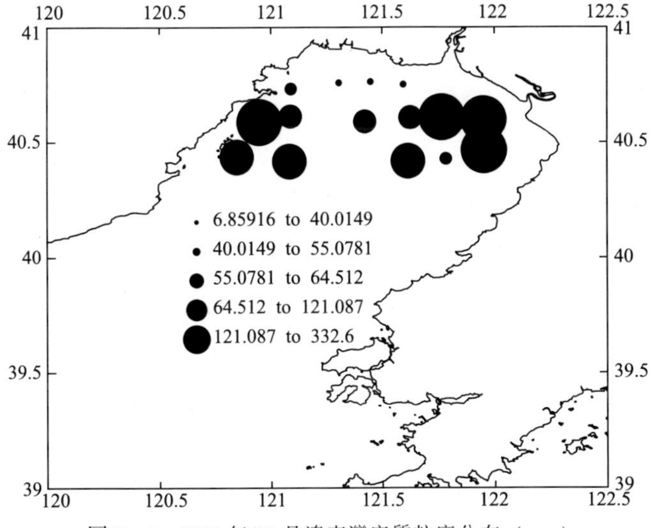

圖 7-6　2010 年 10 月遼東灣底質粒度分布（mm）

與浮游生物的關係分析時發現，口蝦蛄個體密度與浮游植物在 2011 年 5 月至 2012 年 4 月間的相關性均不顯著（$P>0.05$）；口蝦蛄個體密度與浮游動物僅在 2011 年 10 月時呈極顯著正相關（$P<0.01$），在其他月份均不顯著

（吳強等，2015）。這可能與口蝦蛄為肉食性生物，僅在假溞狀幼體階段（30d左右）以浮游生物為餌料，當變態為營底棲生活的仔蝦後不再直接捕食浮游生物有關。

在自然界中，生物與環境是不可分割的統一整體，兩者之間存在著複雜的關係。環境可以影響生物，生物又在不斷地適應環境，同時也在不斷地影響著環境。口蝦蛄資源的可持續利用和保護離不開良好的生存環境。影響口蝦蛄的環境因子很多，各環境因子對口蝦蛄分布的影響機制又很複雜，這些因子往往是綜合起來對生物起作用的。例如，底質與水溫、底質與餌料之間的相互影響。海域環境因子對口蝦蛄分布的影響機理以及口蝦蛄應對環境因子變化的行為表現還有待進一步探索和研究。

第三節　口蝦蛄種群遺傳多樣性

生物遺傳多樣性是指生物種內所攜帶的遺傳資訊的總和，即種內個體之間或一個種群內不同個體的遺傳變異總和，又稱基因多樣性。種內的遺傳多樣性是物種及生態系統水準多樣性的最重要來源。在自然界中，生物體受生存環境的影響，引起遺傳資訊變異，反過來遺傳多樣性又決定、影響著該物種與生態系統中其他物種、環境相互作用的方式和途徑。可以說，遺傳多樣性是一個物種對生境、人為干擾進行成功反應的決定因素，同時遺傳多樣性的高低也決定了該物種的演化趨勢。

一、大連海域口蝦蛄群體遺傳多樣性

2009 年，對大連海域 24 個口蝦蛄個體的基因組 DNA 進行 RAPD 擴增，分析了大連口蝦蛄資源的遺傳多樣性。利用的 20 個引物（表 7－4），在 24 個口蝦蛄樣品中均可產生特定、清晰的擴增圖譜。每條引物的擴增譜帶數為 3～15（圖 7－7），多態位點占 67.8%，個體之間的遺傳距離為 0.236 7～0.540 2（表 7－5），平均遺傳距離為 0.358 3，平均遺傳相似率為 0.641 7，說明大連海域口蝦蛄具有較高的遺傳多樣性和較大的遺傳分化潛力。

表 7－4　引物序列及 RAPD 的擴增結果

引物	序列（5′-3′）	總位點數	單態位點數	多態位點數	多態位點比
GEN1	GGTGATTCGG	11	5	6	54.5
GEN2	GTGTGCCGTT	15	5	10	66.7
GEN3	CTACGATGCC	13	3	10	76.9

（續）

引物	序列（5′-3′）	總位點數	單態位點數	多態位點數	多態位點比
GEN4	CCCTGTCGCA	15	5	10	66.7
GEN5	GTCTGTGCGG	10	4	6	60.0
GEN6	TTACCCCGCT	12	6	6	50.0
GEN7	CTCGAACCCC	13	3	10	76.9
GEN8	TTACCCCGCT	13	4	9	69.2
GEN9	GGGATGGAAC	14	6	8	57.1
GEN10	ACGGCCAATC	13	3	10	76.9
GEN11	GGCGTATGGT	14	3	11	78.6
GEN12	GAGCTACCGT	11	3	8	72.7
GEN13	TCTACCCCGT	12	2	10	83.3
GEN14	AACGGCGACA	12	5	7	58.3
GEN15	ACGCCCAGGT	15	5	10	66.7
GEN16	ACCGGCTTGT	10	4	6	60.0
GEN17	GAAGCCAGCC	14	4	10	71.4
GEN18	GAGTCAGCAG	8	3	5	62.5
GEN19	GAGAGCCAAC	9	3	6	66.7
GEN20	GTGAGGCGTC	11	5	6	54.5
總計		245	81	164	67.8

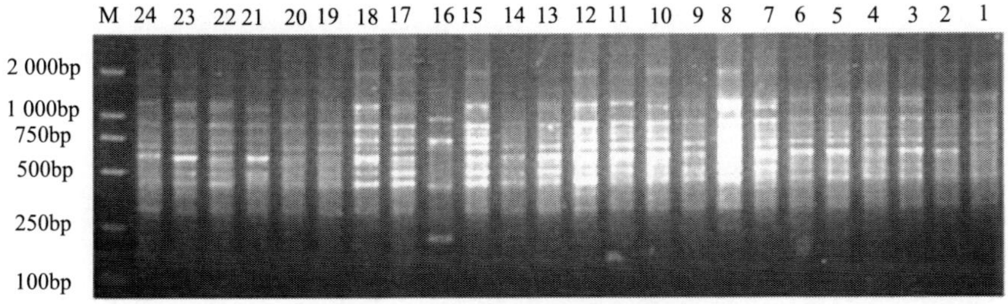

圖 7－7　GEN1 的 RAPD 電泳

注：1～24 分別代表 24 個口蝦蛄個體，m 代表 Marker。

表7-5 大連海域 24 個口蝦蛄個體的遺傳距離

序號	1	2	3	4	5	6	7	8	9	10	11	12	13	14	15	16	17	18	19	20	21	22	23	24
1	*																							
2	0.312 8	*																						
3	0.347 3	0.241 9	*																					
4	0.376 9	0.279 5	0.290 4	*																				
5	0.365 0	0.347 3	0.359 0	0.274 0	*																			
6	0.365 0	0.324 2	0.335 6	0.274 0	0.296 0	*																		
7	0.290 4	0.296 0	0.274 0	0.279 5	0.324 2	0.324 2	*																	
8	0.359 0	0.426 3	0.413 8	0.359 0	0.347 3	0.359 0	0.329 9	*																
9	0.353 1	0.359 0	0.395 2	0.426 3	0.353 1	0.401 3	0.312 8	0.301 6	*															
10	0.347 3	0.329 9	0.365 0	0.312 8	0.347 3	0.312 8	0.376 9	0.284 9	0.312 8	*														
11	0.445 5	0.353 1	0.401 3	0.279 5	0.290 4	0.359 0	0.341 4	0.318 5	0.335 6	0.252 5	*													
12	0.365 0	0.383 0	0.432 7	0.376 9	0.318 5	0.365 0	0.432 7	0.312 8	0.389 1	0.236 7	0.257 8	*												
13	0.432 7	0.353 1	0.389 1	0.432 7	0.407 5	0.407 5	0.426 3	0.353 1	0.370 9	0.307 2	0.284 9	0.301 6	*											
14	0.383 0	0.413 8	0.465 1	0.395 2	0.335 6	0.347 3	0.465 1	0.401 3	0.432 7	0.365 0	0.341 4	0.301 6	0.329 9	*										
15	0.312 8	0.329 9	0.389 1	0.383 0	0.347 3	0.347 3	0.376 9	0.353 1	0.407 5	0.318 5	0.307 2	0.335 6	0.329 9	0.353 1	*									
16	0.389 1	0.301 6	0.395 2	0.365 0	0.376 9	0.389 1	0.359 0	0.347 3	0.365 0	0.335 6	0.324 2	0.318 5	0.290 4	0.290 4	0.279 5	*								
17	0.407 5	0.376 9	0.505 3	0.485 0	0.407 5	0.432 7	0.452 0	0.423 8	0.445 5	0.439 1	0.413 8	0.420 0	0.413 8	0.341 4	0.365 0	0.290 4	*							
18	0.420 0	0.491 7	0.465 1	0.498 5	0.432 7	0.458 5	0.465 1	0.401 3	0.407 5	0.401 3	0.389 1	0.359 0	0.329 9	0.341 4	0.329 9	0.359 0	0.341 4	*						
19	0.471 7	0.426 3	0.505 3	0.471 7	0.498 5	0.395 2	0.439 1	0.413 8	0.407 5	0.401 3	0.401 3	0.383 0	0.389 1	0.365 0	0.376 9	0.268 6	0.365 0	0.353 1	*					
20	0.458 5	0.452 0	0.519 1	0.445 5	0.445 5	0.432 7	0.389 1	0.389 1	0.432 7	0.426 3	0.376 9	0.395 2	0.426 3	0.426 3	0.376 9	0.312 8	0.353 1	0.318 5	0.263 2	*				
21	0.401 3	0432 7	0.445 5	0.465 1	0.491 7	0.426 3	0.540 2	0.512 2	0.452 0	0.407 5	0.420 0	0.426 3	0.383 0	0.383 0	0.347 3	0.341 4	0.395 2	0.312 8	0.383 0	0.395 2	*			
22	0.452 0	0.471 7	0.512 2	0.478 3	0.519 1	0.426 3	0.471 7	0.432 7	0.413 8	0.370 9	0.407 5	0.389 1	0.395 2	0.407 5	0.359 0	0.341 4	0.335 6	0.324 2	0.312 8	0.347 3	0.365 0	*		
23	0.420 0	0.426 3	0.465 1	0.420 0	0.370 9	0.445 5	0.365 0	0.389 1	0.383 0	0.413 8	0.413 8	0.370 9	0.401 3	0.329 9	0.426 3	0.347 3	0.365 0	0.341 4	0.341 4	0.389 1	0.395 2	0.335 6	*	
24	0.347 3	0.426 3	0.465 1	0.432 7	0.458 5	0.383 0	0.389 1	0.439 1	0.370 9	0.413 8	0.376 9	0.432 7	0.439 1	0.426 3	0.329 9	0.407 5	0.401 3	0.365 0	0.465 1	0.413 8	0.312 8	0.359 0	0.413 8	*

二、黃渤海口蝦蛄群體遺傳多樣性

利用RAPD分子標記的方法，基於18條隨機引物（表7-6）對遼寧沿海的大連（DL）、瓦房店（WF）、莊河（ZH）、東港（DG）、綏中（SZ）和山東省青島（QD）六個地理群體144個口蝦蛄個體進行遺傳多樣性和種群的親緣關係分析。共檢測到位點256個，多態位點229個，每個個體所擴增出的條帶數目7～16個不等。六個群體平均多態位點比例為81.84%，各群體的多態位點比例分別為：大連89.45%、瓦房店84.38%、莊河85.94%、東港78.13%、青島78.12%、綏中75.00%（表7-7）。六個口蝦蛄群體的Shannon多樣性指數為0.587 2，各群體的Shannon多樣性指數分別為：大連0.477 5、瓦房店0.422 0、莊河0.430 4、東港0.403 8、青島0.392 0、綏中0.377 6。六個群體的Nei基因多樣性指數為0.401 5，各群體分別為：大連0.317 8、瓦房店0.281 0、莊河0.285 9、東港0.270 5、青島0.260 3、綏中0.250 6（表7-8）。三個參數的大小關係一致，即DL＞ZH＞WF＞DG＞QD＞SZ，且群體間的Nei基因多樣性指數、Shannon多樣性指數均大於群體內的，說明六個口蝦蛄群體種質資源狀況良好，遺傳多樣性水準較高。

六個群體的遺傳相似係數在0.901 9～0.740 8，平均值為0.811 7，遺傳距離在0.103 3～0.300 0之間，平均值為0.210 1，其中大連群體和瓦房店群體的遺傳相似係數最大為0.901 9，遺傳距離最小0.103 3；而青島群體和東港群體的遺傳相似係數最小，為0.740 8，遺傳距離最大為0.300 0（表7-9）。從距離聚類分析，可以看出大連群體和瓦房店群體首先聚為一類，然後再依次與莊河群體、東港群體、綏中群體聚在一起，而青島群體單獨為一類（圖7-8）。

表7-6　18條隨機引物序列

引物名稱	引物序列（5'-3'）	引物名稱	引物序列（5'-3'）
GEN1	GGATGGAAC	GEN10	GTCTGTGCGG
GEN2	GAGCTACCGT	GEN11	CCCTGTCGCA
GEN3	ACGGCCAATC	GEN12	TGCGAAGGCT
GEN4	GGCGTATGGT	GEN13	GGTGATTCGG
GEN5	CTCGAAGGCT	GEN14	GAGTCAGCAG
GEN6	CTACGATGCC	GEN15	AACGGCGACA
GEN7	GAGAGCCAAC	GEN16	ACGCCCAGGT
GEN8	GTGTGCCGTT	GEN17	GAAGCCAGCC
GEN9	GCATGTGCGG	GEN18	ACCGGCTTGT

表 7－7　RAPD 標記分析中六個口蝦蛄群體多態位點資訊

種群	總位點數	多態位點數	多態位點比例（%）
DL	256	229	89.45
SZ	221	165	74.66
WF	237	200	84.39
ZH	220	189	85.91
QD	200	156	78.00
DG	192	150	78.13

表 7－8　RAPD 標記分析中六個不同的口蝦蛄地理群體基因多樣性

群體	平均觀測等位基因	平均有效等位基因	Nei 基因多樣性指數	平均 Shannon 多樣性指數
DL	1.894 5	1.544 6	0.317 8	0.477 5
SZ	1.750 0	1.426 8	0.250 6	0.377 6
WF	1.843 8	1.480 5	0.281 0	0.422 0
ZH	1.859 4	1.484 1	0.285 9	0.430 4
QD	1.781 2	1.442 9	0.260 3	0.392 0
DG	1.781 2	1.446 2	0.270 5	0.403 8

表 7－9　六個口蝦蛄地理種群群體間的遺傳相似係數和遺傳距離

群體	DG	WF	ZH	QD	DL	SZ
DG	****	0.844 9	0.836 0	0.740 8	0.808 7	0.800 1
WF	0.168 5	****	0.867 5	0.778 6	0.901 9	0.820 9
ZH	0.179 2	0.142 2	****	0.747 8	0.849 4	0.830 1
QD	0.300 0	0.250 3	0.290 0	****	0.769 1	0.757 8
DL	0.212 3	0.103 3	0.163 3	0.262 6	****	0.822 2
SZ	0.223 0	0.197 4	0.186 3	0.277 4	0.195 8	****

注：上三角為遺傳相似係數 S，下三角為遺傳距離 D。

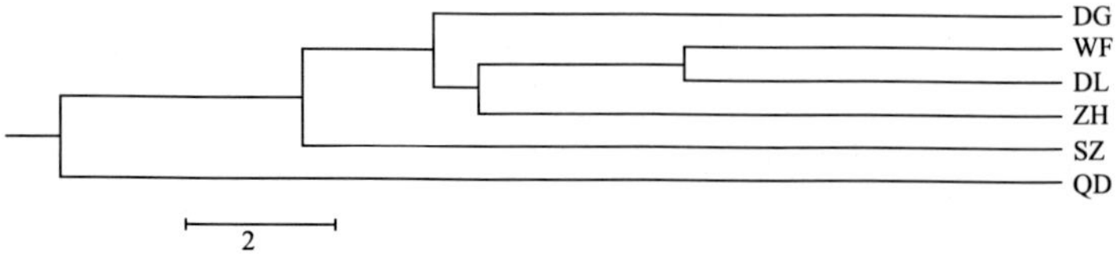

圖 7－8　RAPD 分析六個口蝦蛄地理群體間的遺傳距離聚類分析

對口蝦蛄遺傳多樣性的研究具有重要的理論和實際意義。口蝦蛄的遺傳多樣性是其長期演化的結果，是其生存適應和遺傳演化的前提，只有充分了解口蝦蛄種內遺傳變異情況及其與環境因子間的關係，才能找到更科學、有效的措施保護口蝦蛄的基因資源庫，保護口蝦蛄的自然資源種群。

參考文獻

付秀梅，王曉瑜，薛振凱，2017. 中國近海漁業資源保護與海洋漁業發展的博弈分析\［J\］. 海洋經濟，7（2）：9-16.

谷德賢，劉茂利，2011. 天津海域口蝦蛄群體結構及資源量分析\［J\］. 河北漁業，8：24-26.

谷德賢，王婷，王娜，等，2018. 渤海灣口蝦蛄假溞狀幼體的密度分布及影響因素研究\［J\］. 大連海洋大學學報，33（1）：65-71.

黃梓榮，孫典榮，陳作志，等，2009. 珠江口附近海區甲殼類動物的區系特徵及其分布狀況\［J\］. 應用生態學報，20（10）：2535-2544.

黃梓榮，陳作志，鐘智輝，等，2009. 南海北部陸架區甲殼類的種類組成和資源密度分布\［J\］. 上海海洋大學學報，18（1）：59-65.

黃宗國，2008. 中國海洋生物種類與分布\［M\］. 北京：海洋出版社.

姜俊楠，2017. 山東省漁業資源現狀及前景分析\［D\］. 煙臺：煙臺大學.

金顯仕，程濟生，邱盛堯，等，2006. 黃渤海漁業資源綜合研究與評價\［M\］. 北京：海洋出版社。

李凡，叢旭日，張孝民，2021. 萊州灣 4 種大型甲殼類的空間與營養生態位\［J\］. 水產學報，45（8）：1384-1394.

李鵬程，張崇良，任一平，等，2021. 山東近海春季口蝦蛄空間分布與關鍵環境因子及生物學特性的關係\［J\］. 中國水產科學，28（9）：1184-1194.

李濤，張秀梅，張沛東，等，2011. 山東半島南部近岸海域漁業資源群落結構的季節變化\［J\］. 中國海洋大學學報，41（1/2）：41-50.

劉海映，姜玉聲，蘇延明，等，2013. 口蝦蛄土池生態育苗技術規程\［S\］. 遼寧省質量技術監督局.

劉修澤，董婧，於旭光，等，2014a. 遼寧省近岸海域的漁業資源結構\［J\］. 海洋漁業，36（4）：289-299.

劉修澤，付杰，孫明，等，2014b. 大連灣大型底棲甲殼類群落結構特徵的初步研究\［J\］. 大連海洋大學學報，29（1）：93-97.

劉修澤，郭棟，王愛勇，等，2014c. 遼東灣海域口蝦蛄的資源特徵及變化\［J\］. 水生生物學報，38（3）：602-608.

劉修澤，李軼平，付杰，等，2011. 長興島周邊海域夏季漁業資源現狀初步調查\［J\］. 大連海洋大學學報，26（6）：565-568.

盧占暉，薛利建，張亞洲，2013. 東海口足類（Stomatopod）種類組成和數量分布\［J\］. 自然資源學報，28（12）：2156-2168.

潘國良，張龍，朱增軍，等，2013. 浙江南部近岸海域春季口蝦蛄（*Oratosquilla oratoria*）生物量的時空分布\ [J\]. 海洋與湖沼，44（2）：366-370.

任一平，徐賓鐸，葉振江，等，2005. 青島近海春、秋季漁業資源群落結構特徵的初步研究\ [J\]. 中國海洋大學學報，35（5）：792-798.

王波，張錫烈，孫丕喜，1998. 口蝦蛄的生物學特徵及其人工苗種生產技術\ [J\]. 黃渤海海洋，16（2）：64-72.

王春琳，1999. 口蝦蛄的生物學基本特徵\ [J\]. 浙江水產學院學報，15（1）：60-62.

王文杰，陳丕茂，袁華榮，等，2018. 粵東柘林灣甲殼類群落結構季節變化分析\ [J\]. 南方水產科學，14（3）：29-39.

吳強，陳瑞盛，黃經獻，等，2015. 萊州灣口蝦蛄的生物學特徵與時空分布\ [J\]. 水產學報，39（8）：1166-1177.

吳耀泉，張寶琳，1990. 渤海經濟無脊椎動物生態特點的研究\ [J\]. 海洋科學，2：48-52.

邢彬彬，郭瑞，李顯森，等，2017. 遼東灣不同型刺網捕撈性能的比較\ [J\]. 漁業科學進展，38（2）：24-30.

徐海龍，劉卓瑩，王芮，等，2022. 基於兩種模型的渤海灣口蝦蛄資源與環境關係研究\ [J\]. 水產科學，41（2）：183-191.

徐善良，王春琳，梅文驤，等，1996. 浙江北部海區口蝦蛄繁殖和攝食習性的初步研究\ [J\]. 浙江水產學院學報，15（1）：30-36.

許莉莉，薛瑩，焦燕，等，2017. 海州灣及鄰近海域口蝦蛄群體結構及資源分布特徵\ [J\]. 中國海洋大學學報，47（4）：28-36.

薛梅，閆紅偉，劉海映，等，2016. 大連市皮口海域口蝦蛄群體繁殖生物學特徵初步研究\ [J\]. 大連海洋大學學報，31（3）：237-245.

張洪亮，潘國良，王偉定，等，2012. 岱衢洋拖網甲殼動物多樣性的季節變化\ [J\]. 海洋與湖沼，43（1）：95-99.

張洪亮，張龍，陳峰，等，2013. 浙江衢山島南部近岸水域甲殼動物群落結構特徵分析\ [J\]. 浙江海洋學院學報（自然科學版），32（5）：383-387.

張年國，潘桂平，周文玉，2020. 池塘養殖條件下當年口蝦蛄生長特性的研究\ [J\]. 中國農學通報，36（32）：147-152.

Hamano T，Morrissy N M，Matsuura S，1987. Ecological information on *Oratosquilla oratoria*（Stomatopoda，Crustacea）with an attempt to estimate the annual settlement date from growth parameters \ [J\]. The Journal of the Shimonoseki University of Fisheries，36（1）：9-27.

Pinkas l，Oliphant M S，Iverson I L，1971. Food habits of albacore，bluefin tuna，and bonito in California waters \ [J\]. Cali-forma Department of Fish and Game Fish Bulletin，152：100-105.

大富潤，清水誠，Vergara J A M，1988. 東京灣のシャコの產卵期につて\ [J\]. 日本水產學會誌，54（11）：1929-1933.

第八章

口蝦蛄的人工繁育與養殖

第一節　人工繁育

目前，有關蝦蛄類人工繁育的研究主要集中在口蝦蛄、黑斑口蝦蛄、眼斑猛蝦蛄等常見經濟種類，其中口蝦蛄相關報導較多。該種主要分布於中國沿海，以及俄羅斯到日本、菲律賓、馬來半島、夏威夷群島等海域，其肉味鮮美，有較高的食用價值。在近海傳統經濟魚類數量顯著減少的背景下，口蝦蛄因其特殊的繁殖與棲息習性，資源量下降相對緩慢，在一些地區已成為維持漁民收入的主要漁獲物，其價格也一路攀升。因此，有必要深入研究口蝦蛄的生長、繁殖、棲息等生物學特性以及種群結構、數量變動與環境因子間的關係，並建立人工繁育與增養殖技術，以達到保護與合理利用自然資源的目的。

日本在 1970 年代末開始研究蝦蛄的養殖方法，1980 年代到 1990 年代初，日本蝦蛄養殖的研究取得成功。之後研究人員對蝦蛄產卵場的特徵、產卵、孵化、幼蟲發育、幼蟲餌料培養、幼蝦生長動態及其人工洞穴等各方面進行了系統研究，初步建立人工育苗和養成技術。中國學者自 1990 年代末開始進行口蝦蛄人工暫養、繁育技術的探索，並從漁業資源、生物學、生態學、生理學、遺傳學等多角度著手於中國沿海口蝦蛄的研究，獲得了較為豐碩的成果。口蝦蛄的人工繁殖主要有室內工廠化和室外土池育苗兩種形式。工廠化育苗環境相對可控，效果穩定，但對設施、設備要求較高，能源消耗較大，室內水泥池一般要鋪設底質，操作較複雜，另外還要配備生物餌料培養系統；室外土池育苗通常利用養殖池塘的一部分面積進行苗種培育與生物餌料培養，所得苗種可以在原池進行養成，省去了工廠化育苗中很多複雜的操作，如果有條件搭建塑膠大棚有效控制溫度、光照等環境因子，其更適合規模化生產的需要。本部分內容將重點介紹土池塘生態育苗技術。

一、場址選擇與設施

育苗場應遠離汙染源，周圍環境相對安靜，海水、淡水取水方便、充足，供電穩定，交通便利，盡量選擇靠近蝦蛄資源豐富的沿海。同時，要充分考慮溫度與蝦蛄繁殖的關係，制定詳實的育苗時間表，如遼寧省大連市橫跨黃渤海，春季渤海水溫回升較快，口蝦蛄繁殖要早於黃海海域群體 20d 左右。親體暫養池通常為海產生物育苗工廠的水泥池，底面積為 20～40m²，水池以正方、圓角，中間排水，具有排汙設計為宜。工廠棚頂如為透明陽光板設計，池子上方還應設有遮陽網或布，完全遮蓋 1/2 面積。池中配有氣石，或微孔充氣裝置，放置供親蝦蛄棲息的 PVC 管、瓦片等遮蔽物，水池及其中裝置、設施均要提前清洗乾淨，消毒、晾乾待用。水池通常水肉深 1m 左右。如條件允許，親蝦蛄暫養池可以設計為循環水系統。

親蝦蛄經過暫養、挑選後即轉入培育池。其與苗種培育池可為同一個池塘，通常採用養成池塘中套小池的設計。具體做法是，在泥沙底質的養殖池塘一角挖出深不小於 1.5m，面積為 200～300m² 的長方形小塘，設置進排水管道。如是使用過的老舊池塘，前一年收穫後，應對池塘進行清淤，充分地翻耕、晾晒、消毒後，用高壓水槍將池底泥塊擊碎，對泥沙反覆沖洗，使其重新沉積，並在池塘中沖出寬 2m 左右的平行壟溝，為蝦蛄挖掘洞穴提供更多的池底面積。在一些春季溫度較低、升溫緩慢的地方，池上方搭建塑膠大棚，棚內鋪設供人行走的板橋。池內鋪設充氣裝置，可選用微孔管盤底增氧方式。另外，需要配備育苗面積 5～10 倍的餌料培養池，如有條件，餌料池應分為多個，用於培養微藻、輪蟲、糠蝦、鉤蝦、鹵蟲類等生物餌料。餌料池也可效仿育苗池，修建在大池塘內，或利用於鄰近的池塘，或搭建專用的設施。

二、親體培育

親體來源於最近的原產海域，最好為定置網撷取，其質量一般要比流刺網、底拖網撷取的好。雌蝦蛄體長 10cm 以上，外殼無損傷與畸形，附肢無殘缺，體色正常，活力良好，性腺成熟而飽滿，性腺成熟係數 10～12 為宜。親體運輸時，通常採用泡沫箱乾法運輸和水槽帶水運輸兩種方式。泡沫箱乾法運輸通常在箱中鋪一層經降溫海水浸泡溼透的毛巾，再鋪上尼龍網片或海草，所有填充物無腐敗、無任何有毒有害物質，分散均勻地放入親體，再覆蓋一層海水浸泡的毛巾，以此順序直至裝滿泡沫箱的大半；根據環境溫度，每層放入適量密封的冰瓶或冰袋，注意不能讓親蝦蛄與之直接接觸，保持運輸箱中溫度在 14～16℃，運輸時間一般在 2～3h。水槽帶水運輸一般是將親蝦蛄至於塑膠筐內，再分層放入裝有降溫海水的水槽中，全程充氧；為了防止親蝦蛄相互捕食，每筐切勿多放，可以適量裝入尼龍網片將其隔離；水溫在 14～16℃，運輸時間可以達到 20h 以上。親蝦蛄運抵後，用濃度 10～20μg/L 碘或甲醛溶液浸泡消毒 3～5min 後，按 5 尾/m² 放入培育池。

親體培育用水應經過沉澱、沙濾處理，鹽度 26～33。中國北方沿海口蝦蛄育苗時，親體入池溫度一般在 15℃左右，待攝食正常、狀態穩定後，每天升溫不超過 1℃，至 18℃。培育池水位不低於 50cm，每天早晚排汙、換水，加入新水時注意溫差在 1℃以內，每次換水不超過全量的 1/2。培育池連續充氣。換水後投餌，早晚投餵比例為 3∶7，根據攝食情況適時調整。餌料以活沙蠶為好，輔以低值新鮮的蝦、貝類。待室外池塘水溫在 18～20℃，大部分親體卵巢發育成熟，性腺成熟係數接近 15 時，將其由室內培育池轉入室外育苗池塘，投放密度 1～3 尾/m^2。每天傍晚於固定的淺水區，投餵鮮活的低值蝦、貝類，或適量補充冷凍的沙蠶。於附近再放置一個餌料臺，其上投放適量餌料，以監測攝食情況。

每尾口蝦蛄的抱卵量為 3 萬～5 萬粒。產卵時親蝦蛄俯臥，其間以 3 對步足支撐，有時也用第 2 顎足和尾扇支撐，顎足輔助收攏卵團。剛產出的卵不黏連，隨後卵粒間被附屬腺分泌物連接。每個卵周圍有多個卵柄，卵間形成立體的空間，而整個卵團也逐漸被一膜狀物包裹。卵團由第 1、3、4、5 顎足抱於頭胸部腹面，第 2 顎足用於防敵和輔助翻動、折疊卵團。取卵觀察時，親蝦蛄受到人為刺激，會抱住卵團迅速返回洞穴深處躲避。有時在其感到危機時也會棄卵逃離，部分棄卵的親蝦蛄待危險解除後，能主動抱回卵團。人工送還卵團可以有效促進親蝦蛄重新抱卵，但棄卵現象在親體培育過程還是比較常見。抱卵雌蝦頻頻轉動卵團需要消耗大量能量，如之前營養積累差，體質不好則會發生中途死亡的情況。採用胚胎離體孵化技術是有效挽回損失的方法之一。在親蝦蛄產卵或抱卵時，必須減少其壓力反應，包括提供穩定的水質，充足的營養。研究表明，提供適合掘穴的底質或提供合適的人工洞穴是蝦蛄類人工繁育的關鍵技術環節，親蝦蛄在沒有合適洞穴的條件下，其產卵率低，且很難同步，如洞穴大小不合適會影響蝦蛄的正常活動，對抱持卵團的發育產生不良影響。

三、幼體培育

幼體培育用水鹽度 26～33，應經過沉澱、消毒、200 目篩絹過濾，養成池其他部分可以作為幼體培育池的蓄水池。親體轉入培育池前，向池中少量潑灑發酵的有機肥，以促進浮游生物適當繁殖，保持池水透明度在 20～30cm，並由餌料池中撈取糠蝦、鉤蝦或人工孵化鹵蟲無節幼體接入池中。親體入池塘初期水深 0.7～1.0m，微量充氣，保持溶解氧在 5mg/L 左右，待幼體孵化後逐漸增加水深至 1.2～1.5m，並適當增加充氣量。自見到池塘中有幼體游動後，即可在傍晚放入地籠網，或刺網逐漸將孵化幼體後的親蝦蛄捕出培育池。

口蝦蛄幼體培養密度為（1～2）$\times 10^4$ 尾/m^3，水溫、光照、餌料種類等因素均能影響幼體孵化與生長發育。不同幼蟲期的餌料不同，不合適的餌料會降低幼蟲存活率和變態率。目前，以小球藻室外池塘培育輪蟲為核心的中華絨螯蟹池塘生態育苗工藝已基本替代了傳統的室內工廠育苗模式，顯著提高了苗種質量，降低了育苗成本。國際上，日本的輪蟲超高密度培養技術具有很高的知名度，藉助專業的培育裝置，透過投餵面包酵母和小球藻，輪蟲培育密度達到每毫升過萬，以輪蟲為開口餌料的水產育苗技術已廣泛應用於魚類、蝦蟹類。中國研究者也一直在嘗試將輪蟲這一成熟的生物餌料應用於口蝦蛄池塘育苗中。實踐中發現，口蝦蛄幼體初期雖能夠攝食輪蟲，但因個體差異較大，攝食量較大。由於蝦蛄幼體培育密度相對其他蝦蟹類較低，要保證蝦蛄幼體的攝食，需要維持較高的輪蟲密度，對餌料培養技術要求高。而隨著幼體的不斷長大，轉為攝食更適口的餌料，此時過多的輪蟲大量消耗微藻、細菌，很容易導致池塘生態系統失衡，水質惡化，育苗失敗。因此，在口蝦蛄池塘生態育苗中，應遵循適量使用輪蟲，合理接種糠蝦、鉤蝦、鹵蟲無節幼體等餌料生物，並進行適時補充的原則，制定投餵策略。如此，在保證幼體攝食量和營養需要的前提下，盡可能長期地維持投餵與水質間平衡而穩定的關係。日常投餌應少量多次，保證培育水體中餌料密度 0.2～1 尾/mL。待幼體發育到假溞狀幼體Ⅴ期後，除投餵上述生物餌料外，每天早晚全池均勻潑灑新鮮魚糜、蝦糜或貝糜混合物 1 次，早上投餵全天量的 1/3，晚上投餵 2/3，根據攝食及水質情況適時調整投餵量。有學者嘗試用貝類受精卵投餵蝦蛄幼體，獲得了良好的效果，類似代用餌料的開發有助於蝦蛄類生態育苗技術的進步。根據池塘水色與透明度，每天早上適當排水，操作時須在苗池排水管端加裝 100 目的篩絹網，之後補充一定量的新水。為了保持培育池內水質穩定，每天向其中補充適量單胞藻或微生物製劑。蝦蛄的假溞狀幼體在前期具有明顯的趨光性，中後期開始避強光、趨弱光，因此育苗期間應採取適當的遮光措施。採用池塘生態育苗模式，在水溫為 23～26℃，鹽度 29－33 時，口蝦蛄Ⅰ期假溞狀幼體歷時 30d 左右發育至仔蝦蛄，各時期幼體的發育時間及生長情況如表 8－1 所示。

表 8－1　池塘培育口蝦蛄各期幼體的發育時間、頭胸甲長和體長

幼體時期	歷時（d）	頭胸甲長（mm）		體長（mm）	
		平均	範圍	平均	範圍
Z_1	1	0.8	0.7～0.8	1.8	1.7～1.8
Z_2	1～2	0.9	0.8～0.9	2.2	2.0～2.3
Z_3	3～4	1.2	1.2～1.4	2.9	2.6～3.2
Z_4	5～10	1.4	1.3～1.8	3.3	2.8～3.5
Z_5	6～12	1.9	1.8～2.2	4.4	4.3～5.0
Z_6	11～17	2.6	2.1～3.4	6.1	4.9～6.7
Z_7	16～20	3.6	3.1～4.0	8.5	6.1～10.0

（續）

幼體時期	歷時（d）	頭胸甲長（mm）		體長（mm）	
		平均	範圍	平均	範圍
Z_8	19～26	4.4	4.0～5.0	10.8	9.3～12.3
Z_9	22～28	5.7	5.0～6.4	14.0	12.6～14.7
Z_{10}	24～30	6.4	5.9～7.3	15.9	15.0～16.5
Z_{11}	27～33	8.1	7.0～10.0	20.2	17.0～23.0
仔蝦	30 以上	4.4	3.0～5.4	16.4	14.7～17.5

採用燈光誘捕法進行出池苗種操作，通常捕撈體長為 1.8cm 以上的Ⅹ期或Ⅺ期假溞狀幼體。實際操作中，於池塘邊角處，距離水面 30～50cm 處，布設燈光照明。天黑後開燈，用 20 目抄網撈取幼體，置於裝有乾淨海水並充氣的容器中。計數時可用電子天平稱取 3～5g 苗種，全部計數，以此計算苗種個體重量，再根據苗種重量獲得其對應的數量。採用專用水產苗種塑膠袋帶水運輸幼體，每袋裝水 10L 左右，根據運輸距離確定幼體密度（通常每袋 5 000 尾以內）。運輸用水提前降溫，水溫 16～18℃為宜。3～4 個苗袋放入一個泡沫箱中，並放入密封好的冰瓶，保持袋中溫度。選擇清晨等無日晒的時間運輸，途中採取遮光措施，並實時檢查幼體活動情況。

第二節　養成技術

各國研究者均對蝦蛄的養殖方法進行過研究，其中以口蝦蛄、黑斑口蝦蛄的報導為主，而水族愛好者多養殖蟬形齒指蝦蛄。根據蝦蛄或其苗種來源不同可分為全人工養殖、育肥暫養和儲存暫養等模式。全人工養殖是將人工繁育的苗種培育到成體蝦蛄；育肥暫養則是將自然苗種，或較瘦的成體培育成肥壯、性腺發育程度好的蝦蛄；而儲存暫養多為收購成蝦蛄，儲存到一定數量，以鮮活形式銷售，賺取季節性或地區性差價的臨時養殖過程。全人工養殖和育肥暫養多在室外土池塘中，也有採用潮間帶低壩高網的形式；儲存暫養則多在室內養殖池進行。池塘生態育苗與全人工養殖結合可以視為真正意義地實現產業可持續發展，是日後研究的重點方向，本節中我們對這方面相關內容進行總結。

一、池塘設施及準備

蝦蛄養殖池塘的面積一般為 2 000～5 000m²，深不小於 2.5m，正常情況下的水深 1.5m 左右，設有進、排水管或閘門，能排乾池水，大部分的魚類、蝦蟹類、海參、海蜇等養殖池塘透過底質改良均可用於養殖蝦蛄。根據蝦蛄的穴居習性，池塘應為適合掘穴的泥沙底質，不能為發黑的淤泥。底質中泥沙的組成也對蝦蛄的行為有明顯影響，研究人員發現，眼斑猛蝦蛄在泥沙比例為5：1、1：1和1：5底質中均有掘穴行為，但因泥沙比為5：1或1：5時均因底質不適不能築成洞穴，最終導致產卵及幼體孵化效果遠不及其在泥沙比為1：1能自挖洞穴的底質中。因此，如沒有合適的底質，需先外運合適的泥沙，鋪於池塘中，厚度超過20cm即可。無論是成蝦蛄養殖，還是親蝦蛄培育，如是使用老舊池塘，前一年收穫後，必須對池塘進行清淤，充分地翻耕、晾晒、消毒後，用高壓水槍將池底泥沙沖洗，並使其重新沉積。如此操作一是有利於清除病原及攜帶病原體的生物；二是有利於減少底質中腐爛的有機物，改善底質；三是有利於蝦蛄在軟硬適度的底質中挖掘洞穴，改善棲息環境。另外，為給蝦蛄挖掘洞穴提供更多的池底面積，還應於養殖池塘中開挖或高壓水槍沖出寬2～3m的平行壟和溝。在一些潮間帶蟹類較多的地區，還應沿池塘堤壩用塑膠布搭建起防護圍隔，做法類似於稻田養蟹所用的圍隔，其高度30cm，埋入地下20cm，每1.5m左右設置一竹竿立柱，塑膠布上沿握邊，穿入尼龍繩，固定於立柱上。每1 000m^2養殖池塘配備1臺功率為750kW或以上的水車式增氧機，增氧機擺放參考對蝦養殖。

如前所述，在養殖池塘中建小池塘進行蝦蛄苗種繁育時，經過消毒、晾晒的養殖池其他部分可以水肉，一方面作為育苗池的蓄水池，另一方面利用苗種培育期間的時間差，進行肥水及生物餌料培養（育苗期間也可以撈取養成池中培育的糠蝦，投餵培育池中的蝦蛄幼體）。養殖用水鹽度26～33，應經過初級沉澱，150目篩絹網過濾注入池中，以50～80g/m^3的漂白粉消毒，待有效氯降至0或接近0時，全池再撒30～50g/m^3的茶籽餅，清除魚類的同時，兼有肥水作用。消毒後水體透明度高，加之水淺，尤其在春季溫度不高時，一些池塘底部容易出現由底棲矽藻及有機物形成的「泥皮」，其大量產生會消耗土壤肥力，造成之後肥水困難，水體清瘦；長時間覆蓋底部，導致底泥發黑發臭，甚至氨氮、亞硝酸鹽和硫化氫的產生，而當其腐爛時，則會加劇水質惡化。因此，池塘消毒後的肥水操作需要立即進行，除了上述使用茶籽餅外，還應根據實際情況適量使用商品化的肥水用品，調節水體透明度在20～30cm。待水中浮游植物趨於穩定後，適量接種人工孵化的鹵蟲幼體或成蟲、糠蝦、鉤蝦等大型浮游動物作為養成階段的餌料生物。

二、苗種放養與投餵

養成期蝦蛄假溞狀幼體的布苗密度通常在10～20尾/m^2。如培育池中幼體密度過大，或發育不同步、大小差異過大，可以採用燈誘的方法，捕撈出一部分放入養殖池。待大部分幼體發育至後期假溞狀幼體時，可以將培育池與養殖池間的壩體挖通，讓苗種自行遊出，即進入養成階段；如有合適的儲備水源，也可以向池塘中注入消毒處理過的海水，讓水漫過壩體，聯通兩池，使幼體分布至整個池塘。

目前，有關口蝦蛄的營養學研究仍處於起步階段，尚未見針對口蝦蛄幼體或成體配合飼料的研發報導。但隨著蝦蟹類生態育苗技術的發展，生物餌料培養與應用已日趨成熟，為解決現階段蝦蛄類養殖中的餌料投餵提供了參考。研究與實踐表明，糠蝦類是口蝦蛄後期幼體直至成蝦期優質的生物餌料。其在中國沿海春季時節較為常見，可以提前移入種苗至養殖池塘，透過投餵輪蟲、酵母、微藻及發酵的配合飼料等食物促進牠們增殖。水溫（22±1）℃時，口蝦蛄後期假溞狀幼體 24h 內於實驗水槽中攝食活成體糠蝦（1.2±0.2）尾，高於攝食冷凍糠蝦（0.7±0.2）尾，而不攝食對蝦配合飼料和切碎的蛤肉。因此，養成前期在幼體還沒有變態為仔蝦蛄前，池塘中需要保持一定密度的餌料生物，除了前述的提前接種方式外，還應根據幼體攝食情況適時進行補充。對於冰鮮餌料的使用，需要綜合考慮其懸浮特性、誘食性及對水質的影響，未來可以結合幼體培育及養殖模式的優化，研發設施化的投餵技術。

口蝦蛄變態為仔蝦後，轉為營底棲生活，隨生活方式的轉變，其攝食節律也發生明顯變化。浮游生活階段，白天和晚上均能夠攝食，攝食高峰出現的時間呈現一定規律；底棲生活階段轉為夜間攝食，攝食高峰出現在夜間。當大部分幼體變為仔蝦蛄時，可以在每日傍晚全池少量投餵冷凍的鹵蟲成體、糠蝦或鉤蝦。實踐中發現，後期假溞狀幼體和仔蝦蛄能攝食一定大小的凡納濱對蝦仔蝦，平均體長 24.04mm 的口蝦蛄仔蝦能夠捕食平均體長為 15.32mm 和 12.75mm 的凡納濱對蝦仔蝦，而很少能捕食平均體長為 20.63mm 的。因此，對於有條件的養殖者，可採用蝦蛄與對蝦混養的方式，在仔蝦蛄期間投入對蝦苗，或其他具有經濟價值種類的苗種，雖然牠們其中部分會成為蝦蛄的餌料，但對於養殖整體收益及病害防控會有一定益處。蝦蛄養殖中、後期可以適當投餵活體的低值貝類或冷凍的雜魚蝦。為了減少對水質的影響，投餵冷凍餌料後需要嚴格監控攝食情況，通常可以將雜魚蝦用線繩串起，放入池塘不同位置，以便實時檢查，合理調整投餵量。

三、水質調控

人工養殖時，由於密度較高，加之動物性餌料的投入，經常會引起水質變化，因而需要嚴格的水質管理措施。蝦蛄對溶解氧要求不高，一般保持在 4mg/L 以上，連續陰雨天，需要重點監測，於黎明前開增氧機；池塘如藻類繁盛，透明度低於 15cm，在晴天中午也需要開增氧機，避免氧氣過飽和對生物的危害。池塘水體的透明度通常控制在 30～40cm。適宜生長溫度為 26～

30℃，水溫下降到16℃以下時，應加深養殖塘水位；水溫上升到24℃時，蝦蛄的耗氧量會明顯增多，也要注意溶解氧。當水溫持續高於33℃時，會導致蝦蛄死亡。夏天養殖時，應增加池水水位，並根據實際情況適量更換新鮮海水。口蝦蛄對鹽度的適應性較廣，但鹽度驟然變化，如暴雨過後或池塘藻類過盛，往往會導致藻類死亡，引發水質突變，嚴重時蝦蛄會大量死亡。養殖期間，根據水體pH情況，每隔半個月時間潑灑1次生石灰（濃度5～15mg/L），一方面改善水質和底質，另一方面增加水中的鈣質和殺滅細菌，利於蝦蛄的蛻殼和防病。同時，根據養殖用水的特點，可以適當使用微生物製劑調節水質。

四、生長、病害防治與收穫

與其他經濟蝦蟹類相似，蝦蛄的生長受到環境條件及營養水準的影響。通常合適的養殖條件下，蝦蛄生長較快，平均每10天增長約0.91cm。蝦蛄體長與體重的經驗關係式為：$W=0.012L^3$（W：體重，L：體長）。有研究表明，黑斑口蝦蛄比口蝦蛄生長快、存活率高，條件較好的池塘，黑斑口蝦蛄體長的增長可達到每10天1.4cm。商品口蝦蛄的捕撈規格一般為11～12cm，其穴居習性增加了擷取難度。通常根據實際情況，採用刺網、地籠或排乾池水捕捉的方法，有時可以透過進排水營造水流，促進蝦蛄游動，提高捕撈工作效率。

目前，還沒有發現蝦蛄類感染養殖對蝦病毒的案例，其他的病例也很少見。這主要因為蝦蛄養殖仍處於初始階段，專一性病原較少，另外相關研究也尚未開展。但人工養殖過程中與其他經濟蝦蟹類病害防治策略一樣，做到以防為主。一般需要定期在池中潑灑生石灰和水質淨化劑。同時，定期在其餌料中添加一些胺基酸、維他命等，以增強蝦蛄的抗病能力。高溫季節定期在池水中潑灑光合細菌、芽孢桿菌等生物製劑，以穩定水質，抑制其他病菌增殖。

池塘中的敵害生物在養成階段早期會捕食口蝦蛄幼體及仔蝦，造成巨大損失。室外池塘育苗過程中發現，口蝦蛄幼體期的敵害生物主要有端足類、鰕虎魚類、天津厚蟹、脊尾白蝦、鋸齒長臂蝦等。研究表明，鋸齒長臂蝦仔蝦早期即可捕食同體長口蝦蛄幼體，捕食強度隨著蝦體長的增大而增大，夜晚捕食強度明顯高於白天，而其往往不易擷取變態後的仔蝦蛄。因此，養殖前期需要嚴格防止這些敵害生物進入池塘，當幼體變為仔蝦蛄後，適當引入這些生物，並讓其自然繁殖，則會為蝦蛄養成期提供部分活體餌料，一些種類也會充分利用池塘的殘餌或有機碎屑，利於養殖環境的改善。

參考文獻

堵南山，1993. 甲殼動物學\ [M\]. 北京：科學出版社.
劉海映，谷德賢，李君豐，等，2009. 口蝦蛄幼體的早期形態發育特徵\ [J\]. 大連水產學院學報，24（2）：100-103.

孫丕喜，張錫烈，湯庭耀，等，2000. 口蝦蛄（*Oratosquilla oratoria*）人工育苗技術研究\［J\］. 黃渤海海洋，18（2）：41-46.

王波，張錫烈，1998. 口蝦蛄人工育苗生產技術\［J\］. 齊魯漁業，15（6）：14-16.

王春琳，徐善良，1996. 口蝦蛄生物學基本特徵\［J\］. 浙江水產學院學報，15（1）：60-62.

王春琳，尹飛，宋微微，2007. 黑斑口蝦蛄胚胎和幼體發育時期脂類及脂肪酸組成分析\［J\］. 浙江大學學報（理學版），34（2）：224-227.

王春琳，鄭春靜，蔣霞敏，等，2000. 黑斑口蝦蛄人工育苗技術研究\［J\］. 中國水產科學，7（3）：67-70.

徐善良，王春琳，梅文驤，等，1996. 浙江北部海區口蝦蛄繁殖和攝食習性的初步研究\［J\］. 浙江水產學院學報，15（1）：30-35.

薛俊增，堵南山，2009. 甲殼動物學\［M\］. 上海：上海教育出版社.

閻斌倫，徐國成，李士虎，等，2004. 蝦蛄工廠化育苗生產技術研究\［J\］. 淮海工學院學報，13（1）：50-52.

Hamano T，1988. Mating behavior of *Oratosquilla oratoria* \［J\］. Crust. Biol，8：239-244.

Hamano T，1990. Growth of the stomatopod crustacean *Oratosquilla oratoria* in Hakate Bay \［J\］. Nippon Suisan Gakkaishi，56：1529.

Hamano T，Matsuura S，1984. Egg laying and egg mass nursing behaviour in the Japanese mantis shrimp \［J\］. Nippon Suisan Gakkaishi，50：1969-1973.

Hamano T，Matsuura S，1986. Food habits of the Japanese mantis shrimp in the benthic community of Hakata Bay \［J\］. Nippon Suisan Gakkaishi，52：787-794.

Matsuura S，Hamano T，1984. Selection for artificial burrows by the Japanese mantis shrimp with some notes on natural burrows \［J\］. Nippon Suisan Gakkaishi，50：1963-1968.

Ohtomi J，Shimizu M，1988. Spawning season of the Japanese mantis shrimp *Oratosquilla oratoria* in Tokyo Bay \［J\］. Nippon Suisan Gakkaishi Bull. Jap. Soc. Fish，54（11）：1929-1933.

浜野龍夫，1989. 石狩灣におけるシセコの巣穴と幼生および個體群動能に開ずる觀察\［J\］. 水產增殖，37（3）：156-161.

浜野龍夫，1994. シヤコ類の生態學的研究\［J\］. 日本水產學會誌，60（2）：143-145.

口蝦蛄生物學

主　　編：劉海映，秦玉雪
發 行 人：黃振庭
出 版 者：崧燁文化事業有限公司
發 行 者：崧燁文化事業有限公司
E-mail：sonbookservice@gmail.com
粉 絲 頁：https://www.facebook.com/sonbookss/
網　　址：https://sonbook.net/
地　　址：台北市中正區重慶南路一段61號8樓
8F., No.61, Sec. 1, Chongqing S. Rd., Zhongzheng Dist., Taipei City 100, Taiwan
電　　話：(02)2370-3310
傳　　真：(02)2388-1990
印　　刷：京峯數位服務有限公司
律師顧問：廣華律師事務所 張珮琦律師

定　　價：350 元
發行日期：2025 年 07 月第一版
◎本書以 POD 印製

國家圖書館出版品預行編目資料

口蝦蛄生物學 / 劉海映，秦玉雪 主編 . -- 第一版 . -- 臺北市：崧燁文化事業有限公司 , 2025.07
面；　公分
POD 版
ISBN 978-626-416-641-6(平裝)
1.CST: 蝦 2.CST: 海洋生物 3.CST: 動物學
387.13　　　114008142

電子書購買

爽讀 APP

臉書